U0663200

技能型人才培训用书
国家职业资格培训教材

数控车工（高级）

国家职业资格培训教材编审委员会　编

沈建峰　虞　俊　主编

机械工业出版社

本书是依据《国家职业标准》高级数控车工的知识要求和技能要求，按照岗位培训需要的原则编写的。本书的主要内容包括：数控车床概述、数控车削加工工艺、FANUC 系统数控车床的编程与操作、SIEMENS 系统数控车床的编程与操作、数控车床典型零件加工、自动化编程。通过大量的实例详细地介绍了数控车削加工工艺、程序编制及具体操作。书末附有与之配套的试题库和答案，以便用于企业培训、考核鉴定和读者自测自查。

本书主要用作企业培训部门、职业技能鉴定培训机构、再就业和农民工培训机构的教材，也可以作为高级技校、技师学院、高职、各种短训班的教学用书。

图书在版编目（CIP）数据

数控车工（高级）/沈建峰，虞俊主编 . —北京：机械工业出版社，2006. 9（2025. 2 重印）
国家职业资格培训教材
ISBN 978-7-111-19887-1

Ⅰ. 数... Ⅱ.①沈...②虞... Ⅲ. 数控机床：车床—车削—技术培训—教材 Ⅳ. TG519. 1

中国版本图书馆 CIP 数据核字（2006）第 109209 号

机械工业出版社（北京市百万庄大街22号 邮政编码100037）
责任编辑：邓振飞 版式设计：霍永明 责任校对：申春香
责任印制：单爱军
北京虎彩文化传播有限公司印刷
2025 年 2 月第 1 版第 16 次印刷
148mm×210mm · 13. 375 印张 · 383 千字
标准书号：ISBN 978-7-111-19887-1
定价：49. 80 元

电话服务　　　　　　　　网络服务
客服电话：010-88361066　机 工 官 网：www.cmpbook.com
　　　　　010-88379833　机 工 官 博：weibo.com/cmp1952
　　　　　010-68326294　金 书 网：www.golden-book.com
封底无防伪标均为盗版　机工教育服务网：www.cmpedu.com

国家职业资格培训教材
编审委员会

序 一

当前和今后一个时期，是我国全面建设小康社会、开创中国特色社会主义事业新局面的重要战略机遇期。建设小康社会需要科技创新，离不开技能人才。"全国人才工作会议"、"全国职教工作会议"都强调要把"提高技术工人素质、培养高技能人才"作为重要任务来抓。当今世界，谁掌握了先进的科学技术并拥有大量技术娴熟、手艺高超的技能人才，谁就能生产出高质量的产品，创出自己的名牌；谁就能在激烈的市场竞争中立于不败之地。我国有近一亿技术工人，他们是社会物质财富的直接创造者。技术工人的劳动，是科技成果转化为生产力的关键环节，是经济发展的重要基础。

科学技术是财富，操作技能也是财富，而且是重要的财富。中华全国总工会始终把提高劳动者素质作为一项重要任务，在职工中开展的"当好主力军，建功'十一五'，和谐奔小康"竞赛中，全国各级工会特别是各级工会职工技协组织注重加强职工技能开发，实施群众性经济技术创新工程，坚持从行业和企业实际出发，广泛开展岗位练兵、技术比赛、技术革新、技术协作等活动，不断提高职工的技术技能和操作水平，涌现出一大批掌握高超技能的能工巧匠。他们以自己的勤劳和智慧，在推动企业技术进步，促进产品更新换代和升级中发挥了积极的作用。

欣闻机械工业出版社配合新的《国家职业标准》，为技术工人编写了这套涵盖 41 个职业的 172 种"国家职业资格培训教材"。这套教材由全国各地技能培训和考评专家编写，具有权威性和代表性；将理论与技能有机结合，并紧紧围绕《国家职业标准》的知识点和技能鉴定点编写，实用性、针对性强；既有必备的理论和技能知识，又有考核鉴定的理论和技能题库及答案，编排科学、便于培训和检测。

这套教材的出版非常及时，为培养技能型人才做了一件大好事，我相信这套教材一定会为我们培养更多更好的高技能人才做出贡献！

（李永安　中国职工技术协会常务副会长）

序　　二

为贯彻"全国职业教育工作会议"和"全国再就业会议"精神，落实国家人才发展战略目标，促进农村劳动力转移培训，全面推进技能振兴计划和高技能人才培养工程，加快培养一大批高素质的技能型人才，我们精心策划了这套与劳动和社会保障部最新颁布的《国家职业标准》配套的"国家职业资格培训教材"。

进入21世纪，我国制造业在世界上所占的比重越来越大，随着我国逐渐成为"世界制造业中心"进程的加快，制造业的主力军——技能人才，尤其是高级技能人才的严重缺乏已成为制约我国制造业快速发展的瓶颈，高级蓝领出现断层的消息屡屡见诸报端。据统计，我国技术工人中高级以上技工只占3.5%，与发达国家40%的比例相去甚远。为此，国务院先后召开了"全国职业教育工作会议"和"全国再就业会议"，提出了"三年50万新技师的培养计划"，强调各地、各行业、各企业、各职业院校等要大力开展职业技术培训，以培训促就业，全面提高技术工人的素质。那么，开展职业培训的重要基础是什么呢？

众所周知，"教材是人们终身教育和职业生涯的重要学习工具"。顾名思义，作为职业培训的重要基础，职业培训教材当之无愧！编写出版优秀的职业培训教材，就等于为技能培训提供了一把开启就业之门的金钥匙，搭建了一座高技能人才培养的阶梯。

加快发展我国制造业，作为制造业龙头的机械行业责无旁贷。技术工人密集的机械行业历来高度重视技术工人的职业技能培训工作，尤其是技术工人培训教材的基础建设工作，并在几十年的实践中积累了丰富的教材建设经验。作为机械行业的专业出版社，机械工业出版社在"七五"、"八五"、"九五"期间，先后组织编写出版了"机械工人技术理论培训教材"149种，"机械工人操作技能培训教材"85种，"机械工人职业技能培训教材"66种，"机械工业技师考评培训教材"22 种，以及配套的习题集、试题库和各种辅导性教材约 800 种，基本满足了机械行业技术工人培训的需要。这些教材以其针对性、实用性强，覆盖面广，层次齐备，成龙配套等特点，受到全国各级培训、鉴定和考工部门和技术工人的欢迎。

2000 年以来，我国相继颁布了《中华人民共和国职业分类大典》和新的《国家职业标准》，其中对我国职业技术工人的工种、等级、职业的活动范围、工作内容、技能要求和知识水平等根据实际需要进行了重新界定，将国家职业资格分为 5 个等级：初级（5级）、中级（4级）、高级（3级）、技师（2级）、高级技师（1级）。为与新的《国家职业标准》配套，更好地满足当前各级职业培训和技术工人考工取证的需要，我们精心策划编写了这套"国家职业资格培训教材"。

这套教材是依据劳动和社会保障部最新颁布的《国家职业标准》编写的，为满足各级培训考工部门和广大读者的需要，这次共编写了 41 个职业 172 种教材。在职业选择上，除机电行业通用职业外，还选择了建筑、汽车、家电等其他相近行业的热门职业。每个职业按《国家职业标准》规定的工作内容和技能要求编写初级、中级、高级、技师（含高级技师）四本教材，各等级合理衔接、步步提升，为高技能人才培养搭建了科学的阶梯型培训架构。为满足实际培训的需要，对多工种共同需求的基础知识我们还分别编写了《机械制图》、《机械基础》、《电工常识》、《电工基础》、《建筑装饰识图》等近 20 种公共基础教材。

在编写原则上，依据《国家职业标准》又不拘泥于《国家职业标准》是我们这套教材的创新。为满足沿海制造业发达地区对技能人才细分市场的需要，我们对模具、制冷、电梯等社会需求量大又已单独培训和考核的职业，从相应的职业标准中剥离出来单独编写了针对性较强的培训教材。

为满足培训、鉴定、考工和读者自学的需要，在编写时我们考虑了教材的配套性。教材的章首有培训要点、章末配复习思考题，书末有与之配套的试题库和答案，以及便于自检自测的理论和技能模拟试卷，同时还根据需求为 20 多种教材配制了 VCD 光盘。

增加教材的可读性、提升教材的品质是我们策划这套教材的又一亮点。为便于培训、鉴定、考工部门在有限的时间内把最需要的知识和技能传授给学员，同时也便于学员抓住重点，提高学习效率，对需要掌握的重点、难点、考点和知识鉴定点加有旁白提示并采用双色印刷。

为扩大教材的覆盖面和体现教材的权威性，我们组织了上海、江苏、广东、广西、北京、山东、吉林、河北、四川、内蒙古等地相关行业从事技能培训和考工的200多名专家、工程技术人员、教师、技师和高级技师参加编写。

这套教材在编写过程中力求突出"新"字，做到"知识新、工艺新、技术新、设备新、标准新"；增强实用性，重在教会读者掌握必需的专业知识和技能，是企业培训部门、各级职业技能鉴定培训机构、再就业和农民工培训机构的理想教材，也可作为技工学校、职业高中、各种短训班的专业课教材。

在这套教材的调研、策划、编写过程中，曾经得到广东省职业技能鉴定中心、上海市职业技能鉴定中心、江苏省机械工业联合会、中国第一汽车集团公司以及北京、上海、广东、广西、江苏、山东、河北、内蒙古等地许多企业和技工学校的有关领导、专家、工程技术人员、教师、技师和高级技师的大力支持和帮助，在此谨向为本套教材的策划、编写和出版付出艰辛劳动的全体人员表示衷心的感谢！

教材中难免存在不足之处，诚恳希望从事职业教育的专家和广大读者不吝赐教，提出批评指正。我们真诚希望与您携手，共同打造职业培训教材的精品。

国家职业资格培训教材编审委员会

前　言

随着机电一体化技术的迅猛发展，数控机床的应用已十分普及。在现代机械制造业中，正广泛采用数控技术以提高工件的加工精度和生产效率。

随着数控机床的大量使用，社会急需大批熟练掌握现代数控机床编程、操作、维修的技能型人才。因此，为了适应各类技术人员和技术工人学习和培训的需要，国家职业培训教材编审委员会在组织新一轮国家职业培训教材编写时，增加了数控车工、数控铣工/加工中心操作工、数控机床维修工三个与数控有关的工种的培训教材共9本，每个工种教材包括中级、高级、技师三本，其特点是：内容简明扼要、图文并茂、通俗易懂，并针对每个知识点配备了大量的实例。

本书为该丛书中的高级数控车工的培训教材。以数控车床操作工的编程与操作技能为主线，在技能操作中讲解相关理论知识，而在讲解某个理论知识点时，又针对该知识点配备了相关技能实例。因此，本书将理论知识和操作技能有机地结合在一起，内容精练实用，既利于教师讲解，也有利于学生自学。

关注"大国技能"公众号，回复"19887"，可观看本书配套操作视频。

全书由沈建峰、虞俊主编，韩鸿鸾主审。章志成、金伟龙、朱勤惠、孙春花参与了本书的编写工作。全书由沈建峰统稿。此外，本书编写过程中得到常州多棱数控机床厂、上海宇龙仿真软件公司等单位的大力支持，在此一并表示感谢。

大国技能

编　者

目 录
MU LU

第一章

概　　述

> **培训学习目标**　了解数控机床的工作原理及其特点；了解数控车床的主要机械结构；了解典型车床所用数控系统；掌握数控车床的验收方法；掌握数控车床日常维护的保养方法。

第一节　数控机床的特点

一、数控机床的工作原理及基本组成

1. 数控机床的工作原理

用数控机床加工零件时，首先应将加工零件的几何信息和工艺信息编制成加工程序，由输入部分送入数控装置，经过数控装置的处理、运算，按各坐标轴的分量送到各轴的驱动电路，经过转换、放大后驱动伺服电动机，带动各轴运动，并进行反馈控制，使刀具与工件及其他辅助装置严格地按照加工程序规定的顺序、轨迹和参数有条不紊地工作，从而加工出零件。

2. 数控系统的组成

数控系统一般由输入/输出装置、数控装置、伺服装置、检测和反馈装置组成。

（1）输入/输出装置　数控机床工作时，不需人参与直接操作，但人的意图又必须传达给数控机床，所以人和数控机床之间必须建

立某种联系，这种联系需通过输入/输出装置来完成。

（2）**数控装置**　数控装置用来接受并处理输入的信息，并将代码加以识别、存储、运算后输出相应的脉冲信号，再把这些信号传给伺服装置。

数控装置由输入/输出接口、运算器、内部存储器组成，其工作过程如图 1-1 所示。

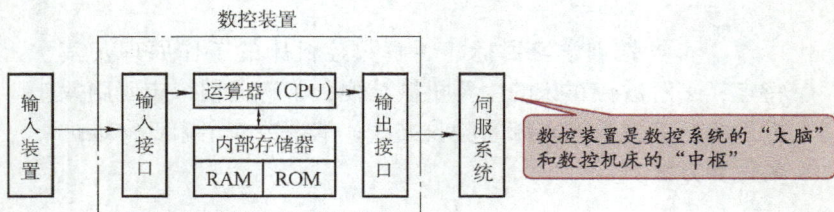

图 1-1　数控装置的组成及其工作过程

（3）**伺服装置**　**伺服装置是数控装置与机床本体间的电传动联系环节，也是数控系统的执行部分。**伺服装置包括驱动和执行机构两大部分，伺服装置把从数控装置输入的脉冲信号通过放大和驱动使执行机构完成相应动作。

目前在数控机床的伺服系统中，常用的位移执行机构有功率步进电动机、直流伺服电动机和交流伺服电动机，后两种都带有感应同步器、光电编码器等位置测量元件。伺服机构的性能决定了数控系统的精度与快速响应性。

（4）**检测和反馈装置**　**检测和反馈装置的作用是检测位移和速度，将反馈信号发送到数控装置。数控机床的加工精度主要是由检测反馈装置的精度决定的。**检测反馈装置具体可分为数字式与模拟式。常用的检测反馈装置元件有：旋转变压器、感应同步器、光电编码器、光栅、磁栅等。不同的数控机床，根据不同的工作环境和不同的检测要求，应采用不同的检测方式。

3

二、数控机床的特点

现代数控机床集高效率、高精度、高柔性于一身，具有许多普通机床无法实现的特殊功能，它具有加工精度高、生产率高、自动化程度高、劳动强度低、柔性强、经济效益好、有利于现代化管理等特点。

第二节　数控车床的机械结构

机床本体是数控机床的主体部分，它将数控系统的各种运动和动作指令转换成准确的机械运动和动作，实现数控机床的性能要求。随着计算机技术在机械行业的广泛应用，作为典型光、机、电一体化产品的现代数控机床与普通机床相比，不仅在信息处理和电气控制方面发生很大变化，而且在机械结构性能方面也形成了自身独特的风格。

> 数控机床对机床主机部分的结构设计提出了高精度、高刚度、低转动惯量、低摩擦、高谐振频率、适当的阻尼等要求

一、数控车床的结构特点

1）采用高性能的无级变速主轴伺服传动系统，简化了机械传动结构。

2）采用"三刚"（即静刚性、动刚性、热刚性）都较好的机床支承构件。

3）采用效率、刚性和精度等各方面好的传动元件，如滚珠丝杠螺母副、静压蜗杆副，以及塑料滑动导轨、滚动导轨、静压导轨等。

4）采用多主轴、多刀架结构以及刀具与工件的自动夹紧装置、自动换刀装置和自动排屑装置、自动润滑冷却装置等，以改善劳动条件，提高生产率。

5）采取减小机床热变形的措施，保证机床的精度稳定，获得可靠的加工质量。

4

二、数控车床的主轴部件

1. 对主轴结构的要求

数控车床的主轴部件是机床重要组成部分之一，它包括主轴的支承和安装在主轴上的传动零件等。由于数控车床的转速高，功率大，并且在加工过程中不进行人工调整，因此要求主轴具有良好的回转精度、结构刚性、抗振性、热稳定性、部件的耐磨性和精度的保持性。有些数控车床，还具有自动夹紧装置、主轴准停装置和切屑清除装置等结构。

2. 主轴部件的支承

（1）数控机床的常用轴承　数控机床主轴支承根据主轴部件的转速、承载能力及回转精度要求的不同而采用不同种类的轴承。一般中小型数控机床的主轴部件多数采用滚动轴承；重型数控机床的主轴部件多数采用液体静压轴承；高精度数控机床采用气体静压轴承；有高转速要求的主轴采用磁力轴承或陶瓷滚珠轴承。

（2）主轴常用的几种滚动轴承　中低速数控机床一般采用滚动轴承作为支承。数控机床常用的滚动轴承如图 1-2 所示。

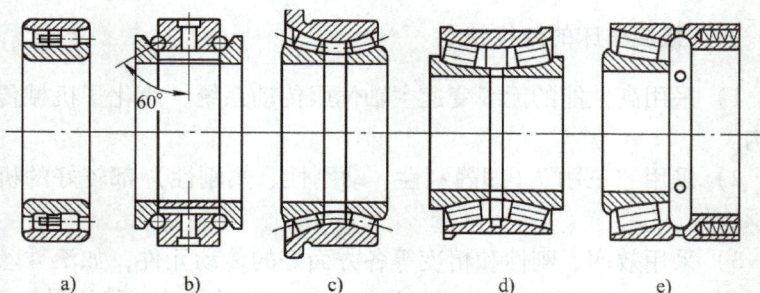

图 1-2　主轴常用滚动轴承的结构形式

图 1-2a 所示为锥孔双列圆柱滚子轴承，内圆为 1:12 锥孔。该轴承滚子数目多，两列滚子交错排列，承载能力大、刚性好、允许转速高，但该轴承只能承受径向载荷。

图 1-2b 所示为双向推力角接触球轴承，接触角为 60°，球径小，

数目多，能承受双向轴向载荷。磨薄中间隔套可以调整间隙或预紧，轴向刚度较高，允许转速高。该轴承一般与双列圆柱滚子轴承配套用作主轴的前支承，用于承受轴向载荷。

图 1-2c 所示为双列圆锥滚子轴承，它有一个公用外圈和两个内圈，可磨薄中间隔套以调整间隙或预紧，两列滚子的数目相差一个，可使振动频率不一致，改善轴承的动态特性。这种轴承同时承受径向载荷和轴向载荷，通常用作轴的前支承。

图 1-2d 所示为带凸肩的双列圆柱滚子轴承，可用作主轴前支承。该轴承的空心滚子在承受冲击载荷时可产生微小变形，能增大接触面积并有吸振和缓冲作用。

图 1-2e 所示为带预紧弹簧的单列圆锥滚子轴承，弹簧数目为 16~20 根，均匀增减弹簧可以改变预加载荷的大小。

（3）主轴滚动轴承的配置　采用滚动轴承支承时，可以有许多不同的配置形式，目前数控机床主轴轴承的配置主要有如图 1-3 所示的几种形式。

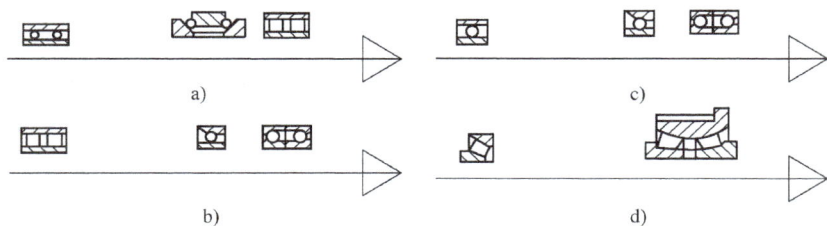

图 1-3　数控机床主轴轴承的配置形式

图 1-3a 所示的配置形式普遍应用于各类数控机床，图 1-3b 所示的配置形式适用于高速、重载的主轴部件，图 1-3c 所示的配置形式适用于高速、轻载和精密的数控机床主轴，图 1-3d 所示的配置形式适用于中等精度、低速与重载荷的数控机床主轴。

（4）主轴滚动轴承的预紧　轴承预紧可使轴承滚道预先承受一定载荷，消除间隙，并使得滚动体与滚道之间发生一定的变形，增大接触面积，增大了抵抗变形的能力，同时还可以提高主轴部件的回转精度、刚度和抗振性。滚动轴承间隙的调整或预紧通常有以下两种方法：

1）轴承内圈移动。这种方法如图 1-4 所示，适用于锥孔双列圆柱滚子轴承。用螺母通过套筒推动内圈在锥形轴颈上作轴向移动，使内圈变形胀大，在滚道上产生过盈，从而达到预紧的目的。调整螺母一般采用细牙螺纹，便于微量调整，而且在调好后要能锁紧防松。

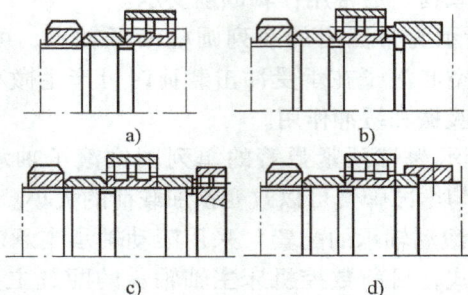

图 1-4　滚动轴承的预紧

2）修磨座圈或隔套。图 1-5a 所示为轴承外圈宽边相对（背对背）安装，这时修磨轴承内圈的内侧；图 1-5b 所示为外圈窄边相对（面对面）安装，这时修磨轴承外圈的窄边。在安装时按图示的相对关系装配，并用螺母或法兰盖将两个轴承轴向压拢，使两个修磨的端面贴紧，这样使两个轴承的滚道之间产生预紧。

3. 数控车床的主轴组件

图 1-6 所示为 TND360 数控车床主轴部件，主轴内孔用于通过长的棒料，也可用于通过气动、液压夹紧装置（动力夹盘）。主轴前端的短圆锥

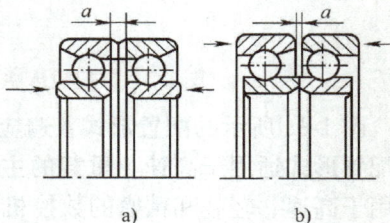

图 1-5　修磨轴承座圈预紧

面及其端面用于安装卡盘或拨盘。主轴前后支承都采用角接触球轴承。前支承三个一组，前面两个大口朝前端，后面一个大口朝后端，后支承两个角接触球轴承小口相对。前后轴承都由轴承厂配好，成

套供应，装配时不需修配。

有的数控车床主轴轴承采用油脂润滑，迷宫式密封。有的数控车床主轴轴承采用集中强制润滑，为了保证润滑可靠性，常装有压力继电器作为失压报警装置。

> 数控车床主轴部件的精度、刚度和热变形对加工质量有直接的影响

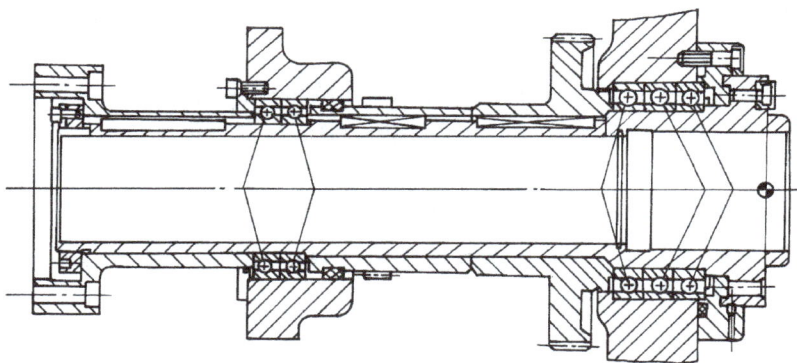

图 1-6　主轴组件

4. 数控车床的主轴驱动和主轴调速方式

数控车床的主轴驱动主要有如图 1-7 所示的多种配置方式。

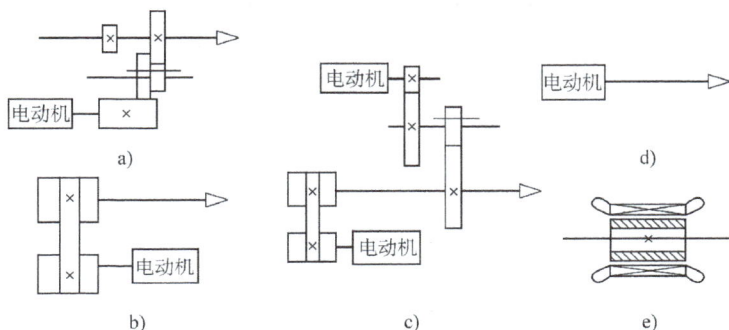

图 1-7　数控机床主轴驱动的几种配置方式

a）齿轮变速　b）带传动　c）两个电动机分别驱动
d）电动机直接驱动　e）内装电动机主轴传动结构

根据主轴驱动的这五种配置形式，数控车床常用主轴变速方式有分段无级变速（图1-7a、b、c）、无级变速（图1-7d、e）等多种方式。

当前，数控车床一般采用直流或交流主轴伺服电动机实现主轴无级变速

三、数控车床的进给传动系统

1. 进给传动副的作用

数控车床的进给运动采用无级调速的伺服驱动方式，伺服电动机经过进给运动系统将动力和运动传动给工作台等运动执行部件。

近年来，由于伺服电动机及其控制单元性能的提高，许多数控车床的进给传动系统去掉了降速齿轮副，直接将伺服电动机与滚珠丝杠连接。滚珠丝杠副、齿轮齿条副、蜗杆蜗条副的作用是将旋转运动转换为直线运动。

2. 数控车床对进给传动机构的要求

数控机床的进给传动系统是数控车床的主要组成部件，其功能是将伺服电动机的旋转运动转变为执行部件的直线运动或回转运动。由于数控机床的进给运动是数字控制的直接对象，被加工工件的最终位置精度和轮廓精度都与进给运动的传动精度、灵敏度和稳定性有关。因此，数控车床要求其进给传动机构具有运动件的摩擦阻力小、传动精度和传动刚度高、传动零件的惯量小、系统具有适度阻尼、稳定性好、寿命长、使用维护方便等特性。

3. 滚珠丝杠副

滚珠丝杠副是实现回转运动与直线运动相互转换的传动装置，它具有传动效率高、运动平衡、寿命高及可以预紧等优点，在各类中、小型数控机床进给系统中得到普遍的应用。

普通丝杠副采用滑动摩擦，滚珠丝杠副采用滚动摩擦。因此，滚珠丝杠副的传动要比普通丝杠副灵敏且传动效率高

（1）滚珠丝杠副的循环方式 滚珠丝杠副的结构与滚珠的循环方式有关，按滚珠在整个循环过程中与丝杠表面的接触情况，滚珠

丝杠可分为内循环和外循环两种方式。

如图 1-8 所示，内循环方式的滚珠在循环过程中始终与丝杠表面保持接触。因此，滚珠循环的回路短、流畅性好、效率高，螺母的径向尺寸也较小。

外循环方式中的滚珠在循环返回时，离开丝杠螺纹滚道，在螺母体内或体外作循环运动。如图 1-9 所示插管式外循环，弯管 1 两端插入与螺纹滚道 5 相切的两个孔内，弯管两端部引导滚珠 4 进入弯管，形成一个循环回路，再用压板 2 和螺钉将弯管固定。

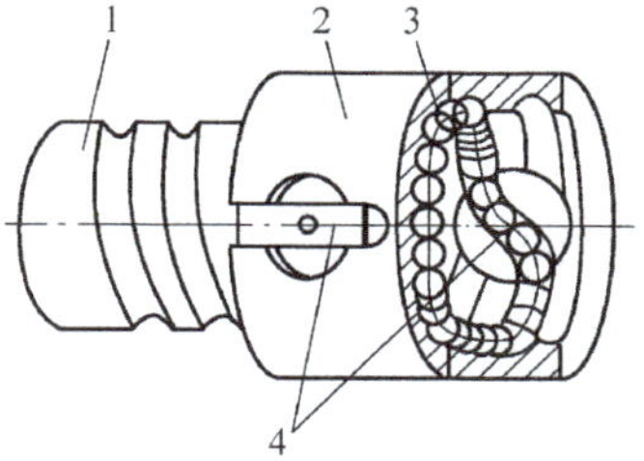

图 1-8 滚珠丝杠副的内循环方式

1—丝杠 2—螺母

3—滚珠 4—返向器

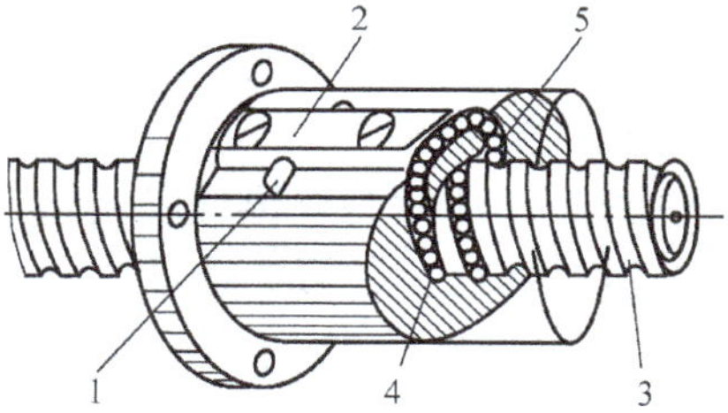

图 1-9 滚珠丝杠副的外循环方式

1—弯管 2—压板 3—丝杠

4—滚珠 5—螺纹管道

（2）滚珠丝杠螺母副的预紧方法 预紧方法的基本原理都是使两个螺母产生轴向位移，以消除它们之间的间隙和施加预紧力。

图 1-10 所示的结构是通过修磨垫片的厚度来调整轴向间隙的。这种调整方法具有结构简单可靠、刚性好和装卸方便等优点，但调

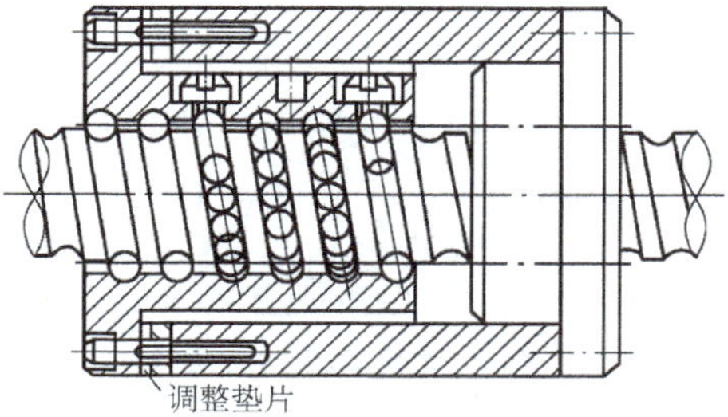

调整垫片

图 1-10 垫片调整方式

整较费时间，很难在一次修磨中完成调整。

图 1-11 所示的结构是利用螺纹来调整实现预紧的结构，两个螺母以平键与外套相连，其中右边的一个螺母外伸部分有螺纹。用两个锁紧螺母 4 可使螺母相对丝杠轴向移动，在消除了间隙之后将其锁紧。这种调整方法具有结构紧凑、工作可靠、调整方便等优点，故应用较广。但调整位移量不易精确控制，因此，预紧力也不能准确控制。

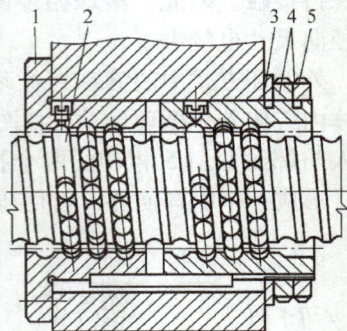

图 1-11　螺纹调整式的
滚珠丝杠螺母副

1、5—螺母　2—返向器
3—垫圈　4—锁紧螺母

图 1-12 所示为双螺母齿差式调整间隙结构。在两个螺母的凸缘上分别切出齿数 z_1、z_2 的齿轮，而且齿数差为 1。两个齿轮分别与两端相应的内齿轮相啮合，内齿轮紧固在螺母座上。预紧时脱开内齿圈，使两个螺母同向转过相同的齿数，然后再合上内齿圈。两螺母的轴向相对位置发生变化从而实现间隙的调整和施加预紧力。间隙的调整量可以用下面的公式计算，即

$$\Delta = nt/z_1 z_2$$

式中　n——两螺母在同一方向转过的齿数；

　　　t——滚珠丝杠的导程；

z_1、z_2——齿轮的齿数。

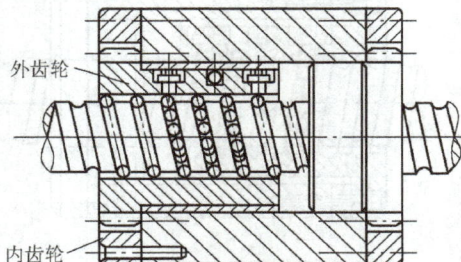

外齿轮

内齿轮

图 1-12　齿差式调整间隙结构

这种调整的方式的结构复杂，但调整方便，通过简单的计算便可获得精确的调整量，可实现定量精密微调，是目前应用较广的一种结构。

四、数控车床的自动换刀机构

> 自动换刀装置应当满足换刀时间短，刀具重复定位精度高，刀具储存量足够，刀库占地面积小以及安全可靠等基本要求

1. 自动回转刀架的种类

数控车床上使用的回转刀架是一种最简单的自动换刀装置。常见的回转刀架有四刀位回转刀架（图1-13）、六角刀架和多刀位回转刀架（图1-14）等多种形式。

四刀位回转刀架和六角刀架结构比较简单，经济型数控车床多采用这两种刀架。多刀位回转刀架则结构复杂，但可安装的刀具数量较多，换刀时定位精度高，因此，全功能型数控车床多采用这类刀架。

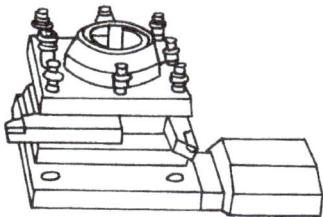

图1-13　四刀位回转刀架

图1-14　多刀位回转刀架

2. 典型数控车回转刀架结构及其工作过程

四刀位回转刀架是经济型数控车床上普遍使用的刀架，该刀架具有良好的强度和刚度，能承受粗加工时较大的切削抗力，切削过程中刀架位移变形小，每次转位之后具有较高的重复定位精度（一般为0.001～0.005mm）。螺旋升降式四刀位回转刀架的结构如图

12

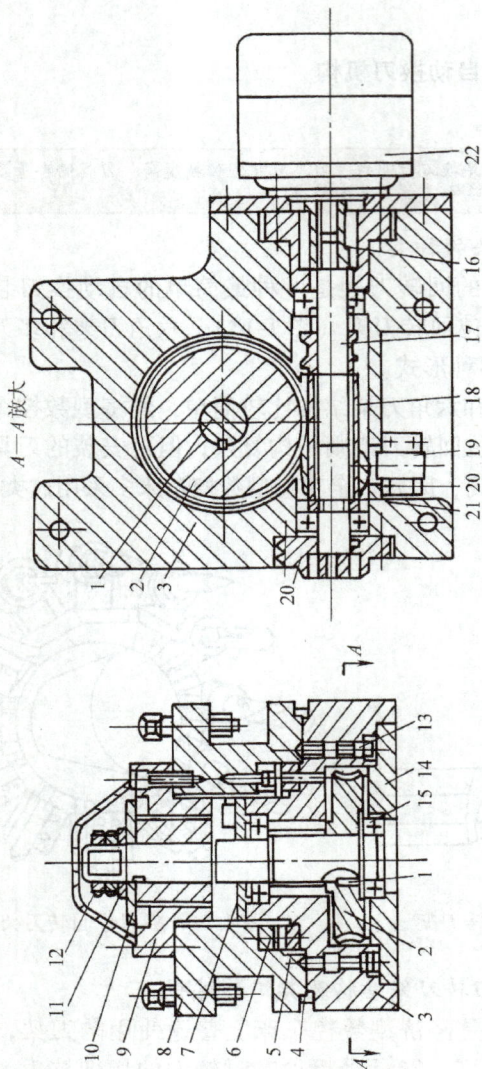

图1-15 螺旋升降式四刀位回转刀架结构

1、17—轴 2—蜗轮 3—刀座 13—销 14—底盘 15—轴承 16—联轴套 18—蜗轴套 19—蜗杆 20—套筒 21—压缩弹簧 22—电动机

11—垫圈 12—螺母 4—密封圈 5、6—齿盘 7—压盖 8—刀架 9、20—套筒 10—轴套

1-15所示，其换刀过程如下：

（1）刀架抬起　当数控装置发出换刀指令后，电动机 22 正转，并经联轴套 16、轴 17，由滑键（或花键）带动蜗杆 18、蜗轮 2、轴 1、轴套 10 转动。10 的外圆上有两处凸起，可在套筒 9 内孔中的螺旋槽内滑动，从而举起与套筒 9 相连的刀架 8 及上端齿盘 6，使 6 与下端齿盘 5 分开，完成刀架抬起动作。

（2）刀架转位　刀架抬起后，轴套 10 仍在继续转动，同时带动刀架 8 转过 90°（如不到位，刀架还可继续转位），并由微动开关 19 发出信号给数控装置。

（3）刀架压紧　刀架抬起后，由微动开关发出的信号使电动机 22 反转，销 13 使刀架 8 定位而不随轴套 10 回转，于是刀架 8 向下移动。上下端齿盘合拢压紧。蜗杆 18 继续转动则产生轴向位移，压缩弹簧 21、套筒 20 的外圆曲面微动开关 19 使电动机 22 停止旋转，从而产生一次转位。

第三节　典型车床数控系统介绍

当今世界上数控系统的种类规格极其繁多，在我国使用比较广泛的有日本 FANUC 公司、德国 SIEMENS 公司的产品，此外国产系统的功能、性能也日趋完善。国产系统的代表产品有广数、华中等。

一、FANUC 数控系统

FANUC 数控系统由日本富士通公司研制开发。当前，该数控系统在我国得到了广泛的应用。在中国市场上，应用于车床的数控系统主要有 FANUC 18i-TA/TB、FANUC 0i-TA/TB/TC、FANUC 0 TD 等。FANUC 0i-TA/TB/TC 数控系统操作界面如图 1-16 所示。

二、SIEMENS 数控系统

SIEMENS 数控系统由德国 SIEMENS 公司开发研制，该系统应用在我国的数控机床中也相当普遍。目前，在我国市场上，常用的数控系统除 SIMEMENS 840D/C、SIMEMENS 810T/M 等型号外，还有

14

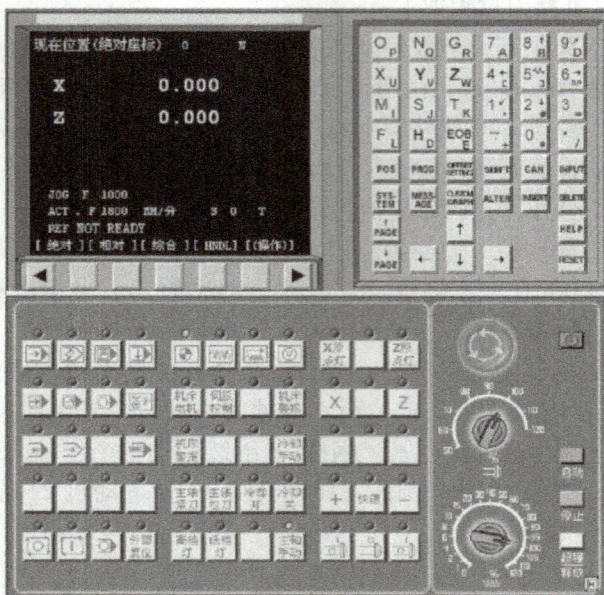

图 1-16　FANUC 0i 车床数控系统操作界面

专门针对我国市场而开发的车床数控系统 SINUMERIK 802S/C base line、802D 等型号。其中 802S 系统采用步进电动机驱动，802C/D 系统则采用伺服驱动，802 系列数控系统的各种型号均有分别适用于车削加工或铣削加工的产品。SIEMENS 802D 车床数控系统操作界面如图 1-17 所示。

三、国产系统

自 20 世纪 80 年代初期开始，我国数控系统生产与研制得到了飞速的发展，并逐步形成了以航天数控集团、机电集团、华中数控、蓝天数控等以生产普及型数控系统为主的国有企业，以及北京-法那科、西门子数控（南京）有限公司等合资企业的基本力量。目前，常用于车床的数控系统有广州数控系统，如 GSK928T、GSK980T（操作面板如图 1-18 所示）等；华中数控系统，如 HNC-21T（操作面板如图 1-19 所示）等；北京航天数控系统，如 CASNUC 2100 等；

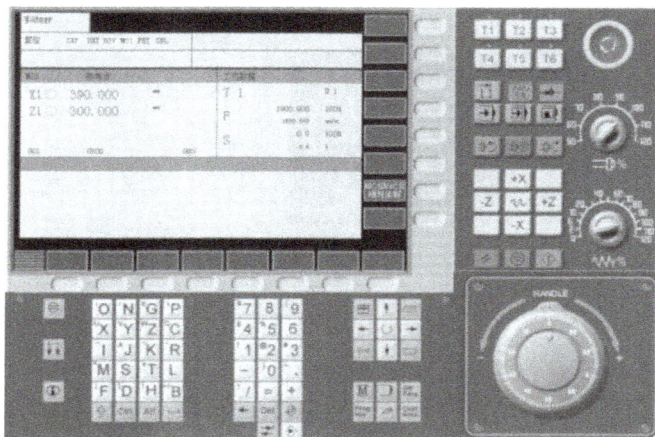

图 1-17 SIEMENS 802D 数控车床系统操作界面

南京仁和数控系统，如 RENHE-32T/90T/100T 等。

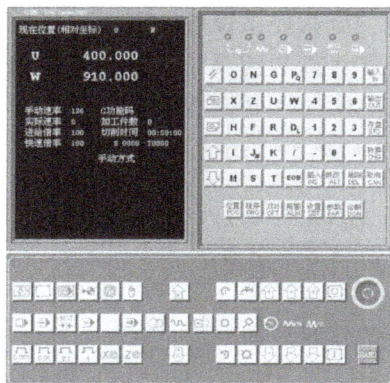

图 1-18 广数 GSK980T 系统操作界面

　　国产数控系统目前在经济型数控车床中运用较多，这类数控系统的共同特点是编程与操作方便、性价比高、维修简便。

> 国产系统的编程方法和指令格式（包括固定循环）与FANUC等系统基本相同。因此，国产车床数控系统的编程均可按其编程说明书或参照FANUC等系统的规定进行

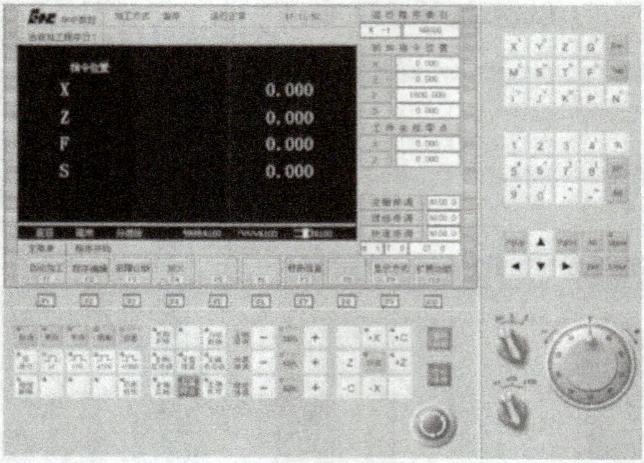

图 1-19　华中 HNC-21T 系统操作界面

四、其他系统

除了以上三类主流数控系统外，国内使用较多的数控系统还有日本三菱数控系统和大森数控系统，法国施耐德数控系统，西班牙的法格数控系统和美国的 A-B 数控系统等。这类数控系统的编程均可参照 FANUC 或 SIEMENS 系统的规定进行。

第四节　数控车床的验收

一、数控车床的外观验收

对于一般用户而言，数控车床实际的验收工作是根据机床出厂合格证上规定的验收条件及用户实际的要求来进行的。数控车床的验收工作如下：

1. 开箱检验

数控车床到厂后，设备管理部门要及时组织有关人员开箱检验。参加检验的人员应包括设备管理人员或设备采购员、设备计划调配员等，如果是进口设备还须有进口商务代理、海关商检人员等。检验的主要内容是：

1）核对装箱单。

2）核对应有的随机操作、维修说明书、图样资料和合格证等技术文件。

3）按合同规定，对照装箱单清点附件、备件、工具的数量、规格及完好状况。

4）检查主机、数控柜、操作台等有无明显撞碰损伤、变形、受潮、锈蚀等，并逐项如实填写"设备开箱验收登记卡"后入档。

开箱验收如果发现有缺件或型号规格不符及设备遭受损伤、变形、受潮、锈蚀等严重影响设备质量的情况时，应及时向有关部门反映、查询、取证或索赔。

> 开箱检验虽然是一项清点工作，但也很重要，不能忽视

2. 外观检查

外观检查包括 MDI/CRT 单元、位置显示单元及印制电路板是否有破损、污染。所有的连接电缆、屏蔽线有无破损。各紧固导线的螺钉，如输入变压器、伺服电源变压器、输入单元、直流电源单元等的接线端子的螺钉是否拧紧，各电缆两端的连接器上的固紧螺钉是否拧紧，各印制电路板是否插到位，接插件上的紧固螺钉是否有松动等。如果这些紧固螺钉没有拧紧，接线端子或接插件松动，可能造成接触不良，产生难以查找的时有时无的故障。

3. 机床性能及数控功能的验证

（1）机床性能的检验 机床性能主要包括主轴系统性能，进给系统性能，自动换刀系统、电气装置、安全装置、润滑装置、气液装置及各附属装置等性能。

> 机床性能检查主要是通过"耳闻目睹"和试运转的方式进行

数控车床性能试验应检查各运动部件及辅助装置在启动、停止和运行中有无异常的现象，润滑系统、冷却系统以及各风扇等工作是否正常。对于主轴，应检验在高、中、低各种速度下启动、停止、运转时是否平稳可靠。检查安全装置是否齐全可靠，如各运动坐标

超程自动保护停机功能、电流过载保护功能、主轴电动机过热过负载自动停机功能，欠压过压保护功能等。

有的数控车床还具有自动排屑装置、自动上料装置、主轴润滑恒温装置、接触式测头装置等，对于加工中心还有刀库及自动换刀装置，工作台自动交换装置以及其他的附属装置。机床性能的验收过程也应检验这些装置工作是否正常可靠。

（2）数控功能的检验 数控功能的检测验收包括该机床应具备的主要功能。如快速定位、直线插补、圆弧插补、自动加减速、暂停、坐标选择、平面选择、固定循环、单程序段、跳读、条件停止、进给保持、紧急停止、程序结束停止、进给速度超调、程序号显示、检索位置显示、镜像功能、旋转功能、刀具位置补偿、刀具长度补偿、刀具半径补偿、螺距误差补偿、反向间隙补偿以及用户宏程序，让机床在空载下连续自动运行 16 ~ 32h。检验程序要尽可能把该机床应该有的全部数控功能以及主轴各种转速和坐标轴的各种进给速度、多次换刀和工作台交换等功能全部包括进去。

二、数控车床的精度验收

数控车床必须在安装地基水泥完全坚固，并按照 GB/T17421.2—2000《机床检验通则第 2 部分：数控轴线的定位精度和重复定位精度的确定》或 JB/T8324.1—1996《简式数控卧式车床精度》的有关条文调试以后进行精度验收。精度检测主要包括几何精度、定位精度和切削精度检验等内容。

1.机床几何精度的验收

数控机床的几何精度是综合反映该机床的各关键零部件机器组装后的几何形状误差。其检测内容和方法与普通机床相似。卧式数控车床主要检测以下几项：

1）床身导轨在垂直面内的直线度误差，横向导轨的平行度误差。

2）床鞍移动轨迹在水平面内的直线度误差。

3）尾座移动对床鞍移动的平行度误差。

4）主轴的轴向窜动误差。

5）主轴定心轴径的径向圆跳动误差。

6）主轴锥孔轴心的径向圆跳动误差。

7）主轴轴线对床鞍移动的平行度误差。

8）主轴顶尖的圆跳动度误差。

9）床头和尾座两顶尖的等高度误差。

10）套筒轴线对床鞍移动轨迹的平行度误差。

11）尾座套筒锥孔轴线对床鞍移动轨迹的平行度误差。

12）刀架横向移动轨迹对主轴轴线的垂直度误差。

13）回转刀架工具孔轴线与主轴轴线的重合度误差。

14）回转刀架附具安装基面与主轴轴线的垂直度误差。

15）回转刀架工具孔轴线与床鞍移动轨迹的平行度误差。

16）安装附具定位面的精度。

常用检测工具有精密水平仪、精密方箱、直角尺、平尺、平行光管、千分表、测微仪、高精度主轴心棒等。具体检测方法可参照GB/T16462—1996《数控卧式车床精度检验》中的有关条文进行。几何精度的检测必须在机床精调后一次完成，不允许调整一项检测一项，因为几何精度有些是相互联系、相互影响的，同时还要注意检测工具和测量方法造成的误差，例如表架的刚性、测微仪的重心、检测心棒自身的振摆和弯曲等影响造成的误差。

检测工具的精度必须比所测的几何精度高一个等级，否则测量的结果将是不可信的

2. 车床定位精度的检验

数控车床定位精度是指机床各坐标轴在数控装置控制下运动所能达到的位置精度。根据各轴能达到的位置精度就可以判断加工零件时所能够达到的精度。定位精度主要检测以下内容：

1）直线运动各轴的定位精度和重复定位精度。

2）直线运动各轴机械原点的返回精度。

3）直线运动各轴的反向误差。

4）回转运动的定位精度和重复定位精度。

5）回转运动的反向误差。

6）回转轴原点的返回精度。

主要检测工具有测微仪和成组量块、标准刻度尺、光学读数显微镜、双频激光干涉仪、360 齿精确分度的标准转台或角度多面体、圆光栅及平行光管等。

数控车床的定位精度又可以理解为机床的运行精度。机床各运动部件的运动是在数控装置的控制下完成的，各运动部件在程序指令控制下所能达到的精度直接反映加工零件所能达到的精度，所以，定位精度是一项很重要的检测内容。

> 数控车床的移动是靠数字程序指令实现的，故定位精度决定于数控系统和机械传动误差

3. 机床切削精度的检验

机床的切削精度是一项综合精度，它不仅反映了机床的几何精度和定位精度，同时还包括了试件的材料、环境温度、刀具性能以及切削条件等各种因素造成的误差，所以在切削试件和试件的计量时都尽量减少这些因素的影响。对于一台加工中心切削检验的主要内容是形状精度、位置精度及加工面的表面粗糙度，具体项目及其检查方法见表 1-1。

表 1-1 数控车床切削精度检验项目

检验项目	试件描述	切削条件	允差/mm
精车外圆精度：a 是圆度误差，b 是直线度误差	材料：45 钢 试件尺寸：$D \geqslant D_a/8$，$L = D_a/2$	精车钢件试件的三段外圆，车削后检验外圆的圆度和直径的一致性	a 为 0.005 b 为 0.03/300

（续）

检验项目	试件描述	切削条件	允差/mm
精车端面的平面度误差	材料：HT200 试件尺寸：$D \geqslant D_a/2$	精车铸铁盘形试件端面，车削后检验端面的平面度	0.025/ϕ300
精车螺纹的螺纹精度	 试件尺寸：d 接近于横丝杠直径，$L \geqslant 75\text{mm}$，螺距小于或等于 Z 轴丝杠螺距之半	用 60° 螺纹车刀，精车 45 钢试件的外圆柱面螺纹，精车后检验螺纹的螺距精度。车削时，允许使用顶尖	0.025/50 螺纹光洁无凹陷或波纹
轮廓车削精度	材料：45 钢 该试件适用于轴类加工车床	采用补偿功能车削，切削用量自定，尺寸误差为实际测量值与指令值之差	直径（D）方向的尺寸误差为 0.015 ~ 0.025 长度（L）方向的尺寸误差为 0.025 ~ 0.035
	材料：45 钢 该试件适用于盘类加工车床	以心轴装夹，采用补偿功能车削，切削用量自定，尺寸误差为实际测量值与指令值之差	直径（D）方向的尺寸误差为 0.015 ~ 0.025 长度（L）方向的尺寸误差为 0.025 ~ 0.035

注：D_a 为数控车床的直径规格（通常为 ϕ250 ~ ϕ400mm）。

影响切削精度的因素很多，为了反映机床的真实精度，要尽量排除其他因素的影响。切削试件时可参照 GB/T16462—1996《数控卧式车床精度检验》中的有关要求进行，或按机床厂规定的条件，如试件材料、刀具技术要求、主轴转速、切削深度、切削进给速度、环境温度以及切削前的机床空运动的时间等。

第五节　数控车床的日常维护和保养

一、数控车床的使用要求

> 为了保证数控车床能长时间稳定工作，对数控车床使用的工作环境、电源、操作者提出了较高的要求

1. 数控车床使用的环境要求

一般来说，数控车床可以同普通机床一样放在生产车间里，但是要避免阳光的直接照射和其他热辐射，要避免太潮湿或粉尘过多的场所。腐蚀性气体最容易使电子元件受到腐蚀变质，或造成接触不良，或造成元件短路，影响机床的正常运行。要远离振动大的设备，如冲床、锻压设备等。对于高精密的机床，还应采取防振措施。

另外，根据一些数控机床的用户经验，在有空调的环境中使用，会明显地减少机床的故障率，这是因为电子元件的技术性能受温度影响较大，当温度过高或过低时会使电子器件的技术性能发生较大变化，使工作不稳定或不可靠而增加故障的发生。对于精度高、价格贵的数控机床使其置于有空调的环境中使用是比较理想的。

2. 数控车床使用的电源要求

数控机床对电源也没有什么特殊要求，一般都允许波动 ±10%。但是由于我国供电的具体情况，不仅电源波动幅度大，而且质量差，交流电源上往往叠加有一些高频杂波信号，用示波器可以清楚地观察到，有时还出现幅度很大的瞬间干扰信号，破坏机内的程序或参数，影响机床的正常运行。对于有条件的企业，对数控机床采用专线供电或增设稳压装置，都可以减少供电质量的影响和减少信号

干扰。

3．数控车床使用时对操作人员要求

数控机床的操作人员必须有较强的责任心，善于合作，技术基础较好，有一定的机加工实践经验，同时要善于动脑，勤于学习，对数控技术有钻研精神。例如，编程人员要能同时考虑加工工艺、零件装夹方案、刀具选择、切削用量等。数控机床的维修人员不仅要懂得机床的结构和工作原理，还应具有电气、液压、气动等更宽的专业知识，对问题有进行综合分析、判断的能力。

二、数控车床的定期检查

对数控机床进行预防性保养和定期检查可延长元器件的使用寿命，延长机械部件的磨损周期，防止意外恶性事故的发生，保证机床长时间稳定工作。因此，维护人员应该严格按照维护说明书的要求对机床进行定期检查。数控车床的定期维护检查内容见表1-2。

表1-2　数控车床保养

序号	检查周期	检查部位	检查要求
1	每天	导轨润滑油箱	检查油量，及时添加润滑油，润滑油泵是否定时启动打油及停止
2	每天	主轴润滑恒温油箱	工作是否正常，油量是否充足，温度范围是否合适
3	每天	机床液压系统	油泵泵有无异常噪声，工作油面高度是否合适，压力表指示是否正常，管路及各接头有无泄漏
4	每天	压缩空气气源压力	气动控制系统压力是否在正常范围之内
5	每天	X、Z轴导轨面	清除切屑和脏物，检查导轨面有无划伤损坏，润滑油是否充足
6	每天	各防护装置	机床防护罩是否齐全有效
7	每天	电气柜各散热通风装置	各电气柜中冷却风扇是否工作正常，风道过滤网有无堵塞，及时清洗过滤器

（续）

序号	检查周期	检查部位	检查要求
8	每周	各电气柜过滤网	清洗粘附的尘土
9	不定期	冷却液箱	随时检查液面高度，及时添加冷却液，太脏应及时更换
10	不定期	排屑器	经常清理切屑，检查有无卡住现象
11	半年	检查主轴驱动传动带	按说明书要求调整传动带松紧程度
12	半年	各轴导轨上镶条，压紧滚轮	按说明书要求调整松紧状态
13	一年	检查和更换电动机碳刷	检查换向器表面，去除毛刺，吹净碳粉，磨损过多的碳刷及时更换
14	一年	液压油路	清洗溢流阀、减压阀、滤油器、油箱，过滤液压油或更换
15	一年	主轴润滑恒温油箱	清洗过滤器、油箱，更换润滑油
16	一年	冷却油泵过滤器	清洗冷却油池，更换过滤器
17	一年	滚珠丝杠	清洗丝杠上旧的润滑脂，涂上新油脂

三、数控车床故障诊断的常规方法

通常情况下，数控车床的故障诊断按以下步骤进行。

（1）调查事故现场　数控机床出现故障后，不要急于动手盲目处理，首先要查看故障记录，向操作人员询问故障出现的全过程。在确认通电对机床和系统无危险的情况下再通电观察，特别要确定以下故障信息：

1）故障发生时，报警号和报警提示是什么？哪盏指示灯或发光管发光？提示的报警内容是什么？

2）如无报警，系统处于何种工作状态？系统的工作方式诊断结果是什么？

3）故障发生在哪个程序段？执行何种指令？故障发生前执行了何种操作？

4）故障发生在何种速度下？轴处于什么位置？与指令值的误差量有多大？

5）以前是否发生过类似故障？现场是否有异常情况？故障是否重复发生？

（2）**分析故障原因**　故障分析可采用归纳法和演绎法。归纳法是从故障原因出发，摸索其功能联系，调查原因对结果的影响，即根据可能产生该种故障的原因分析，看其最后是否与故障现象相符来确定故障点。演绎法是指从所发生的故障现象出发，对故障原因进行分割式的故障分析方法。即从故障现象开始，根据故障机理，列出多种可能产生该故障的原因，然后，对这些原因逐点进行分析，排除不正确的原因，最后确定故障点。

> 在故障诊断过程中，通常按照先外部后内部、先机械后电气、先静后动、先公用后专用、先简单后复杂、先一般后特殊的原则进行

（3）**故障的排除**　找到造成故障的确切原因后，就可以"对症下药"修理、调整和更换有关部件。

四、数控车床常见故障分类

> 熟悉数控机床的常见故障，将更有利于对数控机床进行维护与保养

数控车床的故障种类繁多，有电气、机械、系统、液压、气动等部件的故障，产生的原因也比较复杂，但很大一部分故障是由于操作人员操作机床不当引起的，数控车床常见的操作故障有：

1）防护门未关，机床不能运转。

2）机床未回参考点。

3）主轴转速 S 超过最高转速限定值。

4）程序内没有设置 F 或 S 值。

5）进给修调 F% 或主轴修调 S% 开关设为空挡。

6）回参考点时离零点太近或回参考点速度太快，引起超程。

7）程序中 G00 位置超过限定值。

8）刀具补偿测量设置错误。

9）刀具换刀位置不正确（换刀点离工件太近）。

10）G40 撤销不当，引起刀具切入已加工表面。

11）程序中使用了非法代码。

12）刀具半径补偿方向错误。

13）切入、切出方式不当。

14）切削用量太大。

15）刀具钝化。

16）工件材质不均匀，引起振动。

17）机床被锁定（工作台不动）。

18）工件未夹紧。

19）对刀位置不正确，工件坐标系设置错误。

20）使用了不合理的G功能指令。

21）机床处于报警状态。

22）断电后或报过警的机床，没有重新回参考点或复位。

五、数控车床的安全操作规程

数控车床的操作，一定要做到规范操作，以避免发生人身、设备、刀具等的安全事故。为此，数控车床的安全操作规程如下：

（1）操作前的安全操作

1）零件加工前，一定要先检查机床的正常运行。可以通过试车的办法来进行检查。

2）在操作机床前，请仔细检查输入的数据，以免引起误操作。

3）确保指定的进给速度与操作所要的进给速度相适应。

4）当使用刀具补偿时，请仔细检查补偿方向与补偿量。

5）CNC与PMC参数都是机床厂设置的，通常不需要修改，如果必须修改参数，在修改前请确保对参数有深入全面的了解。

6）机床通电后，CNC装置尚未出现位置显示或报警画面时，请不要碰MDI面板上的任何键，MDI上的有些键专门用于维护和特殊操作。在开机的同时按下这些键，可能使机床产生数据丢失等误操作。

（2）机床操作过程中的安全操作

1）手动操作。当手动操作机床时，要确定刀具和工件的当前位置并保证正确指定了运动轴、方向和进给速度。

2）手动返回参考点。机床通电后，请务必先执行手动返回参考点。如果机床没有执行手动返回参考点操作，机床的运动不可预料。

3）手摇脉冲发生器进给。在手摇脉冲发生器进给时，一定要选择正确的进给倍率，过大的进给倍率容易产生刀具或机床的损坏。

4）工作坐标系。手动干预、机床锁住或镜像操作都可能移动工件坐标系，用程序控制机床前，请先确认工作坐标系。

5）空运行。通常，使用机床空运行来确认机床运行的正确性。在空运行期间，机床以空运行的进给速度运行，这与程序输入的进给速度不一样，且空运行的进给速度要比编程用的进给速度快得多。

6）自动运行。机床在自动执行程序时，操作人员不得撤离岗位，要密切注意机床、刀具的工作状况，根据实际加工情况调整加工参数。一旦发现意外情况，应立即停止机床动作。

（3）与编程相关的安全操作

1）坐标系的设定。如果没有设置正确的坐标系，尽管指令是正确的，但机床可能并不按想像的动作运动。

2）米/英制的转换。在编程过程中，一定要注意米/英制的转换，使用的单位制式一定要与机床当前使用的单位制式相同。

3）回转轴的功能。当编制极坐标插补或法线方向（垂直）控制时，请特别注意旋转轴的转速。回转轴转速不能过高，如果工件安装不牢，会由于离心力过大而甩出工件引起事故。

4）刀具补偿功能。在补偿功能模式下，发生基于机床坐标系的运动命令或参考点返回命令，补偿就会暂时取消，这可能会导致机床不可预想的运动。

（4）关机时的注意事项

> 数控机床安全操作规程中，人身的安全是第一位的

1）确认工件已加工完毕。

2）确认机床的全部运动均已完成。

3）检查工作台面是否远离行程开关。

4）检查刀具是否已取下、主轴锥孔内是否已清洁并涂上油脂。

5）检查工作台面是否已清洁。

6）关机时要求先关系统电源再关机床电源。

复习思考题

1. 数控机床及系统的高度智能化主要体现在哪些方面？
2. 什么是 NC？什么是 CNC？
3. 数控系统主要有哪几部分组成？各有何作用？
4. 现代数控机床具有哪些特点？
5. 按运动方式，数控机床可分成哪几类？各有何特点？
6. 按控制方式，数控机床可分成哪几类？各有何特点？
7. 数控机床的结构有哪些特点？
8. 数控车床的主轴驱动和主轴调速方式有哪些？
9. 数控机床对进给传动件有哪些要求？
10. 滚珠丝杠螺母副的预紧方式有哪些？如何进行预紧？
11. 四刀位回转刀架是如何进行工作的？
12. 试列出在我国使用比较广泛的车床数控系统并作简要说明。
13. 如何进行数控机床的外观验收？
14. 数控机床精度验收的内容有哪些？如何进行数控车床切削精度的检验？
15. 数控车床的使用要求有哪些？
16. 如何进行数控车床的定期检查？
17. 数控车床常见操作故障有哪些？如何进行故障常规处理？
18. 数控车床的安全操作规程有哪些？

第二章

数控车床的加工工艺

> **培训学习目标** 掌握数控车床加工工艺路线的拟定方法；了解数控车床的刀具系统；了解数控车床的夹具系统；掌握数控车床工艺文件的编写方法。

第一节　数控车床加工工艺路线的拟定

一、数控加工概述

1. 数控加工的定义

数控加工是指在数控机床上进行自动加工零件的一种工艺方法。数控加工的实质是：数控机床按照事先编制好的加工程序并通过数字控制过程，自动地对零件进行加工。

2. 数控加工的内容

一般来说，数控加工流程如图 2-1 所示，主要包括以下几方面的内容：

（1）分析图样，确定加工方案　对所要加工的零件进行技术要求分析，选择合适的加工方案，再根据加工方案选择合适的数控加工机床。

（2）工件的定位与装夹　根据零件的加工要求，选择合理的定位基准，并根据零件批量、精度及加工成本选择合适的夹具，完成工件的装夹与找正。

加工图样

加工方案

工件装夹　　选择刀具　　设计加工程序

通用夹具　特殊夹具　刀具选择　刀具安装　加工路线　数值计算　切削用量

工件找正　　刀具对刀　　程序编制

参数设定　　控制介质　手工输入

试运行、试切削　　　　　程序校核

零件加工

零件验收

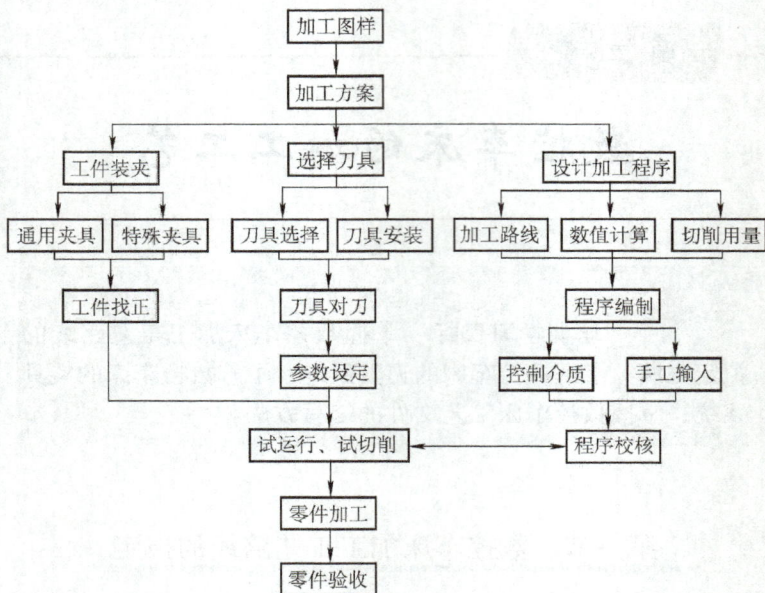

图 2-1　数控加工流程图

（3）**刀具的选择与安装**　根据零件的加工工艺性与结构工艺性，选择合适的刀具材料与刀具种类，完成刀具的安装与对刀，并将对刀所得参数正确设定在数控系统中。

（4）**编制数控加工程序**　根据零件的加工要求，对零件进行编程，并经初步校验后将这些程序通过控制介质或手动方式输入机床数控系统。

（5）**试切削、试运行并校验数控加工程序**　对所输入的程序进行试运行，并进行首件的试切削。

> 试切削一方面用来对加工程序进行最后的校验，另一方面用来校验工件的加工精度

（6）**数控加工**　当试切的首件经检验合格并确认加工程序正确无误后，便可进入数控加工阶段。

（7）**工件的验收与质量误差分析**　在工件入库前，应先进行工

件的检验，并通过质量分析，找出误差产生的原因，得出纠正误差的方法。

二、加工阶段的划分

对重要的零件，为了保证其加工质量和合理使用设备，零件的加工过程可划分为 4 个阶段，即粗加工阶段、半精加工阶段、精加工阶段和精密加工（包括光整加工）阶段。

1. 加工阶段的性质

（1）粗加工阶段　粗加工的任务是切除毛坯上大部分多余的金属，使毛坯在形状和尺寸上接近零件成品，减小工件的内应力，为半精加工作好准备。因此，粗加工的主要目标是提高生产率。

（2）半精加工阶段　半精加工的任务是使主要表面达到一定的精度并留有一定的精加工余量，为主要表面的精加工作好准备，并可完成一些次要表面（如攻螺纹、铣键槽等）的加工。热处理工序一般放在半精加工的前后。

（3）精加工阶段　精加工是从工件上切除较少的余量，所得精度比较高、表面粗糙度值比较小的加工过程。其任务是全面保证工件的尺寸精度和表面粗糙度等加工质量。

（4）精密加工阶段　精密加工主要用于加工精度和表面粗糙度要求很高（IT6 级以上，表面粗糙度值为 $R_a0.4\mu m$ 以下）的零件，其主要目标是进一步提高尺寸精度，减小表面粗糙度，精密加工对位置精度影响不大。

并非所有零件的加工都要经过4个加工阶段。因此，加工阶段的划分不应绝对化，应根据零件的质量要求、结构特点、毛坯情况和生产纲领灵活掌握

2. 划分加工阶段的目的

（1）保证加工质量　工件在粗加工阶段，切削的余量较多。因此，切削力和夹紧力较大，切削温度也较高，零件的内部应力也将重新分布，从而产生变形。如果不进行加工阶段的划分，将无法避免由上述原因产生的误差。

（2）合理使用设备　粗加工可采用功率大、刚性好和精度低的

机床加工，车削用量也可取较大值，从而充分发挥了设备的潜力；精加工则切削力较小，对机床破坏小，从而保持了设备的精度。

> 划分加工阶段既可提高生产率，又可延长精密设备的使用寿命

（3）**便于及时发现毛坯缺陷**　对于毛坯的各种缺陷（如铸件、夹砂和余量不足等），在粗加工后即可发现，便于及时修补或决定报废，避免造成浪费。

（4）**便于组织生产**　通过划分加工阶段，便于安排一些非切削加工工艺（如热处理工艺、去应力工艺等），从而有效地组织生产。

三、加工顺序的安排

加工顺序（又称工序）通常包括切削加工工序、热处理工序和辅助工序。本书主要介绍切削加工工序。

1. 加工顺序安排原则

（1）**基准面先行原则**　用作精基准的表面应优先加工出来，因为定位基准的表面越精确，装夹误差就越小。如图 2-2 所示的工件，由于 $\phi 40mm$ 外圆是同轴度的基准，所以应首先加工该表面，再加工其他表面。

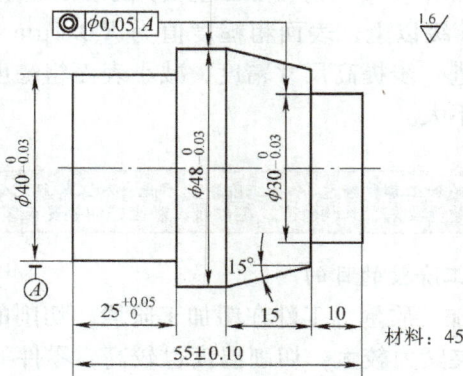

图 2-2　轴类零件加工路线分析

（2）**先粗后精原则**　各个表面的加工顺序按照粗加工→半精加工→精加工→精密加工的顺序依次进行，逐步提高表面的加工精度和减小表面粗糙度值。

（3）**先主后次原则**　零件的主要工作表面、装配基面应先加工，从而能及早发现毛坯中主要表面可能出现的缺陷。次要表面可穿插进行，放在主要加工表面加工到一定程度后、最终精加工之前进行。

（4）**先近后远**　通常情况下，工件装夹后，离刀架近的部位先加工，离刀架远的部位后加工，以便缩短刀具移动距离，减少空行程时间，而且还有利于保持坯件或半成品的刚性，改善其切削条件。如图 2-3 零件内孔，应先加工内圆锥孔，再加工 $\phi30mm$ 内孔，最后加工 $\phi20mm$ 内孔。

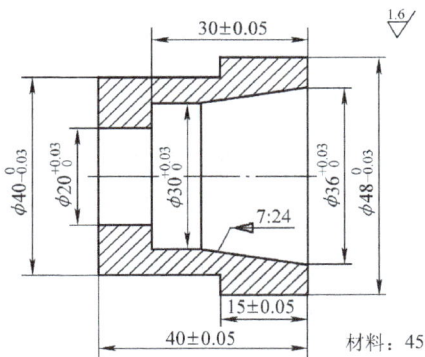

图 2-3　套类零件加工路线分析

2. 工序的划分

（1）**工序划分的原则**　在数控车床上加工的零件，一般按工序集中原则划分工序，划分方法如下：

1）**工序集中原则**。工序集中原则是指每道工序包括尽可能多的加工内容，从而使工序的总数减少。采用工序集中原则有利于保证加工精度（特别是位置精度）、提高生产效率、缩短生产周期和减少机床数量，但专用设备和工艺装备投资大、调整维修比较麻烦、生产准备周期较长，不利于转产。

2）工序分散原则。工序分散就是将工件的加工分散在较多的工序内进行，每道工序的加工内容很少。采用工序分散原则有利于调整和维修加工设备和工艺装备，选择合理的切削用量且转产容易；但工艺路线较长，所需设备及工人数量多，占地面积大。

（2）工序划分的方法

1）按所用刀具划分。以同一把刀具完成的那一部分工艺过程为一道工序，这种方法适用于工件的待加工表面较多，机床连续工作时间较长，加工程序的编制和检查难度较大等情况。

图 2-3 所示的工件，工序一：钻头钻孔，去除加工余量；工序二：采用外圆车刀粗、精加工外形轮廓；工序三：内孔车刀粗、精车内孔。

2）按安装次数划分。以一次安装完成的那一部分工艺过程为一道工序。这种方法适用于工件的加工内容不多的工件，加工完成后就能达到待检状态。

图 2-2 所示的工件，工序一：以外形毛坯定位装夹加工左端轮廓；工序二：以加工好的外圆表面定位加工右端轮廓。

3）按粗、精加工划分。即粗加工中完成的那部分工艺过程为一道工序，精加工中完成的那一部分工艺过程为一道工序。这种划分方法适用于加工后变形较大，需粗、精加工分开的工件，如毛坯为铸件、焊接件或锻件的工件。

4）按加工部位划分。即以完成相同型面的那一部分工艺过程为一道工序，对于加工表面多而复杂的工件，可按其结构特点（如内形、外形、曲面和平面等）划分成多道工序。

图 2-3 所示的工件，工序一：工件外轮廓的粗、精加工；工序二：工件内轮廓的粗、精加工。

3. 工步的划分方法

通常情况下，可分别按粗、精加工分开，由近及远的加工方法和切削刀具来划分工步。

在划分工步时，要根据零件的结构特点、技术要求等情况综合考虑

四、加工路线的确定

1. 加工路线的确定原则

> 在数控加工中，刀具刀位点相对于零件运动的轨迹称为加工路线。加工路线的确定与工件的加工精度和表面粗糙度直接相关

1）加工路线应保证被加工零件的精度和表面粗糙度，且效率较高。

2）使数值计算简便，以减少编程工作量。

3）应使加工路线最短，这样既可减少程序段，又可减少空刀时间。

4）加工路线还应根据工件的加工余量和机床、刀具的刚度等具体情况确定。

2. 圆弧车削加工路线

（1）车锥法（图2-4a）　根据加工余量，采用圆锥分层切削的办法将加工余量去除后，再进行圆弧精加工。采用这种加工路线时，加工效率高，但计算麻烦。

（2）移圆法（图2-4b）　根据加工余量，采用相同的圆弧半径，渐进地向机床的某一坐标轴方向移动，最终将圆弧加工出来。采用这种加工路线时，编程简便，但若处理不当，会导致较多的空行程。

（3）车圆法（图2-4c）　在圆心不变的基础上，根据加工余量，采用大小不等的圆弧半径，最终将圆弧加工出来。

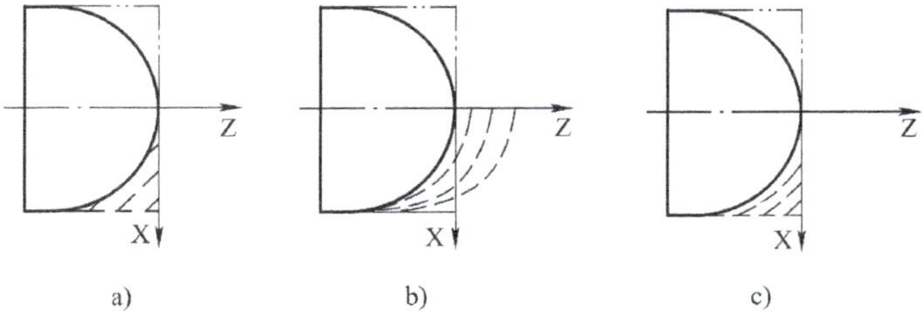

图2-4　圆弧车削方法

3. 圆锥车削加工路线

（1）**平行车削法**（图 2-5a）编程时需计算刀具的起点和终点坐标。采用这种加工路线时，加工效率高，但计算麻烦。

（2）**终点车削法**（图 2-5b） 采用这种加工路线时，刀具的终点坐标相同，无需计算终点坐标，计算方便，但每次切削过程中，背吃刀量是变化的。

刀具每次切削的背吃刀量相等，但

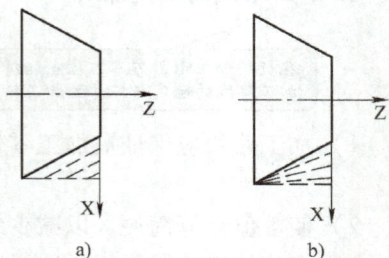

图 2-5　圆锥车削方法

> 应根据具体工件的情况来确定车圆和车锥的加工路线

4. 深孔的加工方法

> 深孔加工的关键技术是深孔钻的几何形状和冷却、排屑问题

在加工深孔时，由于刀柄受孔径和孔深的限制，这就要求刀柄要细长，但细长刀柄会造成其刚性差，车削时容易产生振动和让刀现象；由于孔深，钻削过程中，钻头容易引偏而导致孔轴线歪斜；由于孔深，切屑不易排除，切削液难于有效地冷却到切削区域，且刀具在深孔内切削，刀具的磨损和刀体的损坏等情况都无法观察，使得加工质量不易控制。

常见的深孔加工有以下三种形式：

（1）**枪孔钻和外排屑**　在加工直径较小的深孔时，一般采用枪孔钻，加工过程如图 2-6 所示。枪孔钻用高速钢或硬质合金刀头与

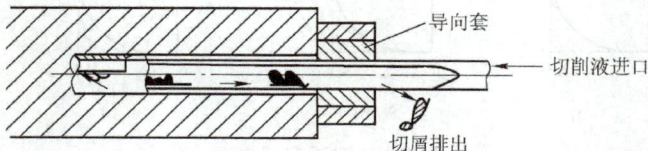

图 2-6　枪孔钻钻深孔

无缝钢管的刀柄焊接制成。刀柄上压有 V 形槽作为排出切屑的通道。腰形孔是切削液的出口处。

（2）喷吸钻和内排屑　喷吸钻外形如图 2-7 所示，它的切削刃 1 交错分布在钻头的两侧，颈部有喷射切削液的小孔 2，前端有两个喇叭形孔 3，切屑在由小孔 2 喷射出的高压切削液的压力作用下，从这两个喇叭形孔冲入并吸进空心刀杆向外排出。

喷吸钻工作过程如图 2-8 所示。由于此种排屑方式是利用切削液的喷和吸的作用，使切屑排出，故称为喷吸钻。

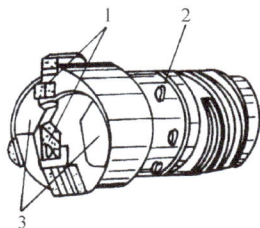

图 2-7　喷吸钻图
1—切削刃　2—小孔
3—喇叭形孔

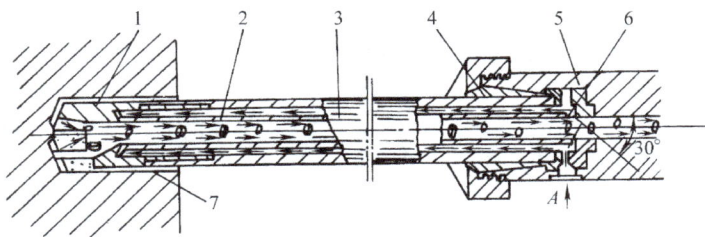

图 2-8　喷吸钻的工作过程
1—钻头　2—内套管　3—外套管　4—弹簧夹头
5—刀杆　6—月牙孔　7—小孔

（3）高压内排屑钻　高压内排屑钻的工作过程如图 2-9 所示，高压大流量的切削液从封油头 2 经深孔钻 1 和孔壁之间的空隙进入切削区域，切屑在高压切削液的冲刷下从排屑外套管 3 的中间排出。采用这种方式，由于排屑外套杆内没有压力差，所以需要有较高压力（一般要求 1～3MPa）的切削液将切屑从切削区经排屑外套杆内孔排出，因此称为"高压内排屑"。

5. 梯形螺纹的加工与测量

（1）梯形螺纹的加工方法

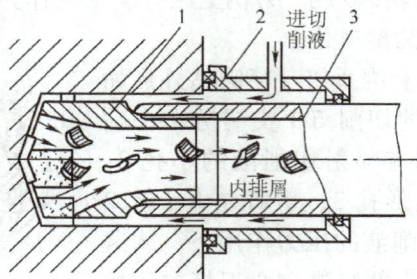

图 2-9　高压内排削钻的工作过程
1—深孔钻　2—封油头　3—排屑外套管

1）**直进法**。螺纹车刀 X 向间歇进给至牙深处（图 2-10a）。采用此种方法加工梯形螺纹时，螺纹车刀的三面都参加切削，导致加工排屑困难，切削力和切削热增加，刀尖磨损严重。当进给量过大时，还可能产生"扎刀"和"爆刀"现象。

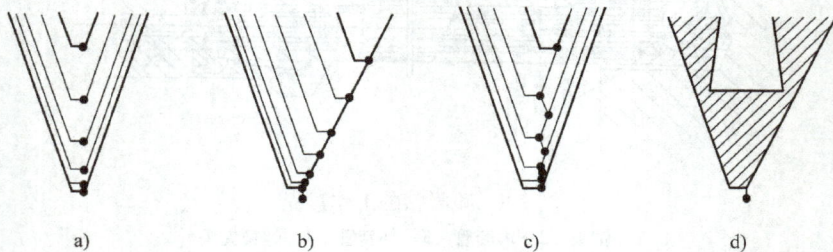

图 2-10　梯形螺纹的几种切削方法
a）直进法　b）斜进法　c）交错切削法　d）切槽刀粗切槽法

2）**斜进法**。螺纹车刀沿牙型角方向斜向间歇进给至牙深处（图 2-10b）。采用此种方法加工梯形螺纹时，螺纹车刀始终只有一个侧刃参加切削，从而使排屑比较顺利，刀尖的受力和受热情况有所改善，在车削中不易引起"扎刀"现象。

3）**交错切削法**。螺纹车刀沿牙型角方向交错间隙进给至牙深（图 2-10c），这种方法类同于斜进法。

4）**切槽刀粗切槽法**。该方法先用切槽刀粗切出螺纹槽（图

2-10d），再用梯形螺纹车刀加工螺纹两侧面。这种方法的编程与加工在数控车床上较难实现。

> 在数控车床加工梯形螺纹时，应优先选用"斜进法"和"交错切削法"的加工路线

（2）梯形螺纹测量　梯形螺纹的测量分综合测量、三针测量和单针测量三种。综合测量用螺纹量规进行，中径的三针测量与单针测量如图 2-11 所示。其计算公式如下

$$M = d_2 + 4.864d_D - 1.866P$$

式中　M——三针测量时的理论值（mm）；

　　　d_D——测量用量针的直径（mm）；

　　　P——导程/螺距（mm）。

$$A = (M + d_0)/2$$

式中　A——单针测量时的理论值（mm）；

　　　d_0——工件被测实际外径（mm）。

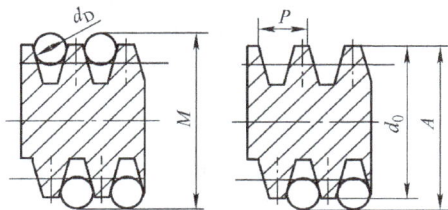

图 2-11　梯形螺纹中径的测量

（3）计算 Z 向刀具偏置值　在梯形螺纹的实际加工中，由于刀尖宽度并不等于槽底宽，因此通过一次螺纹复合循环切削无法正确控制螺纹中径等各项尺寸。为此可采用刀具 Z 向偏置后再次进行螺纹复合循环加工来解决以上问题。为了提高加工效率，最好只进行一次偏置加工，因此必须精确计算 Z 向的偏置量，Z 向偏置量的计算方法如图 2-12 所示，计算步骤如下

设 M 实测 $- M$ 理论 $= 2AO_1 = \delta$，则 $AO_1 = \delta/2$

如图 2-12 所示，四边形 O_1O_2CE 为平行四边形，则 $\triangle AO_1O_2 \cong$

△BCE，$AO_2 = EB$。△CEF 为等腰三角形，则 $EF = 2EB = 2AO_2$。

$$AO_2 = AO_1 \times \tan (\angle AO_1O_2) = \tan 15° \times \delta/2$$

Z 向偏置量 $EF = 2AO_2 = \delta \times \tan 15° = 0.268\delta$

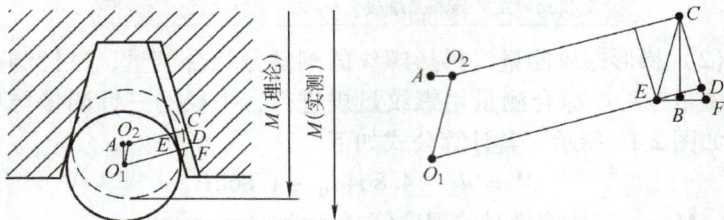

图 2-12　Z 向刀具偏置值的计算

实际加工时，在一次循环结束后，用三针测量实测 M 值，计算出刀具 Z 向偏置量，然后在刀长补偿或磨耗存储器中设置 Z 向刀偏量，再次用 G76 循环加工就能一次性精确控制中径等螺纹参数值。

"+Z" 或 "-Z" 方向均可作为偏置方向，实际操作时可根据已加工表面的表面质量来选择，即向表面质量差的一方向偏移

6. 大余量毛坯切削循环加工路线

在数控车削加工过程中，考虑毛坯的形状、零件的刚性和结构工艺性、刀具形状、生产效率和数控系统具有的循环切削功能等因素，大余量毛坯切削循环加工路线主要有 "矩形" 复合循环进给路线和 "型车" 复合循环进给路线两种形式。

"矩形" 复合循环进给路线如图 2-13 所示，为切除图示的双点划线部分加工余量，粗加工走的是一条类似于矩形的轨迹，粗加工完成后，为避免在工件表面出现台阶形轮廓，还要沿工件轮廓并按编程要求的精加工余量走一条半精加工的轨迹。"矩形" 复合循环轨迹加工路线较短，加工效率较高，通常通过数控车系统的轮廓粗车循环指令来实现。

"型车" 复合循环进给路线如图 2-14 所示，为切除图示的双点划线部分加工余量，粗加工和半精加工走的是一条与工件轮廓相平行的轨迹，虽然加工路线较长，但避免了加工过程中的空行程。这

种轨迹主要适用于铸造成形、锻造成形或已粗车成形工件的粗加工和半精加工，通常通过数控车系统的轮廓型车复合循环指令来实现。

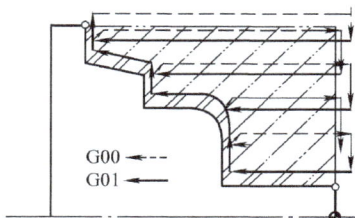

图 2-13 "矩形"复合循环进给路线

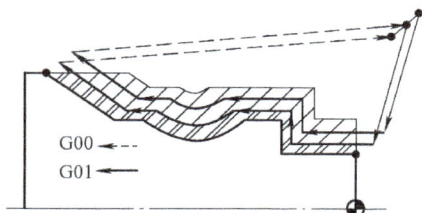

图 2-14 "型车"复合循环进给路线

7. 车削非圆曲面的加工路线

当采用不具备非圆曲线插补功能的数控系统编制加工非圆曲线轮廓的零件时，往往采用短直线或圆弧去近似替代非圆曲线，这种处理方式称为拟合处理。拟合线段中的交点或切点就称为节点。

非圆曲线拟合的方法很多，主要包括直线法和圆弧法两种。其中直线法包括等步距法、等误差法、等弦长法等；圆弧法包括单圆弧、双圆弧和三圆弧法。其中等步距法和等误差法的应用较为广泛。

非圆曲线的拟合实质是将曲线离散后用短直线或圆弧来替代。如图 2-15a 所示即是采用了等步距短直线拟合的方法来对非圆曲线进行拟合。

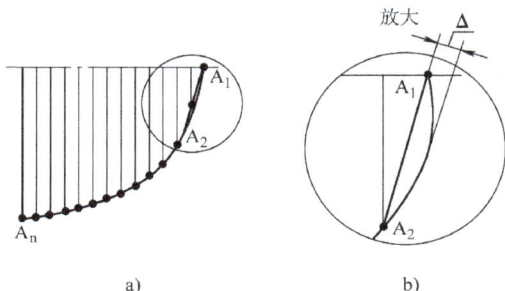

非圆曲线与三维型面母线的拟合过程中，不可避免会产生拟合误差（图2-15b），但其误差值不能超出规定值

a)　　　　b)

图 2-15 非圆曲线等步距短直线拟合

第二节　数控车床用刀具系统

一、数控车削刀具的特点

为了适应数控机床加工精度高、加工效率高、加工工序集中及零件装夹次数少等要求，数控机床对所用的刀具有许多性能上的要求。与普通机床的刀具相比，数控车床刀具及刀具系统具有以下特点：

1）刀片或刀具的通用化、规则化、系列化。
2）刀片或刀具几何参数和切削参数的规范化、典型化。
3）刀片或刀具材料及切削参数须与被加工工件的材料相匹配。
4）刀片或刀具的使用寿命高，加工刚性好。
5）刀片在刀杆中的定位基准精度高。
6）刀杆须有较高的强度、刚度和耐磨性。

二、数控车削刀具的分类

1. 根据加工用途分类

车床主要用于回转表面的加工，如圆柱面、圆锥面、圆弧面、螺纹、切槽等切削加工。因此，数控车床用刀具可分为外圆车刀、内孔车刀、螺纹车刀、切槽刀等种类。

2. 根据刀尖形状分类

数控车刀按刀尖的形状一般分成三类，即尖形车刀、圆弧形车刀和成形车刀，如图2-16所示。

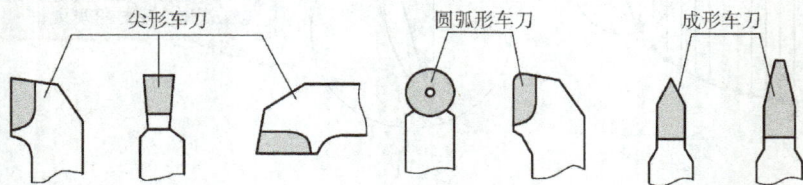

图2-16　按刀尖形状分类的数控车刀

（1）**尖形车刀**　以直线形切削刃为特征的车刀一般称为尖形车刀。这类车刀的刀尖（刀位点）由直线形的主副切削刃相交而成，常用的这类车刀有端面车刀、切断刀、90°内外圆车刀等。尖形车刀主要用于车削内外轮廓、直线沟槽等直线型表面。

（2）**圆弧形车刀**　构成圆弧形车刀的主切削刃形状为一段圆度误差或线轮廓度误差很小的圆弧。车刀圆弧刃上的每一点都是刀具的切削点，因此，车刀的刀位点不在圆弧刃上，而在该圆弧刃的圆心上。

圆弧形车刀主要用于加工有光滑连接的成形表面及精度、表面质量要求高的表面。如精度要求高的内外圆弧面及尺寸精度要求高的内外圆锥面等。由尖形车刀自然或经修磨而成的圆弧刃车刀也属于这一类。

（3）**成形车刀**　成形车刀俗称样板车刀，其加工零件的轮廓形状完全由车刀的切削刃形状和尺寸决定。常用的这类车刀有小半径圆弧车刀、非矩形车槽刀、螺纹车刀等。

> 在数控车床上，除进行螺纹加工外，应尽量不用或少用成形车刀

3. 根据车刀结构分类

根据车刀的结构，数控车刀又可分为整体式车刀、焊接式车刀和机械夹固式车刀三类。

（1）**整体式车刀**　整体式车刀（图2-17a）主要指整体式高速钢车刀。通常用于小型车刀、螺纹车刀和形状复杂的成形车刀。具有抗弯强度高、冲击韧度好，制造简单和刃磨方便、刃口锋利等优点。

（2）**焊接式车刀**　焊接式车刀（图2-17b）是将硬质合金刀片用焊接的方法固定在刀体上，经刃磨而成。这种车刀结构简单，制造方便，刚性较好，但抗弯强度低、冲击韧度差，切削刃不如高速钢车刀锋利，不易制作复杂刀具。

（3）**机械夹固式车刀**　机械夹固式车刀（图2-17c）是将标准的硬质合金可换刀片通过机械夹固方式安装在刀杆上的一种车刀，是当前数控车床上使用最广泛的一种车刀。

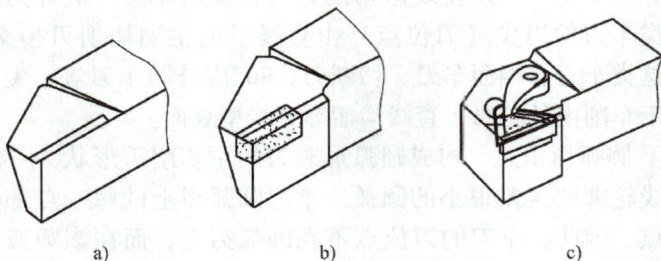

图 2-17　按刀具结构分类的数控车刀

a）整体式车刀　b）焊接式车刀　c）机械夹固式车刀

三、数控车削刀具的材料

常用的数控刀具材料有高速钢、硬质合金、涂层硬质合金、陶瓷、立方氮化硼、金刚石等。其中，高速钢、硬质合金和涂层硬质合金在数控车削刀具中应用较广。

高速钢是指加了较多的钨、钼、铬、钒等合金元素的高合金工具钢，其常用的牌号有 W18Cr4V、W14Cr4VCo5 和 W6Mo5Cr4V2 等。高速钢车刀具有较高的强度和韧性，主要用于复杂刀具和精加工刀具，但刀具耐热性差。该刀具材料的适用性较广，能适用各种金属的加工。

> 由于其耐热性差，因此高速钢刀具并不适用于高速切削

硬质合金分成钨钴（K）类、钨钛钴（P）类、钨钛钽钴（M）类等。常用刀具牌号有 YG3、YG6、YG8、YT5、YT15、YT30、YW1、YW2 等。硬质合金具有高硬度、高耐磨性、高耐热性的特点，但其抗弯强度和冲击韧度较差，因此该材料适用于精加工或加工钢及韧性较大的塑性金属。

涂层硬质合金是在普通硬质合金的基体上通过"涂镀"新工艺而得到的，使得其耐磨、耐热和耐腐蚀性能得到大大提高。因此，其使用寿命比普通硬质合金至少可提高 1～3 倍。

陶瓷材料是含有金属氧化物或氮化物的无机非金属材料，该材

料具有很高的硬度和耐磨性，很强的耐高温性和较低的摩擦系数。因此，陶瓷刀片是加工淬硬（达65HRC左右）钢及其他难加工材料的首选刀具。

立方氮化硼及金刚石材料具有极高的硬度和耐磨性，分别适用于精加工各种淬硬钢及高速精加工钛或铝合金工件，但不宜承受冲击和低速切削，也不宜加工软金属，且价格较高。

以上各刀具材料的硬度和韧性对比如图2-18所示。

> 理想的刀具材料是指既具有较高的硬度，又具有较好的韧性的刀具材料

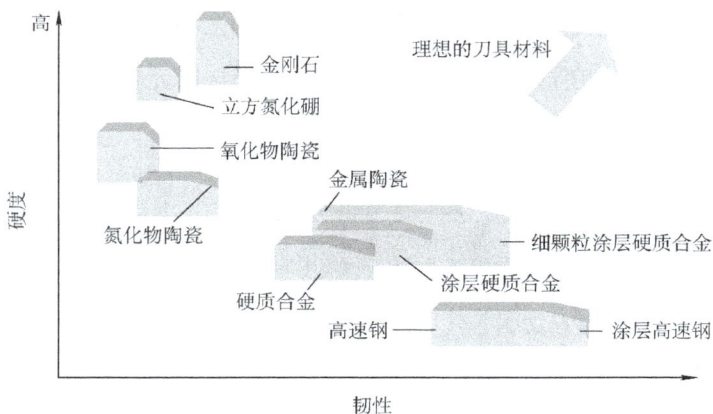

图 2-18　不同刀具材料的硬度与韧性对比

四、机械夹固式车刀简介

1. 机械夹固式车刀

它分为机械夹固式可重磨车刀（图2-19a）和机械夹固式不重磨车刀（图2-19b）。

机械夹固式可重磨车刀将普通硬质合金刀片用机械夹固的方法安装在刀杆上。刀片用钝后可以修磨，修磨后，通过调节螺钉把刃口调整到适当位置，压紧后便可继续使用。

机械夹固式不重磨（可转位）车刀的刀片为多边形，有多条切

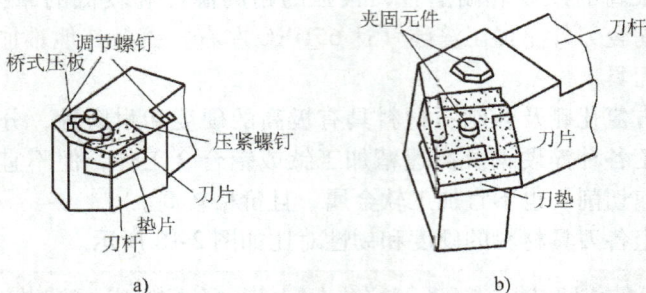

图 2-19　机械夹固式车刀

a）机械夹固式可重磨车刀　b）机械夹固式不重磨车刀

削刃，当某条切削刃磨损钝化后，只需松开夹固元件，将刀片转一个位置便可继续使用。其最大优点是车刀几何角度完全由刀片保证，切削性能稳定，刀杆和刀片已标准化，加工质量好。

> 在数控车床的加工过程中，为了便于实现加工自动化，应尽量选用机夹可转位刀片，目前，70%~80%的自动化加工刀具已使用了可转位刀片。

2. 机夹可转位刀片

（1）刀片形状　机夹可转位刀片的具体形状也已标标准化，且每一种形状均有一个相应的代码表示，图 2-20 列出的是一些常用的可转位刀片形状。

在选择刀片形状时要特别注意，有些刀片，虽然其形状和刀尖角度相等，但由于同时参加切削的切削刃数不同，则其型号也不相同，如图 2-20 中的 T 型和 V 型刀片。另有一些刀片，虽然刀片形状相似，但其刀尖角度不同，其型号也不相同，如图 2-20 中的 D 型和 C 型刀片。

（2）机夹可转位刀片的代码　硬质合金可转位刀片的国家标准与 ISO 国际标准相同。共用 10 个号位的内容来表示品种规格、尺寸系列、制造公差以及测量方法等主要参数的特征。按照规定，任何一个型号刀片都必须用前 7 个号位，后 3 个号位在必要时才使用。其中第十号位前要加一短横线"—"与前面号位隔开，第八、九两

图 2-20　常用机夹可转位刀片形状

a) T 型　b) V 型　c) W 型　d) S 型　e) P 型　f) D 型　g) C 型　h) R 型

个号位如只使用其中一位，则写在第八号位上，中间不需要空格。

可转位刀片型号表示方法如图 2-21 所示。十个号位表示的内容见表 2-1。刀片型号的具体含义请查阅相关数控刀具手册。

C	N	M	G	12	04	04	E	N	—	TF
1	2	3	4	5	6	7	8	9		10

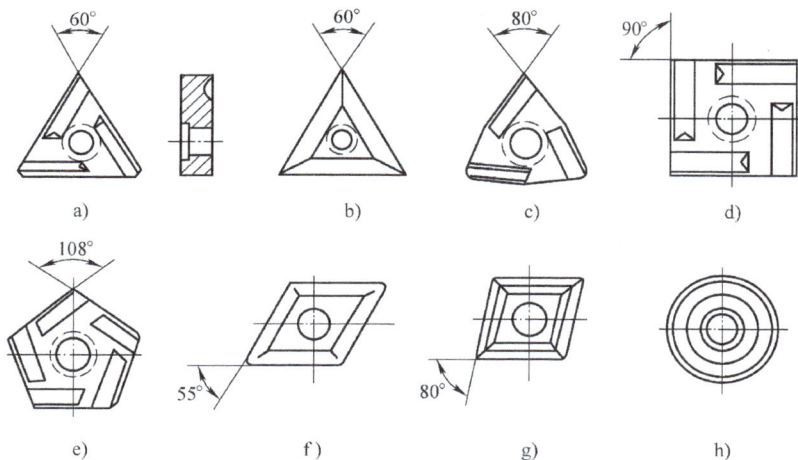

图 2-21　机夹可转位刀片型号表示方法

例　TBHG120408EL-CF

其中，T 表示三角形刀片，B 表示刀具法向主后角为 5°，H 表示刀片厚度公差为 ±0.013mm，G 表示圆柱孔夹紧，12 表示切削刃长 12mm，04 表示刀片厚度为 4.76mm，08 表示刀尖圆弧半径为 0.8mm，E 表示切削刃倒圆；L 表示切削方向向左；CF 为制造商代号。

(3) 刀片与刀杆的固定方式　刀片与刀杆的固定方式如图 2-22 所示，通常有压板式压紧、复合式压紧、杠杆式压紧和螺钉式压紧等几种。

表 2-1 可转位刀片 10 个号位表示的内容

位号	表 示 内 容	代 表 符 号	备　注
1	刀片形状	一个英文字母	
2	刀片主切削刃法向后角	一个英文字母	
3	刀片尺寸精度	一个英文字母	
4	刀片固定方式及有无断屑槽形	一个英文字母	
5	刀片主切削刃长度	二位数	
6	刀片厚度，主切削刃到刀片定位底面的距离	二位数	具体含义应查有关标准
7	刀尖圆角半径或刀尖转角形状	二位数或一个英文字母	
8	切削刃形状	一个英文字母	
9	刀片切削方向	一个英文字母	
10	制造商选择代号（断屑槽形及槽宽）	英文字母或数字	

　　压板式压紧（图 2-22a）和复合式压紧（图 2-22b）夹紧可靠，能承受较大的切削力和冲击负载。

　　螺钉式压紧（图 2-22c）和采用偏心轴销的杠杆式压紧（图 2-22d）配件少，结构简单，切屑流动性能好，适合于轻载的加工。

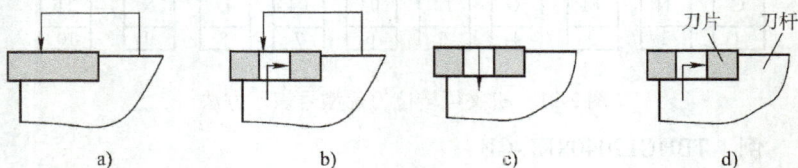

图 2-22　刀片与刀杆的固定方式
a）压板式压紧　b）复合式压紧　c）螺钉式压紧
d）采用偏心轴销的杠杆式压紧

五、常用数控车刀的刀具参数

　　对于机夹可转位刀具，其刀具参数已设置成标准化参数。而对于需要刃磨的刀具，在刃磨过程中要注意保证这些刀具参数。

以硬质合金外圆精车刀为例，数控车刀的刀具角度参数如图 2-23所示，具体角度的定义方法请参阅有关切削手册。硬质合金刀具切削碳素钢时的角度参数参考取值见表2-2。

在确定角度参数值的过程中，应考虑工件材料、硬度、切削性能、具体轮廓形状和刀具材料等诸多因素

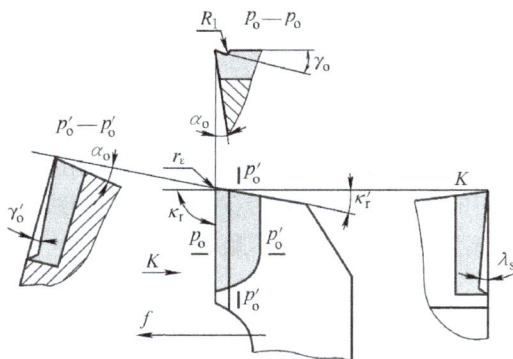

图 2-23　数控车刀刀具角度参数

表 2-2　常用硬质合金数控车刀切削碳素钢时的角度参数推荐值

角度＼刀具	前角（γ_o）	后角（α_o）	副后角（α_o'）	主偏角（κ_r）	副偏角（κ_r'）	刃倾角（λ_s）	刀尖半径（γ_ε）/mm
外圆粗车刀	$0°\sim10°$	$6°\sim8°$	$1°\sim3°$	$75°$左右	$6°\sim8°$	$0°\sim3°$	$0.5\sim1$
外圆精车刀	$15°\sim30°$	$6°\sim8°$	$1°\sim3°$	$90°\sim93°$	$2°\sim6°$	$3°\sim8°$	$0.1\sim0.3$
外切槽刀	$15°\sim20°$	$6°\sim8°$	$1°\sim3°$	$90°$	$1°\sim1°30'$	$0°$	$0.1\sim0.3$
三角螺纹车刀	$0°$	$4°\sim6°$	$2°\sim3°$	—	—	$0°$	$0.12P$
通孔车刀	$15°\sim20°$	$8°\sim10°$	磨出双重后角	$60°\sim75°$	$15°\sim30°$	$-6°\sim-8°$	$1\sim2$
不通孔车刀	$15°\sim20°$	$8°\sim10°$		$90°\sim93°$	$6°\sim8°$	$0°\sim2°$	$0.5\sim1$

六、数控车刀在数控机床刀架上的安装要求

车刀安装得正确与否，将直接影响切削能否顺利进行和工件的加工质量。安装车刀时，应注意下列几个问题：

1）车刀安装在刀架上，伸出部分不宜太长，伸出量一般为刀杆高度的 1～1.5 倍。伸出过长会使刀杆刚性变差，切削时易产生振动，影响工件的表面粗糙度。

2）车刀垫铁要平整，数量要少，垫铁应与刀架对齐。车刀至少要用两个螺钉压紧在刀架上，并逐个轮流拧紧。

3）车刀刀尖应与工件轴线等高（图 2-24a），否则会因基面和切削平面的位置发生变化，而改变车刀工作时的前角和后角的数值。当车刀刀尖高于工件轴线（图 2-24b）时，使后角减小，增大了车刀后刀面与工件间的摩擦；当车刀刀尖低于工件轴线（图 2-24c）时，使前角减小，切削力增加，切削不顺利。

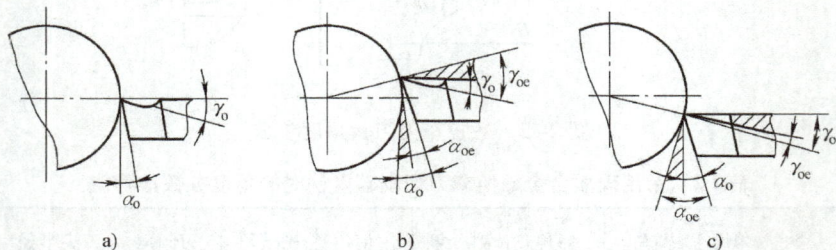

图 2-24　装刀高低对前后角的影响

车端面时，车刀刀尖高于或低于工件中心，车削后工件端面中心处留有凸头（图 2-25a）。使用硬质合金车刀时，如不注意这一点，车削到中心处会使刀尖崩碎（图 2-25b）。

4）车刀刀杆中心线应与进给方向垂直，否则会使主偏角和副偏角的数值发生变化，如图 2-26 所示。如螺纹车刀安装歪斜，会使螺纹牙型半角产生误差。

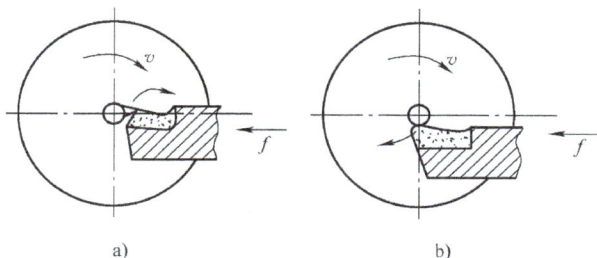

图 2-25　车刀刀尖不对准工件中心的后果

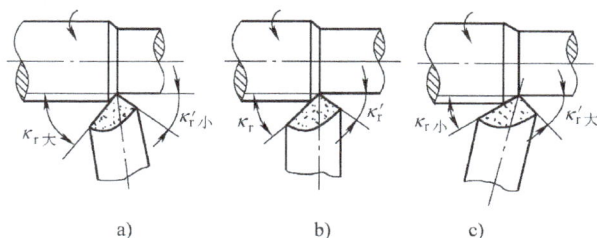

图 2-26　车刀装偏对主副偏角的影响
a）κ_r 增大　b）装夹正确　c）κ_r 减小

七、切削用量的选用

所谓切削用量是指切削速度、进给速度（进给量）和背吃刀量三者的总称。

1. 切削用量的选用原则

合理的切削用量是指充分利用刀具的切削性能和机床性能，在保证加工质量的前提下，获得高生产率和低加工成本的切削用量。不同的加工性质，对切削加工的要求是不一样的。因此，在选择切削用量时，考虑的侧重点也应有所区别。

> 粗加工时，应根据刀具的切削性能和机床性能选择切削用量；精加工时，应根据零件的加工精度和表面质量来选择切削用量

粗加工时，选择切削用量时应首先选取尽可能大的背吃刀量 a_p；其次根据机床动力和刚性的限制条件，选取尽可能大的进给量 f；最后根据刀具使用寿命要求，确定合适的切削速度 v_c。

精加工时，首先根据粗加工的余量确定背吃刀量 a_p；其次根据已加工表面的粗糙度要求，选取合适的进给量 f；最后在保证刀具使用寿命的前提下，尽可能选取较高的切削速度 v_c。

2. 切削用量的选取方法

（1）背吃刀量的选择　粗加工时，除留下精加工余量外，一次走刀尽可能切除全部余量。在加工余量过大、工艺系统刚性较低、机床功率不足、刀具强度不够等情况下，可分多次走刀。切削表面有硬皮的铸锻件时，应尽量使 a_p 大于硬皮层的厚度，以保护刀尖。精加工的加工余量一般较小，可一次切除。

在中等功率机床上，粗加工的背吃刀量可达 8～10mm；半精加工的背吃刀量取 0.5～5mm；精加工的背吃刀量取 0.2～1.5mm。

（2）进给速度（进给量）的确定　进给速度是数控机床切削用量中的重要参数，主要根据零件的加工精度和表面粗糙度要求以及刀具、工件的材料性质选取，最大进给速度受机床刚度和进给系统的性能限制。

粗加工时，由于对工件的表面质量没有太高的要求，这时主要根据机床进给机构的强度和刚性、刀杆的强度和刚性、刀具材料、刀杆和工件尺寸以及已选定的背吃刀量等因素来选取进给速度。

精加工时，则按表面粗糙度要求、刀具及工件材料等因素来选取进给速度。

（3）切削速度的确定　切削速度 v_c 可根据已经选定的背吃刀量、进给量及刀具使用寿命进行选取。实际加工过程中，也可根据生产实践经验和查表的方法来选取。

粗加工或工件材料的加工性能较差时，宜选用较低的切削速度。精加工或刀具材料、工件材料的切削性能较好时，宜选用较高的切削速度。

切削速度 v_c 确定后，可根据刀具或工件直径（D）按公式 $n = 1000v_c/\pi D$ 来确定主轴转速 n（r/min）。

3. 硬质合金刀具切削用量选择推荐表

在工厂的实际生产过程中，切削用量一般根据经验并通过查表的方式来进行选取。常用硬质合金或涂层硬质合金切削不同材料时的切削用量推荐值见表2-3。

表2-3　硬质合金或涂层硬质合金刀具切削用量的推荐值

刀具材料	工件材料	粗加工			精加工		
		切削速度/(m/min)	进给量/(mm/r)	背吃刀量/mm	切削速度/(m/min)	进给量/(mm/r)	背吃刀量/mm
硬质合金或涂层硬质合金	碳钢	220	0.2	3	260	0.1	0.4
	低合金钢	180	0.2	3	220	0.1	0.4
	高合金钢	120	0.2	3	160	0.1	0.4
	铸铁	80	0.2	3	140	0.1	0.4
	不锈钢	80	0.2	2	120	0.1	0.4
	钛合金	40	0.2	1.5	60	0.1	0.4
	灰铸铁	120	0.2	2	150	0.15	0.5
	球墨铸铁	100	0.3	2	120	0.15	0.5
	铝合金	1600	0.2	1.5	1600	0.1	0.5

上表中，当进行切深进给时，进给量取上表相应取值之半

第三节　数控车床用夹具系统

一、数控机床夹具的基本知识

机床夹具是指安装在机床上，用以装夹工件或引导刀具，使工件和刀具具有正确的相互位置关系的装置。

1. 数控机床夹具的组成

数控机床夹具（图2-27）按其作用和功能通常可由定位元件、夹紧元件、安装连接元件和夹具体等几个部分组成。

定位元件是夹具的主要元件之一，其定位精度将直接影响工件

的加工精度。常用的定位元件有
V形块、定位销、定位块等。

夹紧装置的作用是保持工件
在夹具中的原定位置，使工件不
致因加工时受外力而改变原定位
置。连接元件用于确定夹具在机
床上的位置，从而保证工件与机
床之间的正确加工位置。夹具体
是夹具的基础件，用于连接夹具

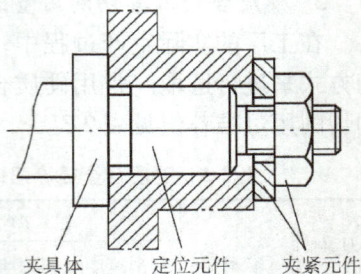

夹具体　　定位元件　　夹紧元件

图 2-27　夹具的组成

上各个元件或装置，使之成为一个整体，以保证工件的精度和刚度。

2. 数控机床夹具的基本要求

（1）精度和刚度要求　数控机床具有多型面连续加工的特点，
所以对数控机床夹具的精度和刚度的要求也同样比一般机床要高，
这样可以减少工件在夹具上的定位和夹紧误差以及粗加工的变形误
差。

（2）定位要求　工件相对夹具一般应完全定位，且工件的基准
相对于机床坐标系原点应具有严格的确定位置，以满足刀具相对于
工件正确运动的要求。同时，夹具在机床上也应完全定位，夹具上
的每个定位面相对于数控机床的坐标系原点均应有精确的坐标尺寸，
以满足数控机床简化定位和安装的要求。

（3）敞开性要求　数控机床加工为刀具自动进给加工。夹具及
工件应为刀具的快速移动和换刀等快速动作提供较宽敞的运行空间。
尤其对于需多次进出工件的多刀、多工序加工，夹具的结构更应尽
量简单、开敞，使刀具容易进入，以防刀具运动中与夹具工件系统
相碰撞。此外，夹具的敞开性还体现排屑通畅，清除切屑方便。

（4）快速装夹要求　为适应高效、自动化加工的需要，夹具结
构应适应快速装夹的需要，以尽量减少工件装夹辅助时间，提高机
床切削运转利用率。

3. 机床夹具的分类

机床夹具的种类很多，按其通用化程度可分为以下几类：

（1）通用夹具　数控车床和卡盘、顶尖和数控铣床上的机用虎

钳、分度头等均属于通用夹具。这类夹具已实现了标准化，特点是通用性强、结构简单，装夹工件时无需调整或稍加调整即可，主要用于单件小批量生产。

（2）**专用夹具**　专用夹具是专为某个零件的某道工序设计的。其特点是结构紧凑，操作迅速方便。但这类夹具的设计和制造的工作量大、周期长、投资大，只有在大批大量生产中才能充分发挥它的经济效益。专用夹具有结构可调式和结构不可调式两种类型。

（3）**成组夹具**　成组夹具是随着成组加工技术的发展而产生的。它是根据成组加工工艺，把工件按形状尺寸和工艺的共性分组，针对每组相近工件而专门设计的。这类夹具的特点是使用对象明确、结构紧凑和调整方便。

（4）**组合夹具**　组合夹具是由一套预先制造好的标准元件组装而成的专用夹具。它具有专用夹具的优点，用完后可拆卸存放，从而缩短了生产准备周期，减少了加工成本。因此，组合夹具既适用于单件及中、小批量生产，又适用于大批量生产。

> 选择数控车床夹具时，要根据零件精度等级、零件结构特点、产品批量及机床精度等情况综合考虑。选择顺序是：首先考虑通用夹具，其次考虑组合夹具，最后考虑专用夹具、成组夹具

二、数控车床常用夹具简介

卡盘根据卡爪的数量分为二爪卡盘、三爪自定心卡盘、四爪单动卡盘和六爪卡盘等几种类型。

1. 三爪自定心卡盘及其装夹校正

（1）三爪自定心卡盘　三爪自定心卡盘（图2-28）是数控车床最常用的通用夹具。三爪自定心卡盘的三个卡爪在装夹过程中是联动的，所以其具有装夹简单、夹持范围大和自动定心的特点，因此，三爪自定心卡盘主要用于在数控车床装夹加工圆柱形轴类零件和套类零件。在使用三爪自定心卡盘时，要注意三爪自定心卡盘的定心精度不是很高。因此，当需要二次装夹加工同轴度要求较高的工件时，须对装夹好的工件进行同轴度的校正。

三爪自定心卡盘的夹紧方式主要有机械螺旋式、气动式或液压式等多种形式。其中气动卡盘和液压卡盘装夹迅速、方便，适合于批量加工。但这类卡盘夹持范围变化小，尺寸变化大时需重新调整卡爪位置，因此，这类卡盘不适合尺寸变化大且需要二次装夹工件的加工。

（2）装夹与校正　在数控车床上使用三爪自定心卡盘装夹圆柱形工件时，工件的找正方法如图 2-29 所示，将百分表固定在工作台面上，触头触压在圆柱侧母线的上方，然后轻轻手动转动卡盘，根据百分表的读数用铜棒轻敲工件进行调整，当再次旋转主轴百分表读数不变时，表示工件装夹表面的轴心线与主轴轴心线同轴。

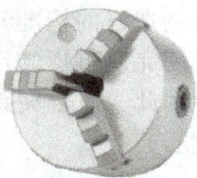

图 2-28　三爪自定心卡盘　　　　图 2-29 三爪自定心卡盘的校正

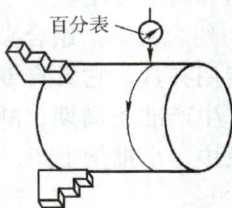

2. 四爪单动卡盘及其装夹校正

（1）四爪单动卡盘　四爪单动卡盘如图 2-30 所示，在装夹工件过程中每一个卡爪可以单独进行装夹，因此，四爪单动卡盘不仅适用于圆柱形轮廓的轴、套类零件的加工，还适用于偏心轴、套类零件和长度较短的方形表面的加工。

（2）装夹与校正　在数控车床上使用四爪单动卡盘进行工件的装夹时，必须进行工件的找正，以保证所加工表面的轴心线与主轴的轴心线重合。

四爪单动卡盘装夹圆柱工件的找正方法和三爪自定心卡盘的找正方法相同。方形工件的装夹与校正以图 2-31 所示的加工正中心孔为例，其校正方法如图 2-32 所示，将百分表固定在数控车床滑板上，触头接触侧平面（图 2-32a），前后移动百分表，调节工件保证百分表读数一致，将工件转动 90°，再次前后移动百分表，从而校正侧平面与主轴轴线垂直。工件中心（即所要加工孔的中心）的找正方法如图 2-32b 所示，触头接触外圆上侧素线，轻微转动主轴，找正外圆的上侧素线，读出此时的百分表读数，将卡盘转动 180°，仍然用百分表找正外圆的上侧素线，读出相应的百分表读数，根据两次百分表的读数差值调节上下两个卡爪。左右两卡爪的找正方法相同。

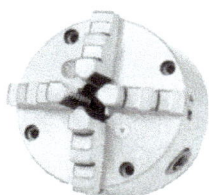

图 2-30　四爪单动卡盘

图 2-31　四爪单动卡盘装夹实例

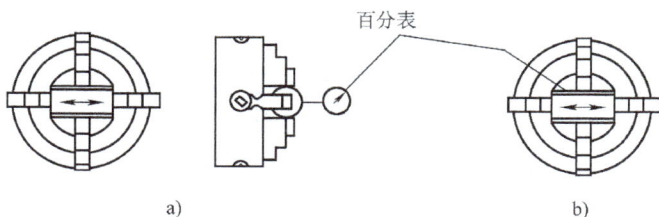

a)

b)

图 2-32　四爪单动卡盘装夹与校正方法

3. 软爪与弹簧夹套

（1）软爪　软爪从外形来看和三爪自定心卡盘无大的区别，不同之处在于其卡爪硬度不同。普通的三爪自定心卡盘的卡爪为了保证刚度要求和耐磨性要求，通常要经过淬火等热处理，硬度较高，很难用常用刀具材料切削加工。而软爪的卡爪通常在夹持部位焊有铜等软材料，是一种可以切削的卡爪，它是为了配合被加工工件而特别制造的。

软爪主要用于同轴度要求高且需要二次装夹的工件的加工，它可以在使用前进行自镗加工（图 2-33），从而保证卡爪中心与主轴中心同轴，因此，工件的装夹表面也应是精加工表面。另外，在加工过程中最好使软爪的内圆直径等于或略小于所要加工工件的外径（图 2-34），以消除卡盘的定位间隙并增加软爪与工件的接触面积。

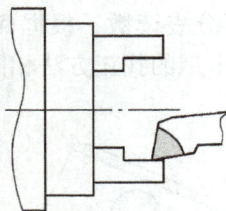

图 2-33　软爪的自镗加工　　图 2-34　软爪内圆直径与工件直径的关系

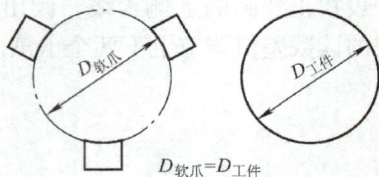

（2）弹簧夹套　弹簧夹套的定心精度高，装夹工件快速方便，常用于精加工的外圆表面定位。在实际生产中，如没有弹簧夹套，可根据工件夹持表面直径自制薄壁套（图 2-35）来代替弹簧夹套。

4. 两顶尖拨盘和拨动顶尖

（1）两顶尖拨盘　两顶尖拨盘包括前、后顶尖和对分夹头或鸡心夹头拨杆三部分。两顶尖定位的优点是定心正确可靠，安装方便。顶尖的作用是定心、承受工件重量和切削力。

前顶尖与主轴的装夹方式有两种，一种是插入主轴锥孔内的（图 2-36a），另一种是夹在卡盘上（图 2-36b）的。前顶尖与主轴一起旋转，与主轴中心孔不产生摩擦。

自制的薄壁套内孔直径与工件夹持表面直径相等，侧面锯出一条锯缝，并用三爪自定心卡盘夹持薄壁套外壁

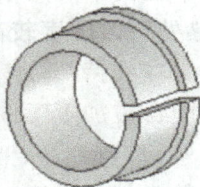

图 2-35　自制薄壁套　　　　　　图 2-36　前顶尖

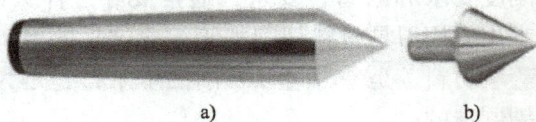

后顶尖插入尾座套筒。后顶尖也分为两种形式，一种是固定的（图2-37a），另一种是回转的（图2-37b）。回转顶尖使用较为广泛。

a)　　　　　　　　　　　　　　b)

图 2-37　后顶尖

两顶尖只对工件有定心和支承作用，工件的转动必须通过对分夹头或鸡心夹头的拨杆（图2-38）带动工件旋转。对分夹头或鸡心夹头夹紧工件一端。

（2）拨动顶尖　拨动顶尖常用有内、外拨动顶尖和端面拨动顶尖，与两顶尖拨盘相比，不使用拨杆而直接由拨动顶尖带动工件旋转。

端面拨动顶尖（图2-39）利用端面拨爪带动工件旋转，适合装夹工件的直径在 $\phi50 \sim 150mm$ 之间。

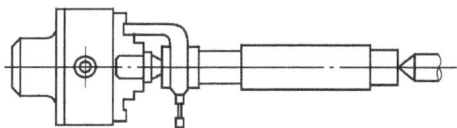

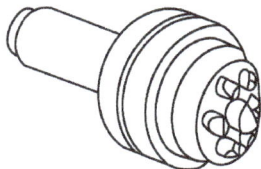

图 2-38　两顶尖支承用拨杆　　　图 2-39　端面拨动顶尖

内、外拨动顶尖（图2-40）的锥面带齿，能嵌入工件，拨动工件旋转。

5. 定位心轴

在数控车床上加工齿轮、套筒、轮盘等零件时，为了保证外圆轴线和内孔轴线的同轴度要求，常以心轴定位加工外圆和端面。当工件内孔为圆柱孔时，常用间隙配合心轴（图2-41a）、过盈配合心轴（图2-41b）定位；而当工件内孔为圆锥孔、螺纹孔和花键孔时，则采用相应的圆锥心轴（图2-41c）、螺纹心轴（图2-41d）、花键心轴（图2-41e）定位。

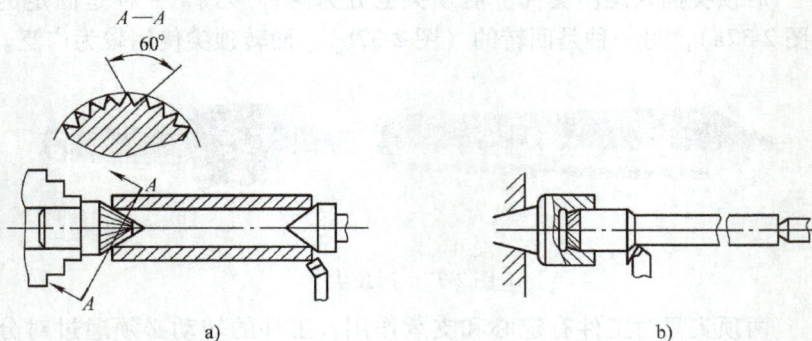

图 2-40 内、外拨动顶尖

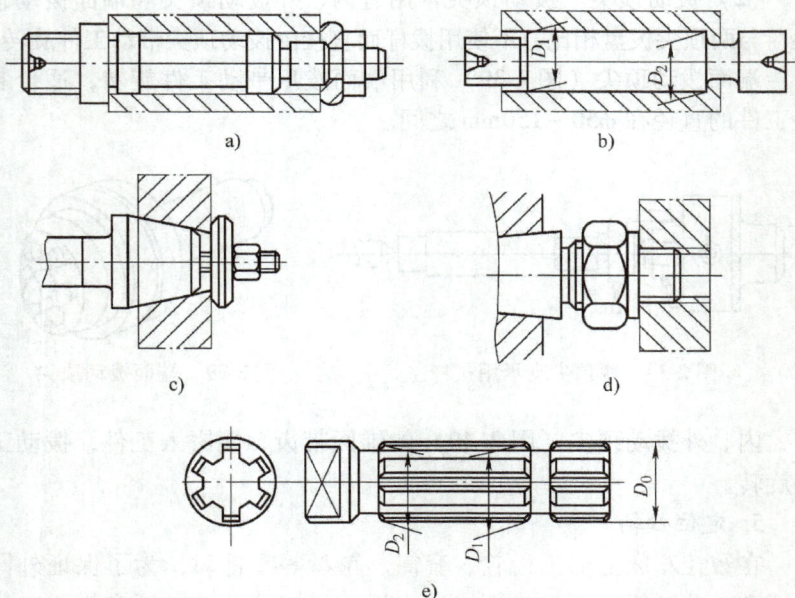

图 2-41 定位心轴

6. 花盘与角铁

数控车削时，常会遇到一些形状复杂和不规则零件，不能用卡盘和顶尖进行装夹，这时，可借助花盘、角铁等辅助夹具进行装夹。花盘、角铁及常用的附件如图 2-42 所示。

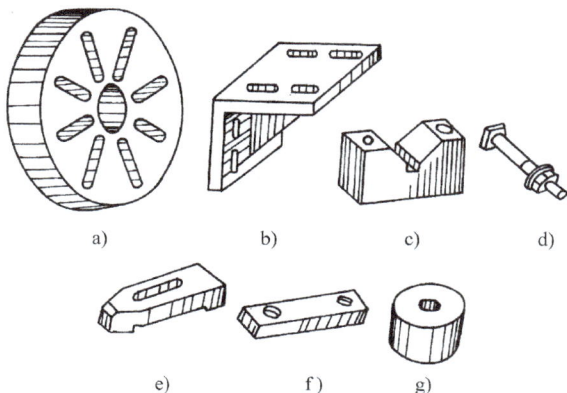

图 2-42　花盘角铁及其常用附件

a）花盘　b）角铁　c）V 形块　d）方头螺钉
e）压板　f）平垫铁　g）平衡块

　　加工表面的回转轴线与基准面垂直、外形复杂的零件可以装夹在花盘上加工，如图 2-43 所示双孔连杆工件的加工。而一些加工表面的回转轴线与基准面平行、外形复杂的零件则可以装夹在角铁上加工，如图 2-44 所示轴承座孔的加工。

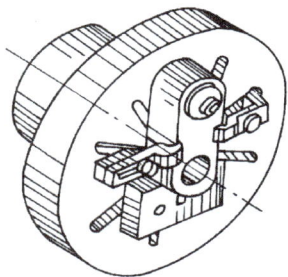

图 2-43　花盘上加工双孔连杆　　图 2-44　在角铁上加工轴承座

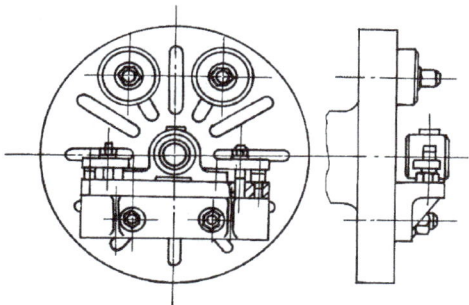

三、数控车床常用定位方法及定位误差分析

1. 常用定位方法

在数控车床上加工工件时，使用的定位方式种类较多，常用的定位方式见表2-4。

表2-4　数控车床常用定位方式

定位方式分类	定位方式	限制自由度数
以外圆表面定位	三爪自定心卡盘 + 挡铁定位	除工件转动外的5个自由度
	弹簧夹套 + 台阶面定位	
	主轴锥孔定位	
内孔定位	圆柱心轴 + 台阶面定位	
	圆锥心轴定位	
	螺纹心轴 + 台阶面定位	
	弹簧心轴或弹簧夹头	
顶尖定位	两顶尖	
	三爪自定心卡盘 + 顶尖	4个自由度

2. 定位误差分析

所谓定位误差是指工件在夹具中定位时，由于其被加工表面的设计基准，在加工方向上的位置不定性而引起的一项工艺误差，是被测要素在加工方向上的最大变动量。工件在夹具中按照六点定位原理定位后，可以使工件在夹具中占有预定而正确的加工位置。但在实际工作中，以定位元件代替支撑点后，由于工件的定位基面和定位元件均存在制造误差，因而工件在夹具中的实际位置，将在一定范围内变动，即存在定位误差。

定位误差有两种，即基准不重合误差和基准位移误差。由于定位基准与工序基准不重合而造成的定位误差，称为基准不重合误差。由于定位基准本身的尺寸和几何形状误差，以及定位基准与定位元件之间的间隙所引起的定位基准沿加工尺寸方向（或沿指定方向）的最大位移称为定位基准位移误差。

第四节　数控加工工艺文件

数控加工工艺文件是数控加工与数控加工工艺内容的具体体现，工厂中常用的数控工艺文件包括数控加工编程任务书、数控加工工序卡片、数控加工刀具调整单、数控机床调整单、数控加工进给路线图、数控加工程序单等。

以上工艺文件中，数控加工工序卡片和数控加工刀具调整单中的数控刀具明细表最为重要，前者是说明加工顺序和加工要素的文件，后者是刀具使用的依据。

> 为了加强技术文件管理，数控加工工艺文件也应向标准化、规范化方向发展。但目前尚无统一的国家标准，各企业可参照本书并根据本部门特点自行制定有关工艺文件

一、数控加工编程任务书

数控加工编程任务书是编程人员和工艺人员协调工作和编制程序的重要依据，主要包括数控加工工序的技术要求、工序说明、编程前工件余量等内容，详见表2-5。

表2-5　数控加工编程任务书

常州技师学院数控实习工厂	数控编程任务书	产品代号	零件名称	零件图号
		ST	灯罩模	ST2

主要工艺说明及技术要求

数控车精加工凸模椭圆表面，……

设备	CK6132	工艺员		编程员		收到日期	
编制		审核		批准		共__页　第__页	

二、数控加工工序卡片

数控加工工序卡主要用于反映使用的辅具、刀具规格、切削用

量、切削液、加工工步等内容，它是操作人员配合数控程序进行数控加工的主要指导性工艺资料。工序卡应按已确定的工步顺序填写。数控加工工序卡片格式见表2-6。

表2-6　数控加工工序卡片

常州技师学院数控实习工厂	数控加工工序卡片	产品代号	零件名称	零件图号	
		ST	灯罩模	ST2	
工艺序号	程序编号	夹具名称	夹具编号	使用设备	车间
10	ST15	三爪自定心卡盘		CK6140	

工步号	工步内容（加工面）	刀具号	刀具规格	主轴转速/(r/min)	进给速度（mm/min）	背吃刀量/mm
1	中心钻进行孔定位	T01	B2.5 中心钻	2000	手动	
2	粗车去余量	T02	外圆粗车刀	600	200	2
3	精车椭圆面	T03	外圆精车刀	1000	100	0.4
…	……	…	…	…	…	…
编制		审核	批准	共__页　第__页		

> 若在数控机床上只加工零件的一个工步时，也可不填写工序卡。在工序加工内容不十分复杂时，可将零件草图反映在工序卡上，并注明对刀点和编程原点

三、数控刀具调整单

数控刀具调整单主要包括数控刀具卡片（简称刀具卡）和数控刀具明细表（简称刀具表）两部分。

数控车床刀具卡片分别详细记录了每一把数控刀具的刀具编号、刀具结构、组合件名称代号、刀片型号和材料等，它是组装刀具和调整刀具的依据。

数控刀具明细表是调刀人员调整刀具输入的主要依据。刀具明细表格式见表2-7。

表 2-7　数控刀具明细表

零件图号	零件名称	材　料	数控刀具明细表		程序编号		车间	使用设备
ST-4	灯罩凸模	45						CK6140

刀号	刀尖号	刀具名称	刀具号	刀　具			刀补地址		加工部位
				位置/mm		刀尖圆弧			
				X 向	Z 向	半径/mm	直径	长度	
T13001	T03	外圆粗车刀	01	由每把刀具的对刀值确定		0.6	T0101		
T13002	T03	外圆精车刀	02			0.3	T0202		
T13003	T03	外切槽刀	03			0.3	T0303		
T13004	T08	外螺纹车刀	04			0.12P	T0404		
…	…	…	…	…	…	…	…	…	…
编制		审核		批准		年　月　日	共　页	第　页	

四、机床调整单

机床调整单是机床操作人员在加工前调整机床的依据。它主要包括机床控制面板开关调整单和数控加工零件安装、零点设定卡片两部分。

机床控制面板开关调整单，主要记有机床控制面板上有关"开/关"的位置，如进给量 f、调整旋钮位置或超调（倍率）旋钮位置、刀具半径补偿旋钮位置或刀具补偿拨码开关组数值表、垂直校验开关及冷却方式等内容。

数控加工零件安装和零点（编程坐标系原点）设定卡片（简称装夹图和零点设定卡），它标明了数控加工零件定位方法和夹紧方法，也标明了工件零点设定的位置和坐标方向，使用夹具的名称和编号等。安装图和零点设定卡片格式见表 2-8 所示。

表 2-8　工件安装和零点设定卡片

零件图号	JS0102—4	数控加工工件安装和零点设定卡片		工序号	
零件名称	行星架			装夹次数	
（零点设定简图）			3	梯形槽螺栓	
			2	垫片	
			1	数车夹具板	GS53—61
编　制	审　核	批　准	第　页		
			共　页	序　号	夹具名称	夹具图号

五、数控加工程序单

数控加工程序单是编程员根据工艺分析情况，经过数值计算，按照机床特点的指令代码编制的。它是记录数控加工工艺过程、工艺参数、位移数据的清单、以及手动数据输入（MDI）和置备控制介质、实现数控加工的主要依据。

复习思考题

1. 什么是数控加工？数控加工的内容有哪些？
2. 哪些零件比较适合在数控机床上加工？哪些零件不适合在数控机床上加工？
3. 数控车削的主要加工对象有哪些？
4. 零件的加工过程通常可划分为哪几个加工阶段？各加工阶段的任务是什么？
5. 何谓数控加工工序？数控加工工序划分的原则是什么？
6. 螺纹加工过程中如何确定螺纹的小径？
7. 螺距为 2mm 的外螺纹，在分层多刀切削过程中如何分配背吃刀量？
8. 数控车削刀具的种类有哪些？数控车削刀具常用的刀具材料有哪些？
9. 国家标准与 ISO 国际标准是如何定义机夹可转位刀片的型号的？

10. 选择切削用量的依据是什么？如何进行切削用量的选择？
11. 数控车刀在数控机床刀架上的安装要求有哪些？
12. 切削液的作用有哪些？如何选用切削液？
13. 数控车床常用夹具有哪些？如何在这些夹具中安装并校正工件？
14. 试简要介绍组合夹具的种类及其特点。
15. 工厂中常用的数控加工工艺文件有哪些？

第三章

数控车床编程基础

培训学习目标　了解数控编程的定义、分类及步骤；掌握数控车床坐标系的确定方法；掌握数控编程的基本功能指令；掌握数控机床的编程规则；掌握数控编程过程中基点及节点的计算方法；掌握数控车床一般工件的编程方法；掌握数控车床刀具补偿功能进行编程的方法。

第一节　数控编程概述

一、数控编程的定义

为了使数控机床能根据零件加工的要求进行动作，必须将这些要求以机床数控系统能识别的指令形式告知数控系统，这种数控系统可以识别的指令称为程序，制作程序的过程称为数控编程。

数控编程的过程不仅仅单一指编写数控加工指令的过程，它还包括从零件分析到编写加工指令再到制成控制介质以及程序校核的全过程。

在编程前首先要进行零件的加工工艺分析，确定加工工艺路线、工艺参数、刀具的运动轨迹、位移量、切削参数（切削速度、进给量、背吃刀量）以及各项辅助功能（换刀、主轴正反转、切削液开关等）；然后根据数控机床规定的指令及程序格式编写加工程序单；再把这一程序单中的内容记录在控制介质上（如软磁盘、移动存储器、硬盘），检查正确无误后采用手工输入方式或计算机传输方式输入数控机床的数控装置中，从而指挥机床加工零件。

二、数控编程的分类

数控编程可分为手工编程和自动编程两种。

1. 手工编程

手工编程是指所有编制加工程序的全过程，即图样分析、工艺处理、数值计算、编写程序单、制作控制介质、程序校验都是由手工来完成。

手工编程不需要计算机、编程器、编程软件等辅助设备，只需要有合格的编程人员即可完成。手工编程具有编程快速及时的优点，但其缺点是不能进行复杂曲面的编程。手工编程比较适合批量较大、形状简单、计算方便、轮廓由直线或圆弧组成的零件的加工。对于形状复杂的零件，特别是具有非圆曲线、列表曲线及曲面的零件，采用手工编程则比较困难，最好采用自动编程的方法进行编程。

手工编程步骤如图 3-1 所示，主要有以下几个方面的内容：

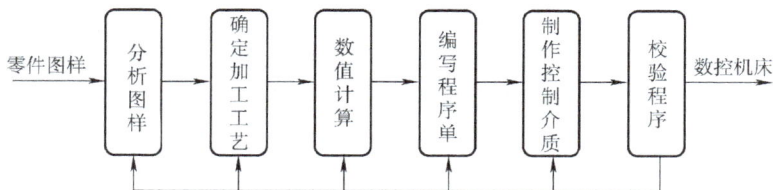

图 3-1　数控编程的步骤

（1）分析零件图样　对零件轮廓分析，零件尺寸精度、形位精度、表面粗糙度、技术要求的分析，以及对零件材料、热处理等要求的分析。

（2）确定加工工艺　选择加工方案，确定加工路线，选择定位与夹紧方式，选择刀具，选择各项切削参数，选择对刀点、换刀点。

（3）数值计算　选择编程原点，对零件图样各基点进行正确的数学计算，为编写程序单作好准备。

（4）编写程序单　根据数控机床规定的指令及程序格式编写加

工程序单。

（5）**制作控制介质** 简单的数控程序直接采用手工输入机床，如需自动输入时，必须制作控制介质。现在大多数程序采用软盘、移动存储器、硬盘作为存储介质，采用计算机传输来输入机床。目前老式的控制介质——穿孔纸带已基本停止使用了。

（6）**程序校验** 程序必须经过校验正确后才能使用。一般采用机床空运行的方式进行校验，有图形显示卡的机床可直接在 CRT 显示屏上进行校验。

当前，有很多学校所采用计算机数控仿真模拟也是一种比较理想的程序校验方法

2. 自动编程

自动编程是指用计算机或编程器编制数控加工程序的过程。自动编程的优点是效率高，程序正确性好。自动编程由计算机或编程器代替人完成复杂的坐标计算和书写程序单的工作，它可以解决许多手工编制无法完成的复杂零件的编程难题，但其缺点是必须具备自动编程系统或编程软件。自动编程较适合于编制形状复杂零件的加工程序，如：模具加工、多轴联动加工等场合。

实现自动编程的方法主要有语言式自动编程和图形交互式自动编程、语言式自动编程和会话式（WOP）编程等编程方法。语言式编程是通过高级语言的形式，表示出全部加工内容，计算机采用批处理方式，一次性处理、输出加工程序，现在这种编程方法已很少使用了。图形交互式自动编程是采用人机对话的处理方式，利用 CAD/CAM 功能生成加工程序。

当前所谓的自动编程，主要是指图形交互式自动编程

三、数控车床的编程特点与要求

根据数控车床的特点，数控车床的编程具有如下特点：

（1）**混合编程** 在一个程序段中，根据图样上标注的尺寸，可以采用绝对或增量方式编程。也可采用两者混合编程。在 SIEMENS（西门子）系统中用 G90/G91 指令来指定绝对尺寸与增量尺寸，而

在某些数控系统（如 FANUC）中则规定直接用地址符 U、W 分别指定 X、Z 坐标轴上的增量值。

> FANUC系统中不能用G90／G91指令来指定绝对尺寸与增量尺寸

（2）**径向尺寸以直径量表示** 由于被车削零件的径向尺寸在图样标注和测量时均采用直径尺寸表示。所以在直径方向编程时，X（U）通常以直径量表示。如果要以半径量表示，则通常要用相关指令在程序中进行规定。

（3）**径向加工精度高** 为提高工件的径向尺寸精度，X 向的脉冲当量取 Z 向的 1/2。

（4）**固定循环简化编程** 由于车削加工时常用棒料或锻料作为毛坯，加工余量较多，为了简化编程，数控系统采用了不同形式的固定循环，便于进行多次重复循环切削。

（5）**刀尖圆弧半径补偿** 在数控编程时，常将车刀刀尖看作一个点，而实际的刀尖通常是一个半径不大的圆弧。为了提高工件的加工精度，在编制采用圆弧形车刀的加工程序时，常采用 G41 或 G42 指令来对车刀的刀尖圆弧半径进行补偿。

（6）**采用刀具位置补偿** 数控车床的对刀操作及工件坐标系的设定通常采用刀具位置补偿的方法进行。

第二节 数控机床的坐标系统

一、机床坐标系

1. 机床坐标系的定义

在数控机床上加工零件，机床的动作是由数控系统发出的指令来控制的。为了确定机床的运动方向和移动距离，就要在机床上建立一个坐标系，这个坐标系就叫机床坐标系，也叫标准坐标系。

2. 机床坐标系中的规定

数控车床的加工动作主要分为刀具的运动和工件的运动两部分。因此，在确定机床坐标系的方向时规定：永远假定刀具相对于静止的工件而运动。

　　对于机床坐标系的方向，统一规定增大工件与刀具间距离的方向为正方向。

　　数控机床的坐标系采用符合右手定则规定的笛卡儿坐标系。如图 3-2 左图所示，大拇指的方向为 X 轴的正方向，食指指向 Y 轴的正方向，中指指向 Z 轴的正方向。右图则规定了旋转运动 A、B、C 轴旋转的正方向。对工件旋转的主轴（如车床主轴），其正转方向（+C′）与 +C 方向相反。

> 对前置刀架式各类车床，现称的"正转"，按标准应为反转（-C′），其"正转"系指习惯上的俗称

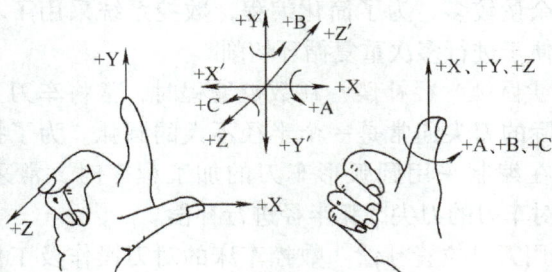

图 3-2　右手笛卡儿坐标系统

　　3. 机床坐标系的方向

　　（1）Z 坐标方向　　Z 坐标的运动由主要传递切削动力的主轴所决定。对任何具有旋转主轴的机床，其主轴及与主轴轴线平行的坐标轴都称为 Z 坐标轴（简称 Z 轴）。根据坐标系正方向的确定原则，刀具远离工件的方向为该轴的正方向。

　　（2）X 坐标方向　　X 坐标一般为水平方向并垂直于 Z 轴。对工件旋转的机床（如车床），X 坐标方向规定在工件的径向上且平行于车床的横导轨。同时也规定其刀具远离工件的方向为 X 轴的正方向，如图 3-3 及图 3-4 所示。

> 确定X坐标方向时，要特别注意前置刀架式数控车床与后置刀架式数控车床的区别

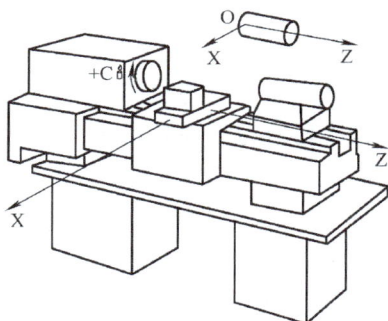

图 3-3 水平床身前置
刀架式数控车床的坐标系

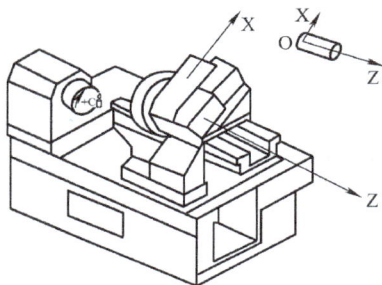

图 3-4 倾斜床身后置刀架式
数控车床的坐标系

73

（3）**Y 坐标方向** Y 坐标垂直于 X、Z 坐标轴并按照右手笛卡儿坐标系来确定。

> 确定坐标系各坐标轴时，总是先根据主轴来确定Z轴，再确定X轴，最后确定Y轴

（4）**旋转轴方向** 旋转坐标 A、B、C 对应表示其轴线分别平行于 X、Y、Z 坐标轴的旋转坐标。A、B、C 坐标的正方向分别规定在沿 X、Y、Z 坐标正方向并按照右旋螺纹旋进的方向，如图 3-2 中的右图所示。

4. **机床原点与机床参考点**

（1）**机床原点** 机床原点（亦称为机床零点）是机床上设置的一个固定的点，即机床坐标系的原点。它在机床装配、调试时就已调整好，一般情况下不允许用户进行更改，因此它是一个固定的点。

机床原点又是数控机床进行加工或位移的基准点。对于机床原点，有一些数控车床将机床原点设在卡盘中心处（图 3-5），还有一些数控机床将机床原点设在刀架位移的正向极限点位置（图 3-6）。

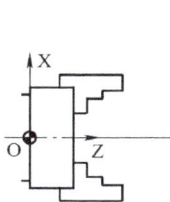

图 3-5 机床原点位于卡盘中心　图 3-6 机床原点位于刀架正向运动极限点

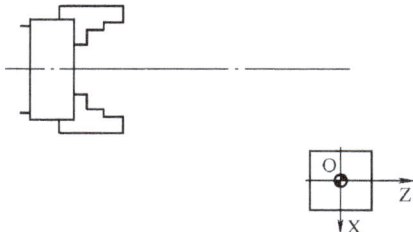

（2）机床参考点　机床参考点是数控机床上一个特殊位置的点。通常，数控车床的第一参考点一般位于刀架正向移动的极限点位置，并由机械挡块来确定其具体的位置。机床参考点与机床原点的距离由系统参数设定，其值可以是零，如果其值为零则表示机床参考点和机床零点重合。

对于大多数数控机床，开机第一步总是先使机床返回参考点（即所谓的机床回零）。当机床处于参考点位置时，系统显示屏上的机床坐标系显示系统参数中设定的数值（即参考点与机床原点的距离值）。开机回参考点的目的就是为了建立机床坐标系，即通过参考点当前的位置和系统参数中设定的参考点与机床原点的距离值（图3-7中的 a 和 b）来反推出机床原点位置。机床坐标系一经建立后，只要机床不断电，将永远保持不变，且不能通过编程来对它进行改变。

图中 O 为机床原点，O_1 为机床参考点，a 为 Z 向距离参数值，b 为 X 向距离参数值。机床上除设立了参考点外，还可用参数来设定第 2、3、4 参考点，设立这些参考点的目的是为了建立一个固定的点，在该点处数控机床可执行诸如换刀等一些特殊的动作。

二、工件坐标系

1. 工件坐标系

机床坐标系的建立保证了刀具在机床上的正确运动。但是，加工程序的编制通常是针对某一工件并根据零件图样进行的。为了便于尺寸计算与检查，加工程序的坐标原点一般都尽量与零件图样的尺寸基准相一致。这种针对某一工件并根据零件图样建立的坐标系称为工件坐标系（亦称编程坐标系）。

2. 工件坐标系原点

工件坐标系原点亦称编程原点，该点是指工件装夹完成后，选择工件上的某一点作为编程或工件加工的基准点。工件坐标系原点在图中以符号"◓"表示。

数控车床工件坐标系原点选取如图3-8所示。X 向一般选在工件的回转中心，而 Z 向一般选在加工工件的右端面（O 点）或左端面（O′点）。

采用左端面作为Z向工件原点时，有利保证工件的总长。而采用右端面作为Z向工件原点时，则有利于对刀

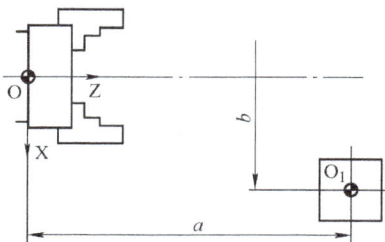

图 3-7　机床原点与参考点

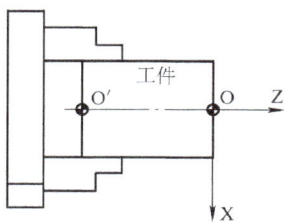

图 3-8　工件坐标系原点

第三节　数控加工程序的格式与组成

每一种数控系统，根据其系统本身的特点与编程的需要，都有一定的程序格式。对于不同的数控系统，其程序格式也不尽相同。因此，编程人员在按数控程序的常规格式进行编程的同时，还必须严格按照系统说明书的格式进行编程。

一、程序的组成

一个完整的程序由程序号、程序内容和程序结束三部分组成，如下所示：

```
O0001；                          程序号
N10   G98   G40   G21；
N20   T0101；
N30   G00   X100.0   Z100.0；    程序内容
N40   M03   S800；
      ……
N200  G00   X100.0   Z100.0；
N210  M30；                      程序结束
```

程序号是加工程序的识别标记，因此同一机床中的程序号不能重复

（1）程序号　每一个存储在系统存储器中的程序都需要指定一个程序号以相互区别，这种用于区别零件加工程序的代号称为程序号。程序号写在程序的最前面，必须单独占一行。

FANUC 系统程序号的书写格式为 O××××，其中 O 为地址符，其后跟四位数字，数值从 O0000 到 O9999，在书写时其数字前的零可以省略不写，如 O0020 可写成 O20。

SIEMENS 系统中，程序号由任意字母、数字和下划线组成，一般情况下，程序号的前两位多以英文字母开头，如 AA123、BB456 等。

（2）程序内容　程序内容是整个加工程序的核心，它是由许多程序段组成的，每个程序段由一个或多个指令构成，它表示数控机床中除程序结束外的全部动作。

（3）程序结束　结束部分由程序结束指令构成，它必须写在程序的最后。可以作为程序结束标记的 M 指令有 M02 和 M30，它们代表零件加工程序的结束。为了保证最后程序段的正常执行，通常要求 M02/M30 单独占一行。

此外，子程序结束的结束标记因不同的系统而各异，如 FANUC 系统中用 M99 表示子程序结束后返回主程序，而在 SIEMENS 系统中则通常用 M17、M02 或字符"RET"作为子程序结束并返回主程序的标记。

二、程序段的组成

（1）程序段基本格式　程序段是程序的基本组成部分，每个程序段由若干个数据字构成，而数据字又由表示地址的英文字母、特殊文字和数字构成。如 X30.0、G50 等。

程序段格式是指一个程序段中字、字符、数据的排列、书写方式和顺序。通常情况下，程序段格式有使用地址符程序段格式、使用分隔符的程序段格式、固定程序段格式三种。后两种程序段格式除在线切割机床中的"3B"或"4B"指令中还能见到外，已很少使用了。因此，这里主要介绍使用地址符程序段格式。

地址符程序段格式如下：

N___　G___　X___　Y___　Z___　F___　S___　T___　M___　LF

程序　准备　　　　尺寸字　　　　进给　主轴　刀具　辅助　结束
段号　功能　　　　　　　　　　　功能　功能　功能　功能　标记

如 N50　G01　X30.0　Z30.0　F100　S800　T01　M03

（2）程序段的组成

1）程序段号。程序段号由地址符"N"开头，其后为若干位数字。

在大部分系统中，程序段号仅作为"跳转"或"程序检索"的目标位置指示。因此，它的大小及次序可以颠倒，也可以省略。程序段在存储器内以输入的先后顺序排列，而程序的执行是严格按信息在存储器内的先后顺序一段一段地执行，也就是说程序在系统内执行的先后次序与程序段序号无关。但是，当程序段序号省略时，该程序段将不能作为"跳转"或"程序检索"的目标程序段。

程序段序号也可以由数控系统自动生成，程序段号的递增量可以通过"机床参数"进行设置，一般可设定增量值为10。

2）程序段内容。程序段的中间部分是程序段的内容，程序内容应具备6个基本要素，即准备功能字、尺寸功能字、进给功能字、主轴功能字、刀具功能字、辅助功能字。

> 并不是所有程序段都必须包含所有功能字，有时一个程序段内可仅包含其中一个或几个功能字也是允许的

如图3-9所示，为了将刀具从 P_1 点移到 P_2 点，必须在程序段中明确以下几点：

① 移动的目标是哪里？

② 沿什么样的轨迹移动？

③ 移动速度有多大？

④ 刀具的切削速度是多少？

⑤ 选择哪一把刀移动？

⑥ 机床还需要哪些辅助动作？

对于图3-9所示的直线刀具轨迹，其程序段可写成如下格式：

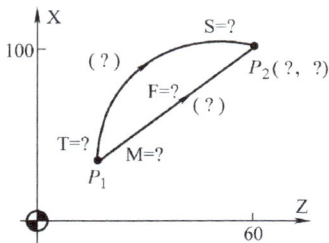

图 3-9　程序段的内容

N10　G90　G01　X100.0　Z60.0　F100　S300　T01　M03；

如果在该程序段前已指定了刀具功能、转速功能、辅助功能，则该程序段可写成：

N10　G01　X100.0　Z60.0　F100；

3）程序段结束。程序段以结束标记"CR（或 LF）"结束，实际使用时，常用符号"；"或"＊"表示"CR（或 LF）"。

（3）程序的斜杠跳跃　有时，在程序段的前面有"／"符号，该符号称为斜杠跳跃符号，该程序段称为可跳跃程序段。如下面这条程序：

N10　G00　X100.0；

这样的程序，可以由操作者对程序段和执行情况进行控制。当操作机床使系统的"跳过程序段"信号生效时，程序执行时将跳过这些程序段；当"跳过程序段"信号无效时，程序段照常执行，该程序段和不加"／"符号的程序段相同。

（4）程序段注释　为了方便检查、阅读数控程序，在许多数控系统中允许对程序进行注释，注释可以作为对操作者的提示显示在荧屏上，但注释对机床动作没有任何作用。

> 本书为了便于读者阅读，一律用"；"表示程序段结束，而用"（ ）"表示程序注释

程序的注释应放在程序的最后，不允许将注释插在地址和数字之间。FANUC 系统的程序注释用"（　）"括起来，SIEMENS 系统的程序注释则跟在"；"之后。

第四节　数控机床的有关功能

数控系统常用的系统功能有准备功能、辅助功能、其他功能三种，这些功能是编制数控程序的基础。

一、准备功能

准备功能也叫 G 功能或 G 指令，是用于数控机床做好某些准备动

作的指令。它由地址 G 和后面的两位数字组成，从 G00 ~ G99 共 100 种，如 G01、G41 等。目前，随着数控系统功能的不断提高，有的系统已采用三位数的功能指令，如 SIEMENS 系统中的 G450、G451 等。

虽然从 G00 ~ G99 共有 100 种 G 指令，但并不是每种指令都有实际意义，实际上有些指令在国际标准（ISO）或我国原机械工业部标准中并没有指定其功能，这些指令主要用于将来修改标准时指定新功能。还有一些指令，即使在修改标准时也永不指定其功能，这些指令可由机床设计者根据需要定义其功能，但必须在机床的出厂说明书中予以说明。

二、辅助功能

辅助功能也叫 M 功能或 M 指令。它由地址 M 和后面的两位数字组成，从 M00 ~ M99 共 100 种。

同样，这100个M指令中，并不是每一种M指令都有实际意义

辅助功能主要控制机床或系统的开、关等辅助动作的功能指令，如开、停冷却泵，主轴正反转，程序的结束等。

同样，由于数控系统以及机床生产厂家的不同，其 M 指令的功能也不尽相同，甚至有些 M 指令与 ISO 标准指令的含义也不相同。因此，一方面需要对数控指令进行标准化；另一方面，操作人员在进行数控编程时，一定要按照机床说明书的规定进行。

在同一程序段中，既有 M 指令又有其他指令时，M 指令与其他指令执行的先后次序由机床系统参数设定。因此，为保证程序以正确的次序执行，有很多 M 指令，如 M30、M02、M98 等，最好以单独的程序段进行编程。

在有分度工作台的数控机床，M 指令还用于指定第二辅助功能，即分度功能。

三、其他功能

1. 坐标功能

坐标功能字（又称尺寸功能字）用来设定机床各坐标的位移量。

它一般使用 X、Y、Z、U、V、W、P、Q、R、（用于指定直线坐标尺寸）和 A、B、C、D、E、（用于指定角度坐标）及 I、J、K（用于指定圆心坐标点位置尺寸）等地址为首，在地址符后跟"＋"或"－"号及一串数字。如 X100.0、A＋30.0、I－10.0 等。

2. 刀具功能

刀具功能是指系统进行选刀或换刀的功能指令，亦称为 T 功能。刀具功能用地址 T 及后缀的数字来表示，常用刀具功能指定方法有 T4 位数法和 T2 位数法。

（1）**T4 位数法**　T4 位数法可以同时指定刀具和选择刀具补偿，T 后的 4 位数中前两位数用于指定刀具号，后两位数用于指定刀具补偿存储器号，刀具号与刀具补偿存储器号不一定要相同，如：T0101 表示选用 1 号刀具及选用 1 号刀具补偿存储器号中的补偿值。T0102 表示选用 1 号刀具及选用 2 号刀具补偿存储器号中的补偿值。

（2）**T2 位数法**　T2 位数法仅能指定刀具号，刀具存储器号则由其他代码（如 D 或 H 代码）进行选择。同样，刀具号与刀具补偿存储器号不一定要相同，如：T05 D01 表示选用 5 号刀具及选用 1 号刀具补偿存储器号中的补偿值。

> 目前FANUC系统和国产系统数控车床采用T4位数法；绝大多数的加工中心及SIEMENS系统数控车床采用T2位数法

3. 进给功能

用来指定刀具相对于工件运动的速度功能称为进给功能，由地址 F 和其后缀的数字组成。根据加工的需要，进给功能分每分钟进给和每转进给两种。

（1）**每分钟进给**　直线运动的单位为 mm/min；如果主轴是回转轴，则其单位为°/min。每分钟进给通过准备功能字 G98（数控铣床及部分数控车床系统采用 G94）来指定，其值为大于零的常数，如：

G98 G01 X20.0 F100；进给速度为 100mm/min。

（2）**每转进给**　在加工螺纹、镗孔过程中，常使用每转进给来指定进给速度，其单位为 mm/r，通过准备功能字 G99（数控铣床及部分数控车床系统采用 G95）来指定，如：

G99 G01 X20.0 F0.2；进给速度为 0.2mm/r。

在编程时，进给速度不允许用负值来表示，一般也不允许用 F0 来控制进给停止。但在实际操作过程中，可通过机床操作面板上的进给倍率开关来对进给速度值进行修正，因此，通过倍率开关，可以控制进给速度的值为 0。

4. 主轴功能

用来控制主轴转速的功能称为主轴功能，亦称为 S 功能，由地址 S 和其后缀数字组成。根据加工的需要，主轴的转速分为线速度 v 和转速 S 两种。

（1）转速 S　转速 S 的单位是 r/min，用准备功能 G97 来指定，其值为大于 0 的常数，如：

G97 S1000；主轴转速为 1000r/min。

（2）恒线速度 v　有时，在加工过程中为了保证工件表面的加工质量，转速常用恒线速度来指定，恒线速度的单位为 m/min，用准备功能 G96 来指定。

> 采用恒线速度进行编程时，为防止转速S过高引起的事故，有很多系统都设有最高转速限定指令（如FANUC系统中的"G50S__；"指令）

G96 S100；主轴转速为 100m/min。

线速度 v 与转速 S 之间可以相互换算，其换算关系如图 3-10 所示。

$$v = \pi Dn/1000$$

$$n = 1000v/\pi D$$

式中　v——切削线速度，单位为 m/min；

D——刀具直径，单位为 mm；

n——主轴转速，单位为 r/min。

图 3-10　线速度与转速关系

在编程时，主轴转速不允许用负值来表示，允许用 S0 使转速停止，但一般不用。

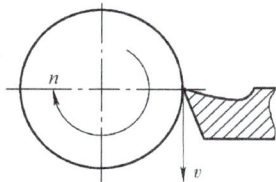

> 在实际操作过程中，可通过机床操作面板上的主轴倍率开关来对主轴转速值进行修正，一般其调整范围为50%~120%

（3）主轴的启、停　在程序中，主轴的正转、反转、停转由辅助功能 M03/M04/M05 进行控制。其中，M03 表示主轴正转，M04 表示主轴反转，M05 表示主轴停转。

例 G97 M03 S300；　　主轴正转，转速为300r/min

M05；　　　　　　　　主轴停转

四、常用功能指令的属性

（1）指令分组　所谓指令分组，就是将系统中不能同时执行的指令分为一组，并以编号区别。例如 G00、G01、G02、G03 就属于同组指令，其编号为 01 组。类似的同组指令还有很多，详见 FANUC 与 SIEMENS 指令一览表。

同组指令具有相互取代作用，同一组指令在一个程序段内只能有一个生效，当在同一程序段内出现两个或两个以上的同组指令时，一般以最后输入的指令为准，有的机床还会出现机床系统报警。

> 对于不同组的指令，在同一程序段内可以进行不同的组合。而同组指令则应避免编入同一程序段内，以免引起混淆

G98　G40　G21；　　　　　　　　　　该程序段是规范的程序段，所有指令均为不同组指令

G01　G02　X30.0　Z30.0　R30.0　F100；　该程序段是不规范的程序段，其中 G01 与 G02 是同组指令

（2）模态指令　模态指令（又称为续效指令）表示该指令一经在一个程序段中指定，在接下来的程序段中一直持续有效，直到出现同组的另一个指令时，该指令才失效。与其对应的仅在编入的程序段内才有效的指令称为非模态指令（或称为非续效指令），如 G 指令中的 G04 指令、M 指令中的 M00、M06 等指令。

模态指令的出现避免了在程序中出现大量的重复指令，使程序变得清晰明了。同样地，尺寸功能字如出现前后程序段的重复，则

该尺寸功能字也可以省略。

例　G01　X20.0　Z20.0　F150；

　　G01　X30.0　Z20.0　F150；

　　G02　X30.0　Z－20.0　R20.0　F100

上例中有下划线的指令可以省略。因此，以上程序可写成如下形式：

G01　X20.0　Z20.0　F150.0；

　　　X30.0；

G02　Z－20.0　R20.0　F100.0

对于模态指令与非模态指令的具体规定，通常情况下，绝大部分的 G 指令与所有的 F、S、T 指令均为模态指令，M 指令的情况比较复杂，请查阅有关系统出厂说明书。

（3）开机默认指令　为了避免编程人员出现指令遗漏，数控系统中对每一组的指令，都选取其中的一个作为开机默认指令，该指令在开机或系统复位时可以自动生效，因而在程序中允许不再编写。

常见的开机默认指令有 G01、G18、G40、G54、G99、G97 等。如当程序中没有 G96 或 G97 指令，用指令"M03 S200；"指定的主轴正转转速是 200r/min。

第五节　数控机床的编程规则

一、绝对坐标与增量坐标

（1）FANUC 系统中的绝对坐标与增量坐标　在 FANUC 车床系统及部分国产系统中，直接以地址符 X、Z 组成的坐标功能字表示绝对坐标，而用地址符 U、W 组成的坐标功能字表示增量坐标。绝对坐标地址符 X、Z 后的数值表示工件原点至该点间的矢量值，增量坐标地址符 U、W 后的数值表示轮廓上前一点到该点的矢量值。在图 3-11 所示的 AB 与 CD 轨迹中，其 B 点与 D 点的坐标如下：

FANUC数控车床可不能用G90/G91指令来指定绝对坐标与增量坐标

B 点的绝对坐标 X20.0　Z10.0；　　增量坐标 U−20.0　W−20.0；

D 点绝对坐标 X40.0　Z0；　　　　增量坐标 U40.0　W−20.0。

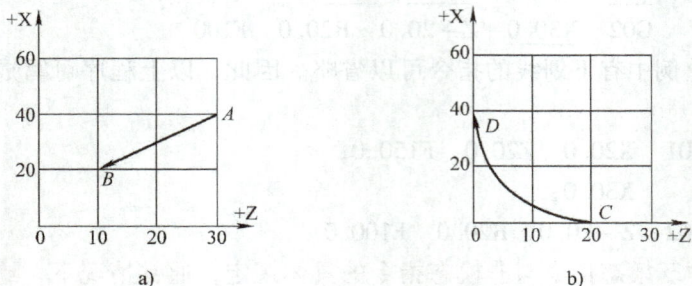

图 3-11　绝对坐标与增量坐标

（2）SIEMENS 系统中的绝对坐标与增量坐标　SIEMENS 系统中，绝对坐标用指令 G90 表示，增量坐标用 G91 表示。该两指令可以相互切换，但不允许混合使用。在图 3-11 中，B 点与 D 点的坐标如下：

B 点的绝对坐标 G90　X20　Z10；　　增量坐标 G91　X−20　Z−20；

D 点的绝对坐标 G90　X40　Z0；　　　增量坐标 G91　X40　Z−20。

在 SIEMENS 系统中，除采用 G90 和 G91 分别表示绝对坐标和增量坐标外，有些系统（如 802D）还可用符号 "AC" 和 "IC" 通过赋值的形式来表示绝对坐标和增量坐标，该符号可与 G90 和 G91 混合使用。其格式如下：

= AC（　）；绝对坐标，赋值必须要有一个等于符号，数值写在括号中

= IC（　）；增量坐标写在括号中

在图 3-11 中，B 点与 D 点的混合坐标表示方法如下：

B 点的混合坐标 G90　X20　Z = IC（−20）；

D 点的混合坐标 G91　X40　Z = AC（0）。

二、米制与英制编程

坐标功能字是使用米制还是英制，多数系统用准备功能字来选

择，如 FANUC 系统采用 G21/G20 来进行米、英制的切换，而 SIE-MENS 系统和 A－B 系统则采用 G71/G70 来进行米、英制的切换。其中 G21 或 G71 表示米制，而 G20 或 G70 表示英制。

G91　G20　G01　X20.0（或 G91　G70　G01　X20.0）；刀具向 X 正方向移动 20in。

G91　G21　G01　X50.0（或 G91　G71　G01　X50.0）；刀具向 X 正方向移动 50mm。

米、英制对旋转运动无效，旋转运动的单位总是度（°）。

三、小数点编程

数字单位以米制为例分为两种，一种是以 mm 为单位，另一种是以脉冲当量即机床的最小输入单位为单位，现在大多数机床常用的脉冲当量为 0.001mm。

对于数字的输入，有些系统可省略小数点，有些系统则可以通过系统参数来设定是否可以省略小数点，而大部分系统小数点则不可省略。对于不可省略小数点编程的系统，当使用小数点进行编程时，数字以 mm（英制为 in；角度为°）为输入单位，而当不用小数点编程时，则以机床的最小输入单位作为输入单位。

如从 A 点（0，0）移动到 B 点（50，0）有以下三种表达方式：

X50.0

X50.　　　　　（小数点后的零可省略）

X50 000　　　（脉冲当量为 0.001mm）

上三组数值均表示 X 坐标值为 50mm，50.0 与 50 000 从数学角度上看两者相差了 1000 倍。

数控编程时，不管哪种系统，为保证程序的正确性，最好不要省略小数点的输入

脉冲当量为 0.001 的系统采用小数点编程时，其小数点后的位数超过四位时，数控系统按四舍五入处理。例如，当输入 X50.1234 时，经系统处理后的数值为 X50.123。

第六节　手工编程中的数学处理

在数控编程加工过程中，首先要计算出刀具运动轨迹点的坐标。这种根据零件图样，按照已确定的加工路线和允许的编程误差，计算数控系统所需输入的数据，称为数控加工的数值计算。

一、数值计算的内容

1. 基点、节点的概念与计算

（1）基点的概念与计算　一个零件的轮廓往往是由许多不同的几何元素组成的，如直线、圆弧、二次曲线以及其他解析曲线等。构成零件轮廓的这些不同几何元素的连接点称为基点，如图 3-12 中的 A、B、C、D、E、F 和 G 等点都是该零件轮廓上的基点。显然，相邻基点间只能是一个几何元素。

轮廓的基点可以直接作为其运动轨迹的起点或终点。目前，一般的数控机床都具有直线和圆弧插补功能，计算基点时，只需计算轨迹（线段）的起点或终点在选定坐标系中的各坐标值和圆弧运动轨迹的圆心坐标值。因此，基点的计算较为方便，常采用手工计算。

（2）节点的概念与计算　当采用不具备非圆曲线插补功能的数控机床加工非圆曲线轮廓的零件时，在加工程序的编制工作中，常常需要用直线或圆弧去近似代替非圆曲线，称为拟合处理。拟合线段的交点或切点就称为节点。如图 3-13 中的 P_1、P_2、P_3、P_4、P_5 等点为直线拟合非圆曲线时的节点。

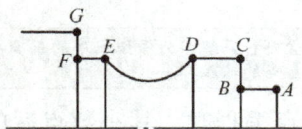

图 3-12　零件轮廓中的基点

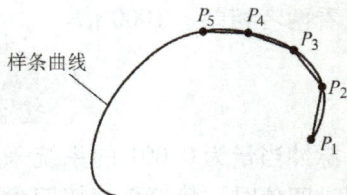

图 3-13　零件轮廓中的节点

对采用直线或圆弧拟合的非圆曲线进行编程序时，应按节点划分程序段。逼近线段的近似区间越大，测切点数目越少，相应的逼近误差也就越大。节点拟合计算的难度及工作量都较大，故宜通过计算机完成；有时也可由人工计算完成，但对编程者的数学处理能力要求较高。

> 基点与节点的概念可不能混淆

2. 刀位点轨迹的计算

当采用圆弧形车刀进行车削加工及立铣刀进行铣削加工时，因刀位点规定在刀尖圆弧中心处。因此，大多数情况下，刀具的刀位点轨迹与工件轮廓轨迹不重合（图3-14），通常是沿轮廓偏移一个刀尖圆弧半径值。对于具有刀尖圆弧半径补偿功能的数控机床，刀具在切削平面内的刀具刀位点轨迹大多由数控系统根据零件的加工轮廓和设定的刀尖圆弧半径值自行计算，无需用户计算。

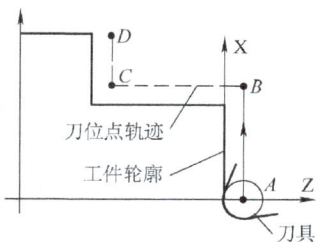

图3-14 刀具半径补偿的刀位点轨迹

3. 辅助计算

辅助计算包括增量计算、辅助程序段计算、切削用量计算、编程尺寸与标注尺寸的换算和尺寸链解算等。辅助计算通常较为简单。

二、基点计算方法

常用的基点计算方法有列方程求解法、三角函数法、计算机绘图求解法等。

> 基点计算法中，计算机绘图求解法最为简便，也最为精确，在近几年的数控加工中也最为普及

1. 解析法

（1）解析法中的常用方程 由于基点计算主要内容为直线和圆弧的端点、交点、切点的计算。因此，列方程求解法中用到的直线与圆弧方程如下：

直线方程的一般形式为：$Ax + By + C = 0$

式中　A、B、C——任意实数，并且 A、B 不能同时为零。

直线方程的标准形式：$y = kx + b$

式中　k——直线的斜率，即倾斜角的正切值；

　　　b——直线在 Y 轴上的截距。

圆的标准方程为：$(x - a)^2 + (y - b)^2 = R^2$

式中　a、b——分别为圆心的横、纵坐标；

　　　R——圆的半径。

圆的一般方程为：$x^2 + y^2 + Dx + Ey + F = 0$

式中　D——常数，并等于 $-2a$，a 为圆心的横坐标；

　　　E——常数，并等于 $-2b$，b 为圆心的纵坐标；

　　　F——常数，且 $F = a^2 + b^2 - R^2$，其中圆半径 $R = \dfrac{1}{2}\sqrt{D^2 + E^2 - 4F}$。

（2）列方程求解直线与圆弧的交点或切点　为了叙述上的方便，这里把直线与圆弧的关系及其列方程求解方法归纳为表 3-1 所示的两种类型。

表 3-1　求直线与圆弧的交点或切点

类型	类　型　图	联立方程与推导计算公式	说　明
（一）直线与圆相交	已知：k，b；(x_0, y_0)，R，求 (x_C, y_C)	方程：$\begin{cases} (x - x_0)^2 + (y - y_0)^2 = R^2 \\ y = kx + b \end{cases}$ 公式：$A = 1 + k^2$ 　　　$B = 2\left[k(b - y_0) - x_0\right]$ 　　　$C = x_0^2 + (b - y_0)^2 - R^2$ 　　　$x_C = \dfrac{-B \pm \sqrt{B^2 - 4AC}}{2A}$ 　　　$y_C = kx_C + b$	公式也可用于求解直线与圆相切时的切点坐标。当直线与圆相切时，取 $B^2 - 4AC = 0$，此时 $x_C = -B/(2A)$，其余计算公式不变

（续）

类型	类 型 图	联立方程与推导计算公式	说　明
（二）两圆相交	 已知：(x_1, y_1)，R_1；(x_2, y_2)，R_2，求 (x_C, y_C)	方程：$\begin{cases}(x-x_1)^2 + (y-y_1)^2 = R_1^2 \\ (x-x_2)^2 + (y-y_2)^2 = R_2^2\end{cases}$ 公式：$\Delta x = x_2 - x_1$，$\Delta y = y_2 - y_1$ $D = \dfrac{(x_2^2 + y_2^2 - R_2^2) - (x_1^2 + y_1^2 - R_1^2)}{2}$ $A = 1 + \left(\dfrac{\Delta x}{\Delta y}\right)^2$ $B = 2\left[\left(y_1 - \dfrac{D}{\Delta y}\right)\dfrac{\Delta x}{\Delta y} - x_1\right]$ $C = \left(y_1 - \dfrac{D}{\Delta y}\right)^2 + x_1^2 - R_1^2$ $x_C = \dfrac{-B \pm \sqrt{B^2 - 4AC}}{2A}$ $y_C = \dfrac{D - \Delta x x_C}{\Delta y}$	当两圆相切时，$B^2 - 4AC = 0$，因此该式也可用于求两圆相切的切点 　公式中求解 x_c 时，较大值取"＋"，较小值取"－"

（3）解析法实例

例1　如表3-1中类型（一）所示，假设直线与水平方向夹角为35°，且过点（15，18），圆弧圆心坐标为（20，10），半径为30mm，试求交点 C 和 D 的坐标。

解　利用上面的公式，计算如下

$$K = \tan 35 = 0.700, b = y - kx = 18 - 15 \times 0.7 = 7.5$$
$$A = 1 + K^2 = 1.49, B = -43.5 \quad C = -493.75$$
$$x_C = (43.5 - 69.53)/2.98 = -8.74 \quad x_D = (43.5 + 69.53)/2.98 = 37.93$$
$$y_C = 0.7 \times (-8.74) + 7.5 = 1.38 \quad y_D = 0.7 \times 37.93 + 7.5 = 34.05$$

例2　如表3-1中类型（二）所示，假设 $R_1 = 15.0$，圆心坐标为（5，10）；$R_2 = 18.0$，圆心坐标为（20，16），试求交点 C 和 D 的坐标。

解　利用两圆相交求交点的推导公式，计算如下

$$\triangle x = 15, \triangle y = 6, D = \left[(20^2 + 16^2 - 18^2)\right.$$

$$- (5^2 + 10^2 - 15^2)]/2 = 216,$$

$$A = 1 + (15/6)^2 = 7.25, \quad B = 2[(10 - 216/6) \times 15/6 - 5] = -140,$$

$$C = (10 - 216/6)^2 + 5^2 - 15^2 = 476,$$

$$x_C = 4.405, \quad y_C = 24.988; \quad x_D = 14.906, \quad y_D = -1.264。$$

2. 三角函数计算法

（1）三角函数法中常用的定理　三角函数计算法简称三角计算法。在手工编程工作中，三角函数计算法是进行数学处理时应重点掌握的方法之一。三角函数计算法常用的三角函数定理的表达式如下

正弦定理：$\dfrac{a}{\sin A} = \dfrac{b}{\sin B} = \dfrac{c}{\sin C} = 2R$

余弦定理：$\cos A = \dfrac{b^2 + c^2 - a^2}{2bc}$

式中　a、b、c——分别为角 A、B、C 所对边的边长；

　　　　R——三角形外接圆半径。

（2）三角函数法求解直线和圆弧的交点与切点　同样，为了叙述上的方便，把直线与圆弧的关系及其求解方法归纳为表 3-2 所示的 4 种类型。

（3）三角函数计算法实例

例　如图 3-15 所示，试采用三角函数法求解基点 A、B、C、D、E 点的坐标。

解　A 点：按表 3-1 中的类型（一）求得 $x_A = -49.64$，$y_A = 85.98$；

B 点：按表 3-2 中的类型（三）求得 $x_B = 18.04$，$y_B = 126.63$；

C 点与 D 点：按表 3-2 中的类型（四）求得 $x_C = 57.69$，$y_C = 98.46$；$x_D = 131.54$，$Y_D = 67.69$；

E 点：按表 3-2 中的类型

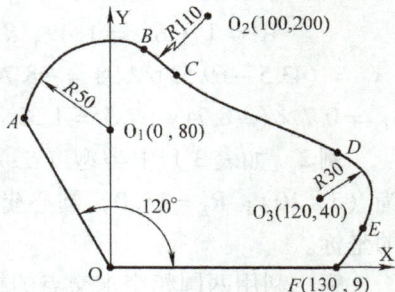

图 3-15　三角函数法求基点坐标实例

（一）求得 $x_E = 145.26$，$y_E = 23.81$。

表 3-2　三角函数法求解直线和圆弧的交点与切点的四种类型

类型	类 型 图	推导后的计算公式	说　明
（一）直线与圆相切	已知：(x_1, y_1)；(x_2, y_2)，R。求 (x_C, y_C)	$\Delta x = x_2 - x_1$，$\Delta y = y_2 - y_1$ $\alpha_1 = \arctan\ (\Delta y / \Delta x)$ $\alpha_2 = \arcsin \dfrac{R}{\sqrt{\Delta x^2 + \Delta y^2}}$ $\beta = \mid \alpha_1 \pm \alpha_2 \mid$ $x_C = x_2 \pm R \mid \sin\beta \mid$ $y_C = y_2 \pm R \mid \cos\beta \mid$	公式中的角度是有向角。由于过已知点与圆的切线有两条，具体选哪条切线由 α_2 前面"±"号的选取，沿基准线的逆时针方向为"+"
（二）直线与圆相交	已知：(x_1, y_1)，α_1；(x_2, y_2)，R，求 (x_C, y_C)	$\Delta x = x_2 - x_1$，$\Delta y = y_2 - y_1$ $\alpha_2 = \arcsin \left\vert \dfrac{\Delta x \sin\alpha_1 - \Delta y \cos\alpha_1}{R} \right\vert$ $\beta = \mid \alpha_1 \pm \alpha_2 \mid$ $x_C = x_2 \pm R \mid \cos\beta \mid$ $y_C = y_2 \pm R \mid \sin\beta \mid$	公式中的角度是有向角，α_1 取角度绝对值不大于 90° 范围内的那个角。直线相对于 X 逆时针方向为"+"，反之为"−"

（续）

类型	类 型 图	推导后的计算公式	说　明
（三）两圆相交	已知：(x_1, y_1)，R_1；(x_2, y_2)，R_2。求 (x_C, y_C)	$\Delta x = x_2 - x_1$，$\Delta y = y_2 - y_1$ $d = \sqrt{\Delta x^2 + \Delta y^2}$ $\alpha_1 = \arctan\ (\Delta y / \Delta x)$ $\alpha_2 = \arccos\dfrac{R_1^2 + d^2 - R_2^2}{2 R_1 d}$ $\beta = \mid \alpha_1 \pm \alpha_2 \mid$ $x_C = x_1 \pm R_1 \cos \mid \beta \mid$ $y_C = y_1 \pm R_1 \sin \mid \beta \mid$	两圆相切时，α_2 等于 0，计算较为方便，两圆相交的另一交点坐标根据公式中的"±"选取，注意 X 和 Y 值相互间的搭配关系
（四）直线与两圆相切	已知：(x_1, y_1)，R_1；(x_2, y_2)，R_2。求 (x_{C2}, y_{C2})	$\Delta x = x_2 - x_1$，$\Delta y = y_2 - y_1$ $\alpha_1 = \arctan\ (\Delta y / \Delta x)$ $\alpha_2 = \arcsin\dfrac{R_{大} \pm R_{小}}{\sqrt{\Delta x^2 + \Delta y^2}}$ $\beta = \mid \alpha_1 \pm \alpha_2 \mid$ $x_{C1} = x_1 \pm R_1 \sin\beta$ $y_{C1} = y_1 \pm R_1 \mid \cos\beta \mid$ 同理，$x_{C2} = x_2 \pm R_2 \sin\beta$ $y_{C2} = y_2 \pm R_2 \mid \cos\beta \mid$	求 α_2 角度值时，内公切线用"+"，外公切线用"－"。$R_{大}$ 表示大圆半径，$R_{小}$ 表示小圆半径

3. CAD 绘图分析法

（1）常用 CAD 绘图软件　当前在国内常用的 CAD 绘图软件有 Auto CAD 和 CAXA 电子图板等。

AutoCAD 是 Autodesk 公司的主导产品，是当今最为流行的绘图软件之一，具有强大的二维功能，如绘图、编辑、填充和图案绘制、尺寸标注以及二次开发等功能，同时还具有部分三维绘图功能。

该软件界面亲和力强，简便易学。因此，受到工程技术人员的广泛欢迎。在国内，当前使用的版本为 AutoCAD2000-AutoCAD2002、AutoCAD2004 等简体中文版。

CAXA 电子图板软件由北航海尔公司研制开发，是我国自行开发的全国产化软件。该软件不仅具有强大的二维绘图功能，还有专门针对机械设计而制作的零件库。因此，该软件受到了大量机械类工程技术人员青睐。

由于 CAXA 电子图板为全国产化软件。因此，全中文界面也特别适用于技校、职校学生和技术工人的学习与使用。当前，该软件常用的版本为 CAXA EB 和 CAXA XP 等。

（2）CAD 绘图分析基点与节点坐标

1）分析过程：采用 CAD 绘图来分析基点与节点坐标时，首先应学会一种 CAD 软件的使用方法，然后用该软件绘制出零件二维零件图并标出相应尺寸（通常是基点与工件坐标系原点间的尺寸），最后根据坐标系的方向及所标注的尺寸确定基点的坐标。

2）注意事项：采用这种方法分析基点坐标时，要注意以下几方面的问题：

① 绘图要细致认真，不能出错。

② 图形绘制时应严格按 1:1 的比例进行。

③ 尺寸标注的精度单位要设置正确，通常为小数点后三位。

④ 标注尺寸时找点要精确，不能捕捉到无关的点上去。

3）CAD 绘图分析法特点：采用 CAD 绘图分析法可以避免了大量复杂的人工计算，操作方便，基点分析精度高，出错几率少。因此，建议尽可能采用这种方法来分析基点与节点坐标。这种方法的不利之处对技术工人又提出了新的学习要求，同时还增加了设备的投入。

（3）CAD 绘图分析基点坐标实例

例　用 CAD 绘图分析法求解图 3-16a 中切点 *A* 和 *B* 的坐标。

解

1）按照下列步骤作出草图：

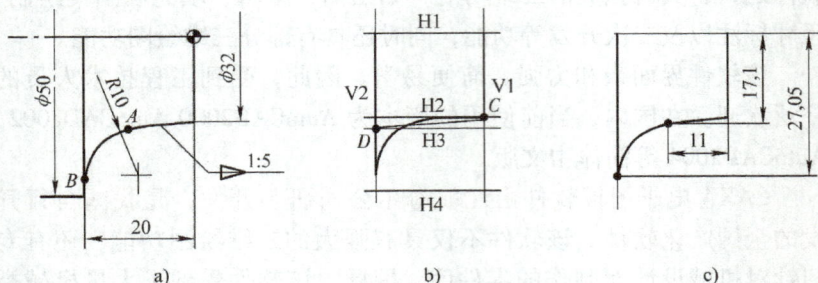

图 3-16　CAD 绘图分析基点坐标实例

① 作一条任意的水平线 H1 和垂直线 V1（两直线相交）。

② 将水平线 H1 分别偏移 16mm、18mm 和 30mm 作出 H2、H3、和 H4。

③ 将垂直线 V1 偏移 20mm 作出 V2，连接交点 C（V1 与 H2 交点）和交点 D（V2 与 H3 交点）。

④ 直线 V2 和 *CD* 间倒圆角 R10，完成的草图如图 3-16b 所示。

2）标注尺寸。

① 对曲线进行修剪并删除多余线条。

② 标注切点 *A* 和 *B* 相对于工件坐标系原点间的尺寸，完成后如图 3-16c 所示。

3）求出切点的坐标。根据标注的尺寸，通过分析计算求出 *A* 点的坐标为（34.2，−11.0），*B* 点的坐标为（54.1，−20.0）。

三、非圆曲线节点的拟合计算

1. 非圆曲线节点的拟合计算方法

目前，大多数数控系统不具备非圆曲线的插补功能。因此，在加工这些曲线时，通常采用直线段或圆弧线段拟合的方法进行。在手工编程过程中，常用的拟合计算方法有等间距法、等插补段法和三点定圆法等几种。

（1）等间距法　在一个坐标轴方向，将拟合轮廓的总增量（如果在极坐标系中，则指转角或径向坐标的总增量）进行等分后，对其设定节点所进行的坐标值计算方法，称为等间距法，如图 3-17 所示。

> 在实际编程过程中，采用等间距法容易控制非圆曲线的节点。因此，在数控加工的宏程序（或参数）编程过程中普遍采用这种方法

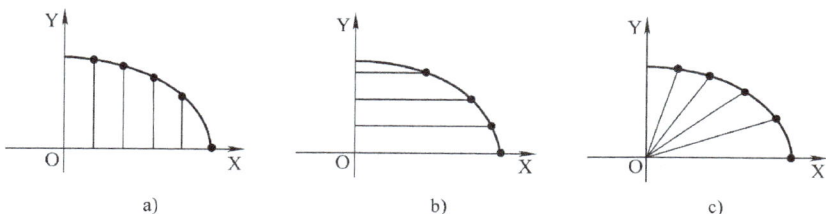

a)　　　　　　　　b)　　　　　　　　c)

图 3-17　非圆曲线节点的等间距拟合

（2）等插补段法　当设定其相邻两节点间的弦长相等时，对该轮廓曲线所进行节点坐标值计算方法称为等插补段法，如图 3-18 所示。

（3）三点定圆法　这是一种用圆弧拟合非圆曲线时常用的计算方法，其实质是过已知曲线上的三点（亦包括圆心和半径）作一圆。

2. 非圆曲线的拟合误差

不管采用以上三种拟合方法中的哪一种进行曲线拟合计算，均会在拟合过程中产生拟合误差（图 3-19），而且各拟合段的误差大小各不相同。

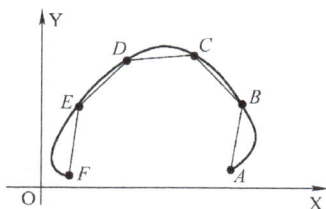

图 3-18　非圆曲线节点的等插补段拟合

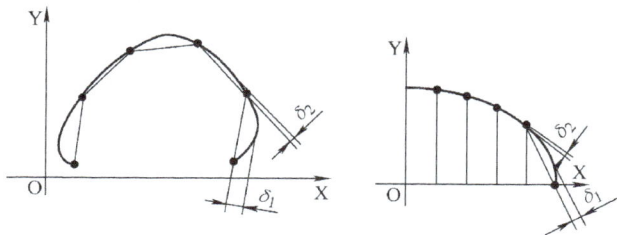

图 3-19　非圆曲线的拟合误差

在曲线拟合过程中，要尽量控制其拟合误差。通常情况下，拟合误差 δ 应小于或等于编程允许误差 $\delta_允$，即 $\delta \leqslant \delta_允$。考虑到工艺系统及计算误差的影响，$\delta_允$ 一般取零件公差的 $1/10 \sim 1/5$。在实际编程过程中，主要采用以下几种方法来减小拟合误差：

1）采用合适的拟合方法。相比较而言，采用圆弧拟合方法的拟合误差要小一些。

2）减小拟合线段的长度。减小拟合线段的长度可以减小拟合误差，但增加了编程的工作量。

3）运用计算机进行曲线拟合计算。采用计算机进行曲线的拟合，在拟合过程中自动控制拟合精度，以减小拟合误差。

第七节　一般工件的编程方法

一、常用插补 G 指令介绍

1. 快速点定位指令（G00）

（1）指令格式

$$G00 \quad X \underline{\quad} \quad Z \underline{\quad} ;$$

如 G00　X30.0　Z10.0；

其中 X __ Z __ 为刀具目标点坐标，当使用增量方式时，X __ Z __ 为目标点相对于起始点的增量坐标，不运动的坐标可以不写。

（2）指令说明　G00 不用指定移动速度，其移动速度由机床系统参数设定。在实际操作时，也能通过机床面板上的旋钮（倍率开关）"F0"、"F25"、"F50" 和 "F100" 对 G00 移动速度进行调节。

快速移动的轨迹通常为折线型轨迹，如图 3-20 所示，图中快速移动轨迹 OA 和 BD 的程序段如下所示：

OA：G00　X20.0　Z30.0；

BD：G00　X60.0　Z0；

对于 OA 程序段，刀具在移动过程中先在 X 和 Z 轴方向移动相同的增量，即图中的 OB 轨迹，然后再从 B 点移动至 A 点。同样，

对于 *BD* 程序段，则由轨迹 *BC* 和 *CD* 组成。

由于 G00 的轨迹通常为折线型轨迹。因此，要特别注意采用 G00 方式进、退刀时，刀具相对于工件、夹具所处的位置，以避免在进、退刀过程中刀具与工件、夹具等发生碰撞

2. 直线插补指令（G01）

（1）指令格式

$$G01 \quad X \underline{\quad} \quad Z \underline{\quad} \quad F \underline{\quad} ;$$

其中，X ＿Z ＿为刀具目标点坐标。当使用增量方式时，X ＿Z ＿为目标点相对于起始点的增量坐标，不运动的坐标可以不写。F ＿为刀具切削进给的进给速度。

如图 3-21 所示的切削运动轨迹 *CD* 的程序段为：G01　X40.0 Z0　F100。

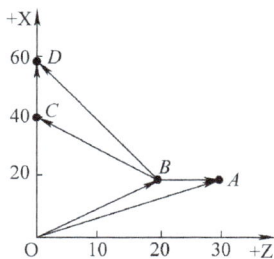

图 3-20　G00 轨迹实例　　　图 3-21　G01 轨迹实例

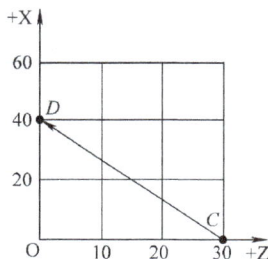

（2）指令说明　　G01 指令是直线运动指令，它命令刀具在两坐标轴间以插补联动的方式按指定的进给速度作任意斜率的直线运动。因此，执行 G01 指令的刀具轨迹是一条直线型轨迹，它是连接起点和终点的一条直线。

在 G01 程序段中必须含有 F 指令。如果在 G01 程序段中没有 F 指令，而在 G01 程序段前也没有指定 F 指令，则机床不运动，有的系统还会出现系统报警。

在G01指令中遗忘F指令是编程过程中的常见问题，应特别注意

3. 圆弧插补指令（G02/G03）

（1）指令格式

$$G02（03）X \_\_ Z \_\_ R（CR = ）\_\_ ;$$
$$G02（03）X \_\_ Z \_\_ I \_\_ K \_\_ ;$$

其中，G02 表示顺时针方向圆弧插补；G03 表示逆时针方向圆弧插补。X __ Z __ 为圆弧的终点坐标值，其值可以是绝对坐标，也可以是增量坐标。在增量方式下，其值为圆弧终点坐标相对于圆弧起点的增量值。

R __ 为圆弧半径。在 SIEMENS 系统中，圆弧半径用符号"CR ="表示。

I __ J __ K __ 为圆弧的圆心相对其起点并分别在 X、Y 和 Z 坐标轴上的增量值。

（2）指令说明

1）顺、逆圆弧判断。圆弧插补的顺、逆方向的判断方法如图 3-22 所示，先确定数控车床的 Y 轴，然后逆着 Y 轴看该圆弧，顺时针方向圆弧用 G02 表示，逆时针方向圆弧为 G03 表示。

在判断圆弧的顺逆方向时，一定要注意刀架的位置及 Y 轴的方向

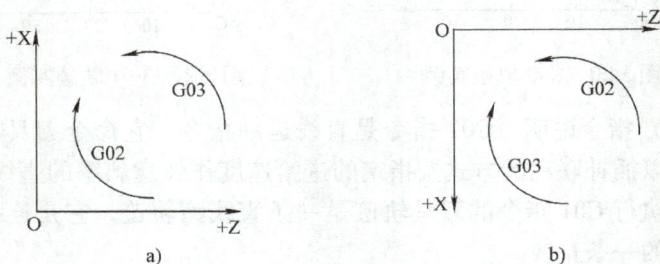

图 3-22　圆弧顺逆判断

a) 后置刀架　b) 前置刀架

2）I、J、K 值判断。在判断 I、J、K 值时，一定要注意该值为矢量值。如图 3-23 所示，圆弧在编程时的 I、K 值均为负值。

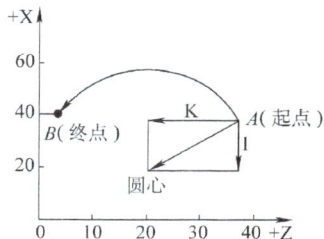

图 3-23 圆弧编程中的 I、K 值

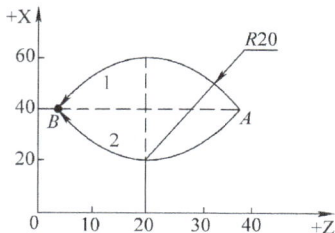

图 3-24 R 及 I、K 编程举例

例 如图 3-24 所示轨迹 AB，用圆弧指令编写的程序段如下：

AB_1 G03   X40.0   Z2.68   R20.0；

      G03   X40.0   Z2.68   I-10.0   K-17.32；

AB_2 G02   X40.0   Z2.68   R20.0；

      G02   X40.0   Z2.68   I10.0   K-17.32；

3）圆弧半径的确定 圆弧半径 R 有正值与负值之分。当圆弧圆心角小于或等于 180°（如图 3-24 中圆弧 AB_1）时，程序中的 R 用正值表示。当圆弧圆心角大于 180°并小于 360°（如图 3-24 中圆弧 AB_2）时，R 用负值表示。

例 如图 3-25 中轨迹 AB，用 R 指令格式编写的程序段如下：

AB_1 G03   X60.0   Z40.0   R50.0   F100；

AB_2 G03   X60.0   Z40.0   R-50.0   F100；

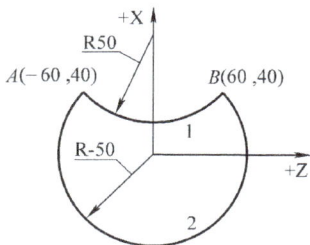

图 3-25 圆弧半径正负值的判断

4. 暂停功能（G04）

G04 暂停指令可使刀具作短时间无进给加工或机床空运转，从而降低加工表面粗糙度。因此 G04 指令一般用于台阶孔表面的光整加工。其指令格式为：

G04   X2.0；或 G04   P2000；   （FANUC 系统）

G04   F2；或 G04   S100；   （SIEMENS 系统）

地址符 X 后面可用小数点进行编程，如 X2.0（F2.0）表示暂停时间为 2s，而 X2 则表示暂停时间为 2ms；地址符 P 后面不允许带小数点，单位为 ms，如 P2 000 表示暂停时间为 2s；而 S100 则表示主轴暂停 100 转。

使用G04指令时，一定要注意其时间单位

二、与坐标系相关的功能指令

1. 工件坐标系零点偏置指令（G54～G59）

（1）指令格式

G54；　　程序中设定工件坐标系零点偏移指令

G53；　　　程序中取消工件坐标系设定，即选择机床坐标系

（2）指令说明　工件坐标系零点偏置指令的实质，是通过对刀找出工件坐标系原点在机床坐标系中的绝对坐标值。并将这些值通过机床面板操作，输入到机床偏置存储器（参数）中，从而将机床原点偏置至该点，如图 3-26 所示。

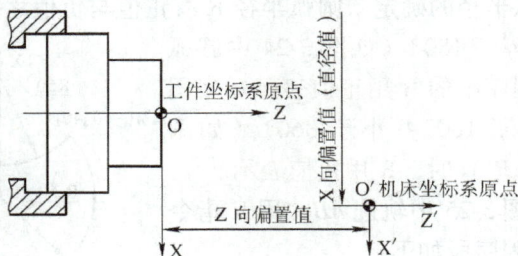

图 3-26　工件坐标系零点偏置

通过零点偏置设定的工件坐标系，只要不对其进行修改、删除操作，该工件坐标系将永久保存，即使机床关机，其坐标系也将保留

零点偏置的数据，可以设定 G54 等多个：在 FANUC 及 SIEMENS 802D 系统中可设置 G54～G59 共 6 个能通过系统参数设定的偏置指令，而在 SIEMENS 802C/S 系统中，则规定可设置 G54～G57 共 4 个通过系统参数设定的偏置指令。这些指令均为同组的模态指令。在编程及加工过程中可以通过 G54 等指令对不同的工件坐标系进行选择，如图 3-27 及其程序所示。

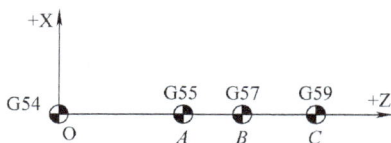

图 3-27 工件零点偏置的选择

O0050；

……

G54　G00　X0　Z0；　　选择与机床坐标系重合的 G54 坐标系，

M98　P100；　　　　　快速定位到 O 点

G55　X0　Z0；　　　　选择 G55 坐标系，重新快速定位到 A 点

M98　P100；

G57　X0　Z0；　　　　选择 G57 坐标系，重新快速定位到 B 点

M98　P100；

G59　X0　Z0；　　　　选择 G59 坐标系，重新快速定位到 C 点

M98　P100；

M02；　　　　　　　　程序结束

执行该程序，刀具将在各个坐标系的原点间移动并执行子程序的内容。

2. FANUC 系统工件坐标系设定指令（G50）

工件坐标系除了用 G54 ~ G59 指令来进行选择与设定外，还可以通过工件坐标系设定指令 G50 来进行设定。其指令格式为：

（1）指令格式

G50　X ＿　Z ＿

其中，X ＿ Z ＿后数值为刀具当前位置相对于新设定的工件坐标系的新坐标值。

（2）指令说明　通过 G50 设定的工件坐标系，由刀具的当前位置及 G50 指令后的坐标值反推得出。如图 3-28 所示，将工件坐标系设为 O 点和 O_1 点的指令如下：

G50　X80.0　Z60.0；　　　工件坐标系设为 O 点

G50　X40.0　Z20.0；　　　工件坐标系设为 O_1 点

采用G50设定的工件坐标系，不具有记忆功能，当机床关机后，设定的坐标系即消失

在执行该指令前，必须将刀具的刀位点先通过手动方式准确移动到新坐标系的指定位置，其操作步骤较烦，还可能影响其定位精度。因此，在实际加工中，最好不用 G50 来设定工件坐标系，而采用 G54 等指令或刀具长度补偿功能来设定工件坐标系。

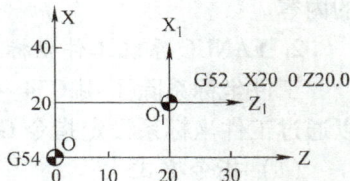

3. 局部坐标系（坐标平移）指令（G52）

指令格式为：

G52　X __ Z __ ；　　　设定局部坐标系

G52　X0 Z0；　　　取消局部坐标系

例　G54；

　　　　　　G52　X20.0　Z20.0；

其中，X __ Z __ 后数值为局部坐标系的原点在原工件坐标系中的位置，该值用绝对坐标值加以指定。

通过 G52 指令建立新的工件坐标系（图 3-29）后，可通过指令"G52 X0 Z0；"将局部坐标系再次设为工件坐标系的原点，从而达到取消局部坐标系的目的。

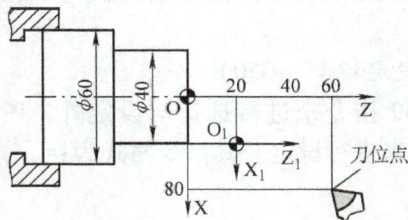

图 3-28　用 G50 设定工件坐标系　　　图 3-29　局部坐标系指令 G52

采用局部坐标系（坐标平移）后，加工出的轮廓与原工件轮廓的比较如图 3-30 所示。

4. 返回参考点指令

机床返回参考点的功能多通过开机后先进行手动返回参考点的

操作实现，也可以通过编程指令自动实现。FANUC 系统与返回参考点相关的编程指令主要有 G27、G28、G30 三种，这三种指令均为非模态指令。

（1）返回参考点校验指令（G27）

1）指令格式为：

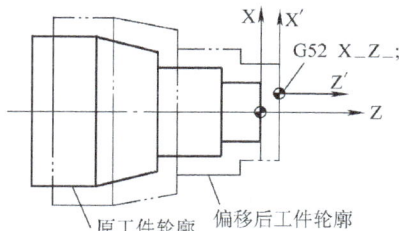

图 3-30 采用局部坐标系加工出的轮廓

G27　X（U）__　Z（W）__

其中，X __Z __后数值为参考点在工件坐标系中的坐标值。

2）指令说明。返回参考点校验指令 G27 用于检查刀具是否正确返回到程序中指定的参考点位置。执行该指令时，如果刀具通过快速定位指令 G00 已正确定位到参考点上，则对应轴的返回参考点指示灯亮，否则将产生机床系统报警。

（2）自动返回参考点指令（G28）

1）指令格式为：

G28　X（U）__　Z（W）__；　　FANUC 系统返回参考点指令

G74　X0　Z0；　　　　　　　SIEMENS 系统返回参考点指令

其中，X（U）__　Z（W）__ 后数值为返回过程中经过的中间点，其坐标值可以用增量值也可以用绝对值，增量值用 U、W 表示。

X0 Z0 为 SIEMENS 系统返回参考点指令中的固定格式，其坐标值不是指返回过程中经过的中间点坐标值，当编入其他坐标值时也不被识别。

2）指令说明。在返回参考点过程中，设定中间点的目的是为了防止刀具与工件或夹具发生干涉，如图 3-31 所示。

例 G28　X50.0　W0.0；刀具先快速定位到工件坐标系的中间点（50.0，－20.0）处，再返回机

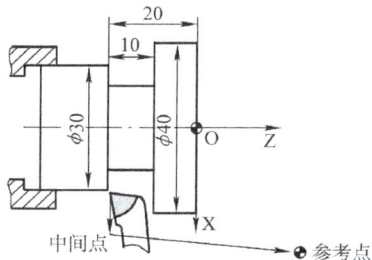

图 3-31 返回参考点指令 G28

床 X、Z 轴的参考点。

该功能主要作用是可通过编程方式使刀架自动返回机床设置的参考点，其作用与在 JOG（手动）方式下进行开机回参考点的作用相同。

（3）从参考点返回指令（G29）

1）指令格式为：

G29　X ＿　Z ＿；

其中，X ＿ Z ＿ 后坐标值是从参考点返回后刀具所到达的终点坐标。可用 G91/G90 来决定该值是增量值还是绝对值。如果是增量值，则该值指刀具终点相对于 G28 中间点的增量值。

2）指令说明。执行 G29 指令时，刀具从参考点出发，经过一个中间点到达 G29 指令后 X ＿ Z ＿ 坐标值所指定的位置。

G29中间点的坐标与前面G28所指定的中间点坐标为同一坐标值，因此，这条指令只能出现在G28指令的后面

（4）返回固定点指令（G30）

1）指令格式为：

G30　P2/P3/P4　X ＿　Z ＿；　　FANUC 系统返回固定点指令

G75　X0　Y0；　　　　　　　　SIEMENS 系统返回固定点指令

其中，P2 为第二参考点，P3、P4 分别表示第三和第四参考点；X ＿ Z ＿ 中数值为中间点坐标值。

X0　Y0 为 SIEMENS 系统返回参考点指令中的固定格式，此数值不是指返回过程中经过的中间点坐标值，当编入其他坐标值时也不被识别。

2）指令说明。执行这条指令时，可以使刀具从当前点出发，经过一个中间点到达第二、第三、第四参考点位置。

三、常用 M 功能指令规则

不同的机床生产厂家对有些 M 代码定义了不同的功能，但有部分 M 代码，在所有机床上都具有相同的意义。常见的具有相同意义的 M 指令见表 3-3。

表 3-3　常用 M 指令表

序号	代码	功　　能	序号	代码	功　　能
1	M00	程序暂停	7	M30	程序结束
2	M01	程序选择停止	8	M08	切削液开
3	M02	程序结束	9	M09	切削液关
4	M03	主轴正转	10	M98	调用子程序
5	M04	主轴反转	11	M99	返回主程序
6	M05	主轴停转			

1. 程序停止（M00）

执行 M00 指令后，机床所有动作均暂停，以便进行某种手动操作，如精度的检测等，重新按下循环启动按钮后，再断续执行 M00 指令后的程序。该指令常用于粗加工与精加工之间精度检测时的暂停。

2. 程序选择停止（M01）

M01 的执行过程和 M00 类似，不同的是只有按下机床控制面板上的"选择停止"开关后，该指令才有效，否则机床继续执行后面的程序。该指令常用于检查工件的某些关键尺寸。

3. 程序结束（M02）

M02 程序结束指令执行后，表示本加工程序内所有内容均已完成，但程序结束后，机床 CRT 屏上的执行光标不返回程序开始段。

4. 程序结束（M30）

在老式的数控机床上，M30 表示纸带结束。目前已广泛用作程序结束指令，其执行过程和 M02 相似。不同之处在于当程序内容结束后，随即关闭主轴、切削液等所有机床动作，机床显示屏上的执行光标返回程序开始段，为加工下一个工件作好准备。

5. 主轴功能（M03/M04/M05）

M03 用于主轴顺时针方向旋转（简称正转），M04 指令用于主轴逆时针方向旋转（简称反转），主轴停转用指令 M05 表示。

6. 切削液开、关（M08/M09）

切削液开用 M08 表示，切削液关用 M09 表示。

7. 子程序调用指令（M98/M99）

在 FANUC 系统中，M98 规定为子程序调用指令，调用子程序结束后返回其主程序时用 M99 指令。

在 SIEMENS 系统中，规定用 M17、M02 指令或符号"RET"为子程序结束指令。

四、编程实例

例 试编写图 3-32 所示工件（毛坯尺寸 $\phi50mm \times 60mm$）的数控车加工程序。

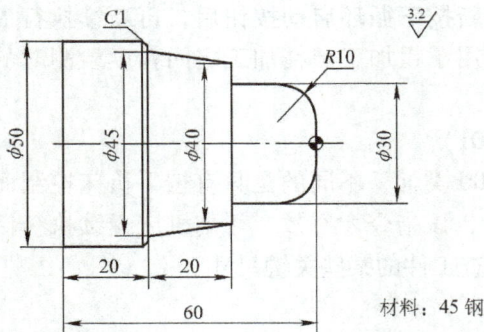

图 3-32 一般工件编程实例

1. 编程与加工思路

本课题主要用于训练学生采用一般指令进行数控车床编程的能力。

加工时，采用分层切削的加工方法，每次背吃刀量为 2mm（直径值为 4mm）。精加工余量为 0.5mm（直径值）。

本课题由于涉及圆弧和圆锥的粗加工。因此，在编程时要特别注意圆锥和圆弧加工过程中的加工工艺。

2. 本例数控车床参考加工程序（表3-4）

表3-4　加工参考程序

刀 具	1号刀具，93°硬质合金外圆车刀		
程序段号	FANUC 0i 系统程序	SIEMENS 802D 系统程序	程序说明
	O0010；	AA10. MPF；	程序号
N10	G98　G40　G21；	G90　G94　G40　G71；	程序初始化
N20	T0101；	T1D1；	选1号刀，取1号刀补
N40	M03　S600；		主轴正转，600r/min
N50	G00　X52.0　Z2.0；		快速定位至程序起点
N60	X46.0　F100；		背吃刀量为4mm
N70	G01　Z-40.0；		
N80	X52.0；		
N90	G00　Z2.0；		
N100	X42.0；		
N110	G01　Z-20.0；		圆柱面与圆锥面的去余量粗加工，刀具轨迹为四方形刀具轨迹，精加工余量为0.25mm（半径量），加工时注意圆锥的加工工艺
N120	X45.5　Z-40.0；		
N130	X52.0		
N140	G00　Z2.0；		
N150	X38.0；		
N160	G01　Z-20.0；		
N170	X40.5；		
N180	X45.5　Z-40.0；		
N190	X52.0		
N200	G00　Z2.0；		
N210	X34.0；		
N300	G01　Z-20.0；		
N310	X42.0；		
N320	G00　Z2.0；		
N330	X30.5；		
N340	G01　Z-20.0；		
N350	X42.0；		

（续）

程序段号	FANUC 0i 系统程序	SIEMENS 802D 系统程序	程序说明
N360	G00 Z6.0;		圆球面的去余量粗加工，加工时注意球面加工的加工工艺
N370	X10.0;		
N380	G03 X30.0 Z-4.0 R10.0;	G03 X30.0 Z-4.0 CR = 10.0;	
N390	G01 X32.0;		
N400	G00 Z2.0		
N410	X10.0;		
N420	G03 X30.0 Z-8.0 R10.0;	G03 X30.0 Z-8.0 CR = 10.0;	
N430	G01 X32.0;		
N440	G00 Z2.0		
N450	G01 X10.0 Z0.0 F50.0;		精加工程序，进给速度为粗加工的一半
N460	G03 X30.0 Z-10.0 R10.0;	G03 X30.0 Z-10.0 CR = 10.0;	
N470	G01 Z-20.0;		
N480	X40.0;		
N490	X45.0 Z-40.0;		
N500	X48.0;		
N510	X50.0 Z-41.0;		C1 倒角指令
N520	G00 X100.0 Z100.0;		安全退刀，程序结束
N530	M30;		

所有程序的程序开始与程序结束部分都有类似之处，编程时，如能灵活运用，定能达到事半功倍的效果

第八节   刀具补偿功能的编程方法

一、数控车床用刀具的交换功能

数控车床的刀具交换指令格式如下：

指令格式一：T0101；

该指令为 FANUC 系统换刀指令，前面的 T01 表示换 1 号刀，后

面的 01 表示使用 1 号刀具补偿。刀具号与刀补号可以相同，也可以不同。

指令格式二：T04D01；

该指令为 SIEMENS 系统换刀指令，T04 表示换 4 号刀，D01 表示使用 4 号刀的 1 号刀具切削沿作为刀具补偿存储器。

二、刀具补偿功能

1. 刀具的补偿功能

（1）刀具补偿功能的定义 在数控编程过程中，一般不考虑刀具的长度与刀尖圆弧半径，而只需考虑刀位点与编程轨迹重合。但在实际加工过程中，由于刀尖圆弧半径与刀具长度各不相同，在加工中会产生很大的加工误差。因此，实际加工时必须通过刀具补偿指令，使数控机床根据实际使用的刀具尺寸，自动调整各坐标轴的移动量，确保实际加工轮廓和编程轨迹完全一致。数控机床根据刀具实际尺寸，自动改变机床坐标轴或刀具刀位点位置，使实际加工轮廓和编程轨迹完全一致的功能，称为刀具补偿（系统画面上为"刀具补正"）功能。

数控车床的刀具补偿分为刀具偏置（亦称为刀具位置补偿）和刀具圆弧半径补偿两种。

（2）刀位点的概念 所谓刀位点是指编制程序和加工时，用于表示刀具特征的点，也是对刀和加工的基准点。数控车刀的刀位点如图 3-33 所示，尖形车刀的刀位点通常是指刀具的刀尖；圆弧形车刀的刀位点是指圆弧刃的圆心；成形刀具的刀位点也通常是指刀尖。

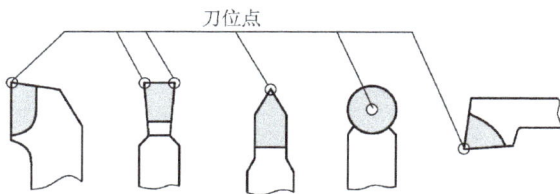

图 3-33　数控车刀的刀位点

2. 刀具的偏置

（1）刀具偏置的含义　　刀具偏置是用来补偿假定刀具长度与基准刀具长度之差的功能。车床数控系统规定 X 轴与 Z 轴可同时实现刀具偏置。

> 刀具偏置的实质就是刀具长度补偿

刀具偏置分为刀具几何偏置和刀具磨损偏置两种。由于刀具的几何形状不同和刀具安装位置不同而产生的刀具偏置称为刀具几何偏置，由刀具刀尖的磨损产生的刀具偏置则称为刀具磨损偏置（又称磨耗，系统画面显示为"摩耗"）。以下叙述的刀具偏置主要指刀具几何偏置。

> 几何偏置的数值通常较大，而磨损偏置的数值通常较小

刀具偏置示例如图 3-34 所示。以 1 号刀作为基准刀具，工件原点采用 G54 设定，则其他刀具与基准刀具的长度差值（比基准刀具短用负值表示）及换刀后刀具从刀位点到 A 点的移动距离见表 3-5。

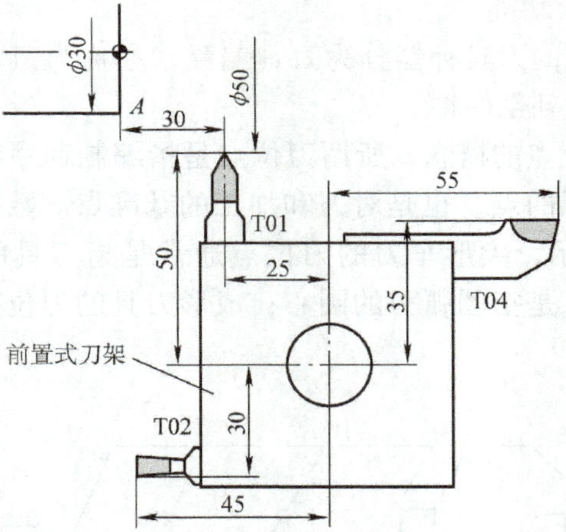

图 3-34　刀具偏置补偿功能示例

表 3-5　刀具偏置补偿示例　　（单位：mm）

刀具	T01（基准刀具）		T02		T04	
项目	X（直径）	Z	X（直径）	Z	X（直径）	Z
长度差值	0	0	−10	5	10	10
刀具移动距离	20	30	30	25	10	20

当换为 2 号刀后，由于 2 号刀在 X 直径方向比基准刀具短 10mm，而在 Z 方向比基准刀具长 5mm，因此，与基准刀具相比，2 号刀具的刀位点从换刀点移动到 A 点时，在 X 方向要多移动 10mm，而在 Z 方向要少移动 5mm。4 号刀具移动的距离计算方法与 2 号刀具相同。

FANUC 系统的刀具几何偏置参数设置如图 3-35 所示，如要进行刀具磨损偏置设置则只需按下 "磨耗" 键即可进入相应的设置画面。具体参数设置过程请参阅本书 FANUC 系统机床操作部分的有关内容。

```
工具补正 / 形状                    00001 N0000

番号        X          Z          R       T
G01      0.000      0.000      0.000     0
G02    −10.000      5.000      0.000     0
G03      0.000      0.000      0.000     0
G04     10.000     10.000      1.500     3
G05      0.000      0.000      0.000     0
G06      0.000      0.000      0.000     0
G07      0.000      0.000      0.000     0
G08      0.000      0.000      0.000     0
现在位置（绝对坐标）
       X50.000  Z30.000
                              S  0  T0000
  [摩耗] [形状] [工件移动] [ ] [ ]
```

图 3-35　FANUC 系统刀具补偿参数设定

图中的代码 "T" 指刀具切削沿类型，不是指刀具号，也不是指刀补号

（2）利用刀具几何偏置进行对刀操作

1）对刀操作的定义。调整每把刀的刀位点，使其尽量重合于某一理想基准点，这一过程称为对刀。

采用 G54 设定工件坐标系后进行对刀时，必须精确测量各刀具安装后相对于基准刀具的刀具长度差值，给对刀带来了诸多不便，而且基准刀具的对刀误差还会直接影响其他刀具的加工精度。当采用 G50 或 G92 设定工件坐标系后进行对刀时，原设定的坐标系如遇关机即丢失，并且程序起点还不能为任意位置。所以，在数控车床的对刀操作中，目前普遍采用刀具几何偏置的方法进行。

2）对刀操作的过程。直接利用刀具几何偏置进行对刀操作的过程如图 3-36 所示。首先手动操作加工端面，记录下这时刀位点的 Z 向机械坐标值（图中 z 值，机械坐标值为相对于机床原点的坐标值）。再用手动操作方式加工外圆，记录下这时刀位点的 X 向机械坐标值（图 3-36 中 x_1 值），停机测量工件直径 D，用公式 $x = x_1 - D$ 计算出主轴中心的机械坐标值。再将 x、z 值输入相应的刀具几何偏置存储器中，完成该刀具的对刀操作。

以上操作得到的刀具补偿值一定要输入刀具几何偏置存储器中，千万不能将该值输入摩耗存储器中

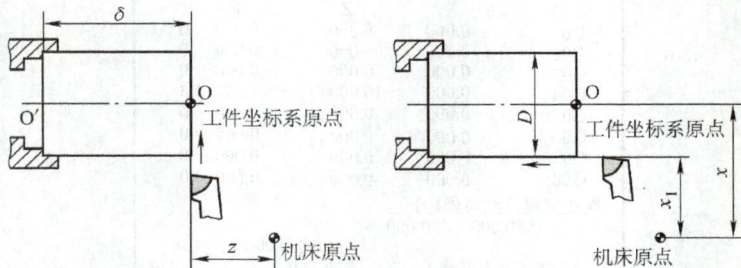

图 3-36　数控车床的对刀过程

其余刀具的对刀操作与上述方法相似，不过不能采用试切法进行，而是用刀具的刀位点靠到工件表面即记录下相应的 z 及 x_1 尺寸，通过测量计算后将相应的 x、z 值输入相应的刀具几何偏置存储器（图 3-35）中。

3. 刀尖圆弧半径补偿（G40、G41、G42）

（1）刀尖圆弧半径补偿的定义　在实际加工中，由于刀具产生

磨损及精加工的需要，常将车刀的刀尖修磨成半径较小的圆弧，这时的刀位点为刀尖圆弧的圆心。为确保工件轮廓形状，加工时刀具刀尖圆弧的圆心运动轨迹不能与被加工工件轮廓重合，而应与工件轮廓偏置一个半径值，这种偏置称为刀尖圆弧半径补偿。圆弧形车刀的刀刃半径偏置也与其相同。

目前，较多车床数控系统都具有刀尖圆弧半径补偿功能。在编程时，只要按工件轮廓进行编程，再通过系统补偿一个刀尖圆弧半径即可。但有些车床数控系统却没有刀尖圆弧补偿功能。对于这些系统（机床），如要加工精度较高的圆弧或圆锥表面时，则要通过计算来确定刀尖圆心运动轨迹，再进行编程。

（2）假想刀尖与刀尖圆弧半径　　在理想状态下，我们总是将尖形车刀的刀位点假想成一个点，该点即为假想刀尖（图 3-37 中的 A 点），在对刀时也是以假想刀尖进行对刀。但实际加工中的车刀，由于工艺或其他要求，刀尖往往不是一个理想的点，而是一段圆弧（如图 3-37 中的 BC 圆弧）。

实际加工中，所有车刀均有大小不等或近似的刀尖圆弧，假想刀尖是不存在的

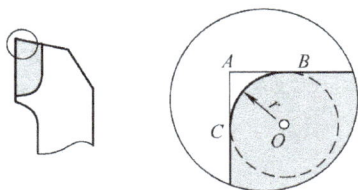

图 3-37　假想刀尖示意图

所谓刀尖圆弧半径是指车刀刀尖圆弧所构成的假想圆半径（图 3-37 中的 r）。

（3）未使用刀尖圆弧半径补偿时的加工误差分析　　用圆弧刀尖的外圆车刀切削加工时，圆弧刃车刀（图 3-37）的对刀点分别为 B 点和 C 点，所形成的假想刀位点为 A 点，但在实际加工过程中，刀具切削点在刀尖圆弧上变动，从而在加工过程中可能产生过切或欠切现象。因此，采用圆弧刃车刀在不使用刀尖圆弧半径补偿功能的

情况下，加工工件会出现以下几种误差情况。

1）加工台阶面或端面时，对加工表面的尺寸和形状影响不大，但在端面的中心位置和台阶的清角位置会产生残留误差，如图3-38a所示。

2）加工圆锥面时，对圆锥的锥度不会产生影响，但对锥面的大小端尺寸会产生较大的影响，通常情况下，会使外锥面的尺寸变大（图3-38b所示），而使内锥面的尺寸变小。

3）加工圆弧时，会对圆弧的圆度和圆弧半径产生影响。加工外凸圆弧时，会使加工后的圆弧半径变小，如图3-38c所示。加工内凹圆弧时，会使加工后的圆弧半径变大，如图3-38d所示。

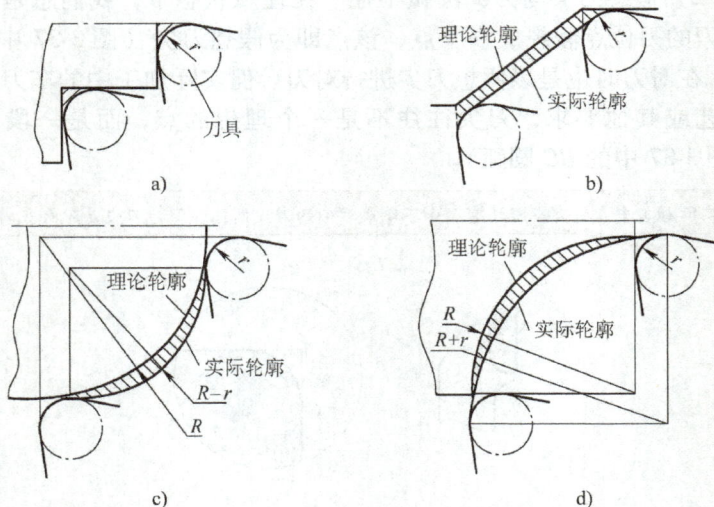

图 3-38　未使用刀尖圆弧补偿功能时的误差分析

（4）使用刀具圆弧半径补偿功能时的拐角过渡　根据刀具半径补偿在工件拐角处过渡方式的不同，刀具半径补偿通常分成 B 型刀补和 C 型刀补两种补偿方式。

1）B 型刀补。如图 3-39a 所示，B 型刀补在工件轮廓的拐角处采用圆弧过渡（图中圆弧 DE）。采用此种刀补方式会使工件上尖角变钝，刀具磨损加剧，甚至在工件的内拐角处还会引起过切现象。

2）C 型刀补。如图 3-39b 所示，C 型刀补采用了较为复杂的刀偏计算，计算出拐角处的交点（如图中的 *B* 点），使刀具在工件轮廓拐角处的过渡采用了直线过渡的方式，如图中的直线 *AB* 与 *BC*，从而彻底解决了 B 型刀补存在的不足。

> 现在大多数数控系统默认采用C型刀补。因此，下面叙述的刀尖圆弧半径补偿都是按C型刀补进行拐角过渡处理的

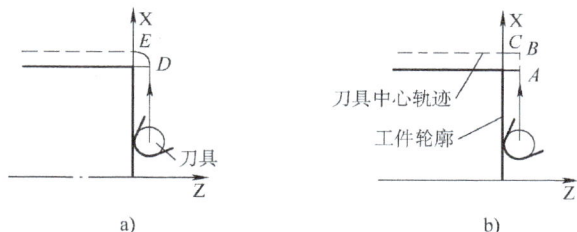

图 3-39　刀具半径补偿的拐角过渡

（5）刀尖圆弧半径补偿指令

1）指令格式：G41　G01/G00 X __ Z __ F __；刀尖圆弧半径左补偿
G42　G01/G00 X __ Z __ F __；刀尖圆弧半径右补偿
G40　G01/G00 X __ Z __；取消刀尖圆弧半径补偿

2）指令说明。编程时，刀尖圆弧半径补偿偏置方向的判别如图 3-40 所示。沿 Y 坐标轴的负方向并沿刀具的移动方向看，当刀具处在加工轮廓左侧时，称为刀尖圆弧半径左补偿，此时用 G41 表示；当刀具处在加工轮廓右侧时，称为刀尖圆弧半径右补偿，此时用 G42 表示。

在判别刀尖圆弧半径补偿偏置方向时，一定要沿 Y 轴由正向负观察刀具所处的位置，故应特别注意后置刀架（图 3-40a）和前置刀架（图 3-40b）对刀尖圆弧半径补偿偏置方向的区别。对于前置刀架，为防止判别过程中出错，可在图样上将工件、刀具及 X 轴同时绕 Z 轴旋转180°后再进行偏置方向的判别，此时正 Y 轴向外，刀补的偏置方向则与后置刀架的判别方向相同。

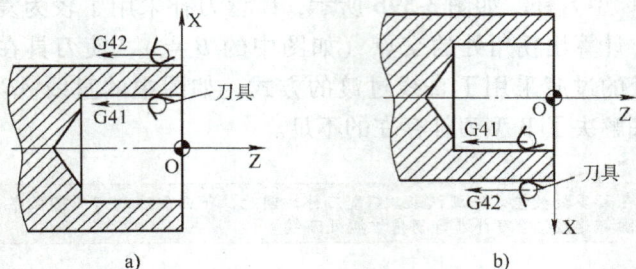

图 3-40　刀尖圆弧半径补偿偏置方向的判别
a）后置刀架，+Y 轴向外　b）前置刀架，+Y 轴向内

（6）圆弧车刀刀具切削沿位置的确定　数控车床采用刀尖圆弧补偿进行加工时，如果刀具的刀尖形状和切削时所处的位置（即刀具切削沿位置）不同，那么刀具的补偿量与补偿方向也不同。根据各种刀尖形状及刀尖位置的不同，数控车刀的刀具切削沿位置共有 9 种，如图 3-41 所示。图中 P 为假想刀尖点，S 为刀具切削沿圆心位

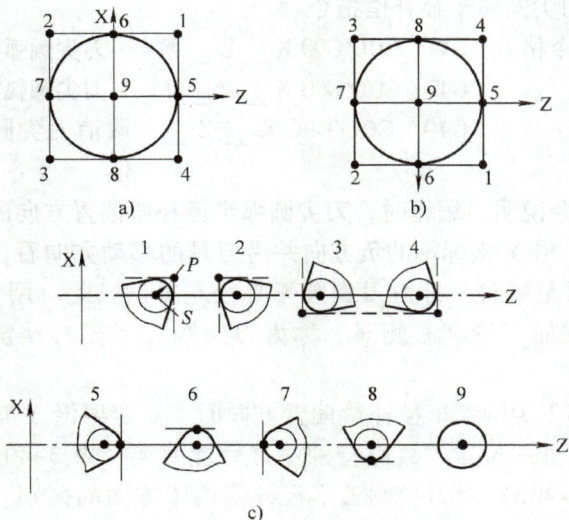

图 3-41　数控车床的刀具切削沿位置
a）后置刀架，+Y 轴向外　b）前置刀架，+Y 轴向内
c）刀尖点位置

置，*r* 为刀尖圆弧半径。

除 9 号刀具切削沿外，数控车床的对刀均是以假想刀位点来进行的。也就是说，在刀具偏置存储器中或 G54 坐标系设定的值是通过假想刀尖点（图 3-41c 中 *P* 点）进行对刀后所得的机床坐标系中的绝对坐标值。

数控车床刀尖圆弧补偿 G41/G42 的指令后不带任何补偿号。在 FANUC 系统中，该补偿号（代表所用刀具对应的刀尖半径补偿值）由 T 指令指定，其刀尖圆弧补偿号与刀具偏置补偿号对应，如图 3-35 中的"G04"设置。在 SIEMENS 系统中，其补偿号由 D 指令指定，其后的数字表示刀具偏置存储器号，其设置请参阅第六章第七节。

117

> 图3-35显示画面"G04"中相对应的"T3"即是指该刀具的切削沿位置号是3号

在判别刀具切削沿位置时，同样要沿 Y 轴由正向负方向观察刀具，同时也要特别注意前、后置刀架的区别。前置刀架的刀具切削沿位置判别方法与刀尖圆弧补偿偏置方向判别方法相似，也可将刀具、工件、X 轴绕 Z 轴旋转 180°，使正 Y 轴向外，从而使前置刀架转换成后置刀架来进行判别。

> 当刀尖靠近卡盘侧时，不管是前置刀架还是后置刀架，其外圆车刀的刀具切削沿位置号均为3号

（7）刀尖圆弧半径补偿过程　刀尖圆弧半径补偿的过程分为三步：即刀补的建立（*AB*），刀补的进行（*BCDE*）和刀补的取消（*EF*）。其补偿过程通过图 3-42 和加工程序 O0010 共同说明。

图 3-42 所示补偿过程的加工程序如下：

O0010

N10	G98	G40	G21；	程序初始化
N20	T0101；			转 1 号刀，执行 1 号刀补
N30	M03	S1000；		主轴按 1000r/min 正转
N40	G00	X0.0	Z10.0；	快速点定位

```
N50  G42  G01  X0.0  Z0.0  F100;      刀补建立
N60        X40.0;
N70        Z-18.0;                      刀补进行
N80        X80.0;
N90  G40  G00  X85.0  Z10.0;          刀补取消
N100 G28  U0   W0;                     返回参考点
N110 M30;
```

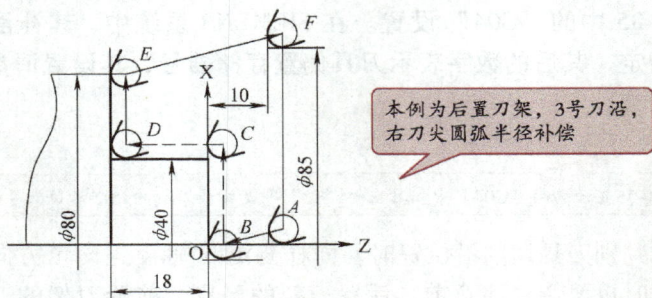

本例为后置刀架，3号刀沿，右刀尖圆弧半径补偿

图 3-42　刀尖圆弧半径补偿过程

三、编程实例

例　试编写如图 3-43 所示工件的数控车加工程序。

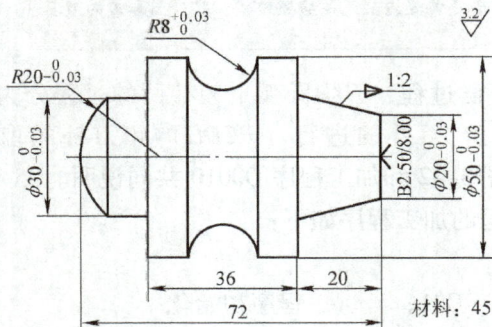

材料：45

a)　　　　　　　　　　b)

图 3-43　刀具补偿功能编程实例

1. 编程与加工思路

为了保证本例中圆弧和圆锥面的各项加工精度，在本例精加工时，需采用圆弧车刀并运用刀尖圆弧半径补偿指令进行编程与加工。

精加工车刀如图 3-44 所示，其中 T01 为刀尖圆弧半径为 R0.5 的 93° 硬质合金外圆车刀，T02 车刀为 R3 的圆弧车刀。

图 3-44　精加工刀具

2. 本例数控车床参考加工程序（表 3-6）

119

表 3-6　数控车床精加工参考程序

刀具	T01 为刀尖圆弧半径为 R0.5 的 93° 硬质合金外圆车刀，T02 车刀为 R3 的圆弧车刀		
程序段号	FANUC 0i 系统程序	SIEMENS 802D 系统程序	程序说明
	O0020；	AA20. MPF；	右端精加工程序
N10	G98　G40　G21；	G90　G94　G40　G71；	程序开始部分
N20	T0101；	T1D1；	
N30	G00　X100.0　Z100.0；		
N40	M03　S1000；		主轴正转，1000r/min
N50	G00　X0.0　Z2.0；		快速定位至程序起点
N60	G42　G01　Z0.0　F50；		采用刀尖圆弧半径补偿加工锥面
N70	X20.0；		
N80	X30.0　Z-20.0；		
N90	X52.0；		
N100	G40　G00　X150.0　Z20.0		有顶尖的换刀位置
N110	M00　M05；		手动顶上顶尖
N120	T0202；	T02D01	换刀，设定刀长补偿
N130	M03　S1000；		主轴正转，1000r/min
N140	G00　X52.0　Z-38.0；		刀尖圆弧半径补偿加工内凹圆弧
N150	G42　G01　X50.0　Z-30.0；		
N160	G02　Z-46.0　R8.0；	G02　Z-46.0　CR = 8.0；	
N170	G40　G01　X52.0　Z-38.0；		
N180	G00　X100.0　Z100.0；		程序结束部分
N190	M30；		

（续）

程序段号	FANUC 0i 系统程序	SIEMENS 802D 系统程序	程序说明
		调头加工另一端	
程序段号	O0021；	AA21. MPF；	程序号
	G98 G40 G21；	G90 G94 G40 G71；	程序开始部分
N10	T0101；	T1D1；	
N20	G00 X100.0 Z100.0；		
N30	M03 S1000；		主轴正转，1000r/min
N40	G00 X0.0 Z2.0；		刀具快速定位
N50	G42 G01 Z0.0 F50；		
N60	G03 X30.0 Z－6.771 R20.0；	G03 X30.0 Z－6.771 CR＝20.0；	刀尖圆弧半径补偿精加工左端轮廓
N70	G01 Z-16.0；		
N80	X52.0；		
N90	G40 G01 X52.0 Z2.0；		
N100	G28 U0 W0；		刀具返回参考点，程序结束
N110	M30；		

120

复习思考题

1. 数控编程的步骤有哪些？
2. 数控编程分哪几类？各有何特点？
3. 数控车床的编程有哪些特点？
4. 如何确定机床坐标系的方向？机床原点是如何确定的？
5. 何谓编程坐标系？如何确定编程坐标系的原点？
6. 试写出一完整的程序段，并说明各部分的功能。
7. 主轴转速分哪两种？它们之间是如何进行换算的？
8. 进给功能分哪两种？程序中是如何指定不同的进给功能的？
9. 常用编程指令的功能属性有哪些？这些功能属性对数控编程有哪些帮助？

10. 常用的数控编程规则有哪些？

11. 何谓数控加工的数值计算？常用的基点计算方法有哪些？

12. 如何进行非圆曲线节点的拟合计算？对非圆曲线的拟合误差有哪些要求？

13. 与工件坐标系设定相关的指令有哪些？与返回参考点相关的指令有哪些？

14. 何谓刀具补偿功能？刀具补偿功能分哪两类？

15. 利用刀具位置补偿进行对刀的实质是什么？

16. 试说明如何进行数控车床的对刀和刀具位置参数的设定。

17. 执行刀具半径补偿时，通常分哪几步？刀具半径补偿功能对编程有何帮助？

18. 何谓 B 型刀补？何谓 C 型刀补？两种刀补有什么不同？

19. 如何确定数控车刀的刀具切削沿位置号？

20. 试分别写出 FANUC 及 SIEMENS 系统编程时的程序内容开始段及程序结束段，并说明每条程序段的功能。

第四章

FANUC 系统数控车床
的编程与操作

培训学习目标 了解 FANUC 0i 系统常用功能指令；掌握 FANUC 0i 系统内、外圆固定循环指令，切槽固定循环指令，螺纹切削与螺纹切削固定循环指令，及 A、B 类宏程序编程。

第一节 FANUC 系统数控车床功能指令一览表

FANUC 系统为目前我国数控机床上采用较多的数控系统，目前在我国较为流行的数控车床系列有 FANUC 0、FANUC 0i 和 FANUC 18i 等系列。这些系列的功能指令基本相同，现以 FANUC 0i 系列为例来介绍其常用的功能指令。

一、准备功能指令

FANUC 0i-TA 常用的准备功能指令见表 4-1。

表 4-1 FANUC 0i 准备功能一览表

G 代码	组别	功　能	程序格式及说明
G00▲	01	快速点定位	G00　X _ Z _
G01		直线插补	G01　X _ Z _ F _
G02		顺时针圆弧插补	G02　X _ Z _ R _ F _
G03		逆时针圆弧插补	G02　X _ Z _ I _ K _ F _

（续）

G 代码	组别	功　　能	程序格式及说明
G04	00	暂停	G04 X1.5；或 G04 U1.5；或 G04 P1500
G07.1（G107）	00	圆柱插补	G07.1IPr（有效）；G07.1IP0（取消）
G10▲	00	可编程数据输入	G10 P _ X _ Z _ R _ Q _
G11	00	可编程数据输入取消	G11
G12.1（G112）	21	极坐标指令	G12.1 G112
G13.1▲（G113）	21	极坐标取消	G13.1 G113
G17	16	选择 XY 平面	G17
G18▲	16	选择 ZX 平面	G18
G19	16	选择 YZ 平面	G19
G20▲	06	英寸输入	G20
G21	06	毫米输入	G21
G22	09	存储行程检测接通	G22 X _ Z _ I _ K _
G23	09	存储行程检测断开	G23
G25▲	08	主轴速度波动检测断开	G25
G26	08	主轴速度波动检测接通	G26PpQqRr
G27	00	返回参考点检测	G27 X _ Z _
G28	00	返回参考点	G28 X _ Z _
G30	00	返回第2、3、4参考点	G30 P3 X _ Z _
G31	00	跳转功能	G31 IP _
G32	01	螺纹切削	G32 X _ Z _ F _ （F 为导程）
G34	01	变螺距螺纹切削	G34 X _ Z _ F _ K _
G36	00	自动刀具补偿 X	G36 X _
G37	00	自动刀具补偿 Z	G37 Z _

123

（续）

G 代码	组别	功　能	程序格式及说明
G40▲	07	刀尖半径补偿取消	G40
G41		刀尖半径左补偿	G41 G01 X _ Z _
G42		刀尖半径右补偿	G42 G01 X _ Z _
G50▲	00	坐标系设定或最高限速	G50 X _ Z _；或 G50 S _
G50. 3		工件坐标系预置	G50.3 IP0
G50. 2 （G250）	20	多边形车削取消	G50.2；G250
G51. 2▲ （G251）		多边形车削	G51.2 P _ Q _；G251 P _ Q _
G52	14	局部坐标系设定	G52 X _ Z _
G53		选择机床坐标系	G53 X _ Z _
G54▲		选择工件坐标系 1	G54
G55		选择工件坐标系 2	G55
G56		选择工件坐标系 3	G56
G57		选择工件坐标系 4	G57
G58		选择工件坐标系 5	G58
G59		选择工件坐标系 6	G59
G65	00	宏程序非模态调用	G65 P _ L _ ＜自变量指定＞
G66	12	宏程序模态调用	G66 P _ L _ ＜自变量指定＞
G67▲		宏程序模态调用取消	G67
G70	00	精加工循环	G70 P _ Q _
G71		粗车外圆	G71 U _ R _ G71 P _ Q _ U _ W _ F _
G72		粗车端面	G72 W _ R _ G72 P _ Q _ U _ W _ F _
G73		多重车削循环	G73 U _ W _ R _ G73 P _ Q _ U _ W _ F _

124

（续）

G 代码	组别	功　能	程序格式及说明
G74	00	端面切槽循环	G74 R _ G74 X(U) _ Z(W) _ P _ Q _ R _ F _
G75	00	外圆切槽循环	G75 R _ G75 X(U) _ Z(W) _ P _ Q _ R _ F _
G76	00	多头螺纹加工循环	G76 P mra Q _ R _ G76 X(U) _ Z(W) _ R _ P _ Q _ F _
G80▲	10	固定循环取消	G80
G83	10	钻孔循环	G83 X _ C _ Z _ R _ Q _ P _ F _ M _
G84	10	攻丝循环	G84 X _ C _ Z _ R _ P _ F _ K _ M _
G85	10	正面镗孔循环	G85 X _ C _ Z _ R _ P _ F _ K _ M _
G87	10	侧钻孔循环	G87 Z _ C _ X _ R _ Q _ P _ F _ M _
G88	10	侧攻丝循环	G88 Z _ C _ X _ R _ F _ K _ M _
G89	10	侧镗孔循环	G89 Z _ C _ X _ R _ P _ F _ K _ M _
G90	01	内外径车削循环	G90 X _ Z _ F _ G90 X _ Z _ R _ F _
G92	01	螺纹切削循环	G92 X _ Z _ F _ G92 X _ Z _ R _ F _
G94	01	端面车削循环	G94 X _ Z _ F _ G94 X _ Z _ R _ F _
G96	02	恒线速度	G96 S200 （200m/min）
G97▲	02	每分钟转数	G97 S800 （800r/min）
G98	05	每分钟进给	G98 F100 （100mm/min）
G99▲	05	每转进给	G99 F0.1 （0.1mm/r）

关于准备功能的说明如下：

1）G 代码有 A、B 和 C 三种系列，表 4-1 所列出的为 A 系列的 G 代码。

2）当电源接通或复位时，CNC 进入清零状态，此时的开机默认代码在表中以符号"▲"表示。但此时，原来的 G21 或 G20 保持有效。

3）除了 G10 和 G11 以外的 00 组 G 代码都是非模态 G 代码。

4）当指定了没有在列表中的 G 代码，数控车床显示 P/S010 报警。

5）不同组的 G 代码在同一程序段中可以指令多个。如果在同一程序段中指令了多个同组的 G 代码，仅执行最后指定的 G 代码。

6）如果在固定循环中指令了 01 组的 G 代码，则固定循环取消，该功能与指令 G80 相同。

7）G 代码按组号显示。

二、辅助功能指令

辅助功能指令以代码"M"表示。FANUC 0i 系统的辅助功能代码与第三章提到的常用 M 代码相类似，请参阅表 3-3。

三、其他功能指令

常用的其他功能代码有刀具功能指令、转速功能指令、进给功能指令等。具体功能指令含义及用途亦请参阅本书第三章。

第二节　内、外圆固定循环指令的应用

一、内、外圆单一固定循环（G90、G94）

（1）内、外圆切削循环（G90）

1）指令格式

G90 X（U）＿ Z（W）＿ F＿;　　　　圆柱面切削循环，R 值为 0 可省略

G90 X（U）＿ Z（W）＿ R＿ F＿;　　圆锥面切削循环

其中，X（U）＿ Z（W）＿表示循环切削终点处的坐标。

F 表示循环切削过程中的进给速度，该值可沿用到后续程序中去，也可沿用循环程序前已经指令的 F 值。**R 表示圆锥面切削起点**

（图 4-2 中的 B 点）处的 X 坐标减终点（图 4-2 中的 C 点）处 X 坐标之值的二分之一。

注意，图4-2中的R值为负值

例 1　G90 X30.0 Z－30.0 F100；

例 2　G90 X30.0 Z－30.0 R－5.0 F100；

2）指令说明：该指令既可用于圆柱面切削循环，也可用于圆锥面切削循环。

圆柱面切削循环（即矩形循环）的执行过程如图 4-1 所示。刀具从程序起点 A 开始以 G00 方式径向移动至指令中的 X 坐标处（图 4-1 中 B 点），再以 G01 的方式沿轴向切削进给至终点坐标处（图 4-1 中 C 点），然后退至循环开始的 X 坐标处（图 4-1 中 D 点），最后以 G00 方式返回循环起始点 A 处，准备下个动作。

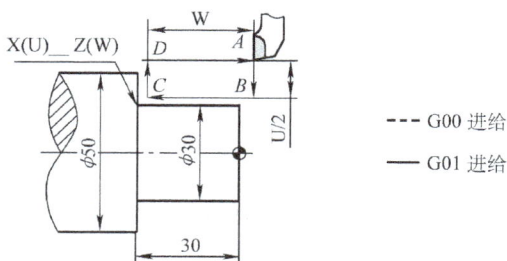

图 4-1　圆柱面切削循环

圆锥面切削循环的执行过程如图 4-2 所示，其动作与圆柱面切削循环相类似。用于圆锥面切削循环指令中的 R 值有正负之分，当

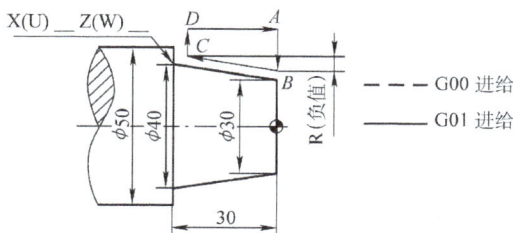

图 4-2　圆锥面切削循环

切削起点处的半径小于终点处的半径时，R 为负值，反之则为正值。

G90 指令与简单的编程指令（如 G00、G01 等）相比，即将 *AB*、*BC*、*CD*、*DA* 四条直线指令组合成一条指令进行编程，从而达到了简化编程的目的。

对于数控车床的所有循环指令，**要特别注意正确选择程序循环起始点的位置，因为该点既是程序循环的起点，又是程序循环的终点。对于该点，一般宜选择在离开毛坯表面 1～2mm 的地方。**

（2）端面切削循环（G94）　这里所指的端面即与 X 轴坐标平行的端面，称为平端面。

1）指令格式如下：

G94 X(U) _ Z(W) _ F_ ;
G94 X(U) _ Z(W) _ R _ F_ ;

其中，X(U) _ Z(W) _、F 含义同于 G90，R 为锥端面切削起点（图 4-4 中的 *B* 点）处的 Z 坐标减去其终点（图 4-4 中的 *C* 点）处的 Z 坐标值。

> 注意：图4-4中的R值为负值

例　G94 X10.0 Z－20.0 F100；

2）指令说明：平端面切削循环的运动轨迹如图 4-3 所示。刀具从程序起点 *A* 开始以 G00 方式快速到达指令中的 Z 坐标处（图 4-3 中 *B* 点），再以 G01 的方式切削进给至终点坐标处（图 4-3 中 *C* 点），并退至循环起始的 Z 坐标处（图 4-3 中 *D* 点），再以 G00 方式返回循环起始点 *A*，准备下个动作。

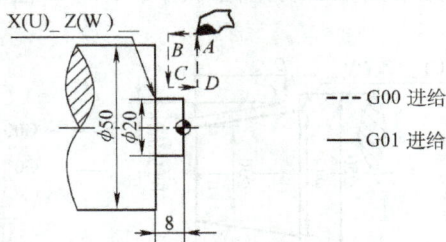

图 4-3　平端面切削循环的轨迹

　　锥端面切削循环的运动轨迹如图 4-4 所示，与平端面切削循环的运动轨迹相似。

采用 G94 指令进行加工时，切削进给速度及背吃刀量应略小，以减小切削过程中的刀具振动

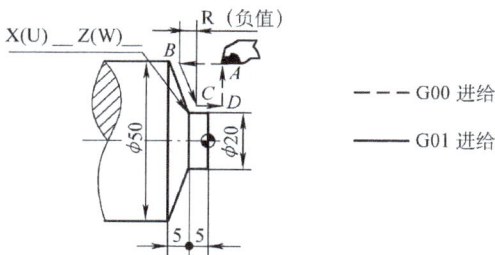

图 4-4　斜端面切削循环的轨迹

（3）使用单一固定循环（G90、G94）的注意事项

1）应根据坯件的形状和工件的加工轮廓进行适当地选择使用 G90 或 G94，一般情况下的选择如图 4-5 所示。

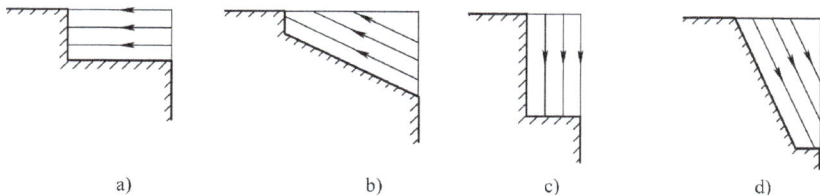

图 4-5　固定循环的选择

a）圆柱面切削循环 G90　b）圆锥面切削循环 G90（R）
c）平端面切削循环 G94　d）斜端面切削循环 G94（R）

2）由于 X（U）、Z（W）和 R 的数值在固定循环期间是模态的，

所以，如果没有重新指令 X（U）、Z（W）和 R，则原来指定的数据有效。

3）对于圆锥切削循环中的 R，在 FANUC 系统数控车床上，有时也用"I"或"K"来执行 R 的功能。

4）如果在使用固定循环的程序段中指定了 EOB 或零运动指令，则重复执行同一固定循环。

5）如果在固定循环方式下，又同时指令了 M、S、T 功能，则固定循环和 M、S、T 功能同时完成。

6）如果在单段运行方式下执行循环，则每一次循环分 4 段进行，执行过程中必须按 4 次循环启动按钮。

（4）编程实例

例 试根据 FANUC 系统的规定编写如图 4-6 所示课题的数控车加工程序。

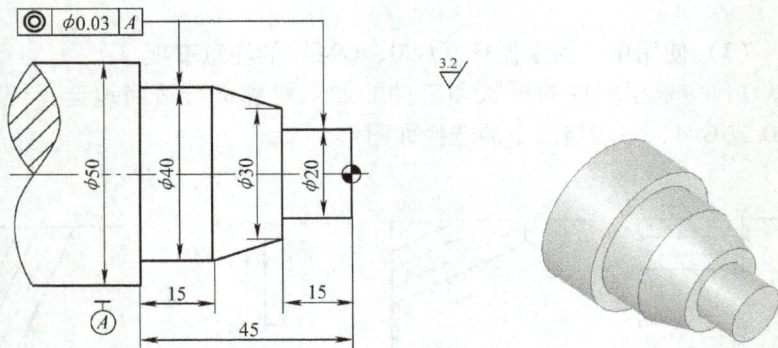

图 4-6　内、外圆单一固定循环实例图

本例编程与加工思路：编写本例的加工程序时，如果简单采用 G00 及 G01 等指令进行编程，则程序较长，在编程过程中也容易出错。因此，为了简化编程，编写本例的加工程序时，主要使用内、外圆切削循环指令 G90 和端面切削循环指令 G94 进行编程，其参考程序见表 4-2。

表 4-2　数控车床参考程序

刀具	1 号刀具，93°硬质合金外圆车刀	
程序段号	FANUC 0i 系统程序	程序说明
	O0010；	程序号
N10	G98 G40 G21；	程序开始部分
N20	T0101；	
N30	G00 X100.0 Z100.0；	
N40	M03 S600；	
N50	G00 X52.0 Z2.0；	
N60	G90 X46.0 Z－45.0 F100；	G90 粗加工 φ40 外圆，精加工余量为 0.5mm
N70	X42.0；	
N80	X40.5；	
N90	X40.0 F50.0；	精加工 φ40 外圆
N100	X36.0 Z－15.0 F100；	G90 粗加工 φ20 外圆，精加工余量为 0.5mm
N110	X32.0；	
N120	X28.0；	
N130	X24.0；	
N140	X20.5；	
N150	X20.0 F50.0；	精加工 φ40 外圆
N160	G00 X42.0 Z－12.0；	快速定位
N170	G90 X46.0 Z－30.0 R－6.0 F100；	粗加工圆锥面，沿圆锥延长进刀，注意 R 的取值
N180	X42.0 R－6.0；	
N190	X40.5 R－6.0；	
N200	X40.0 R－6.0 F50；	精加工圆锥表面
N210	G00 X100.0 Z100.0；	程序结束部分
N220	M30；	

131

二、外圆粗、精车循环与端面粗、精车循环（G71、G72 、G70）

（1）内、外圆粗、精车复合固定循环（G71）

1）指令格式如下：

G71 U (Δd) R (e)；

G71 P (ns) Q (nf) U (Δu) W (Δw) F _ S _ T _；粗车复合循环

G70 P (ns) Q (nf)； 精车复合循环

注意G71指令中两个R值的不同含义

其中 Δd 为 X 向背吃刀量（半径量指定），不带符号，且为模态值；e 为退刀量，其值为模态值；ns 为精车程序第一个程序段的段号；nf 为精车程序最后一个程序段的段号；Δu 为 X 方向精车余量的大小和方向，用直径量指定。该加工余量具有方向性，即外圆的加工余量为正，内孔加工余量为负；Δw 为 Z 方向精车余量的大小和方向；F、S、T 分别为粗加工循环中的进给速度、主轴转速与刀具功能。

G70 为精车循环，该指令不能单独使用，需跟在粗车复合循环指令 G71、G72、G73 之后，如：

G71 U1.5 R0.5；

G71 P100 Q200 U0.3 W0.05 F150；

G70 P100 Q200；

2）指令说明：G71 粗车循环的运动轨迹如图 4-7 所示。刀具从循环起点（C 点）开始，快速退刀至 D 点，退刀量由 Δw 和 Δu/2 值确定；再快速沿 X 向进刀 Δd（半径值）至 E 点；然后按 G01 进给至 G 点后，沿 45°方向快速退刀至 H 点（X 向退刀量由 e 值确定）；Z 向快速退刀至循环起始的 Z 值处（I 点）；再次 X 向进刀至 J 点（进刀量为 e + Δd）进行第二次切削；如该循环至粗车完成后，再进行平行于精加工表面的半精车（这时，刀具沿精加工表面分别留出 Δw 和 Δu 的加工余量）；半精车完成后，快速退回循环起点，结束粗车循环所有动作。

指令中的 F 和 S 值是指粗加工循环中的 F 和 S 值，该值一经指定，则在程序段段号"ns"和"nf"之间所有的 F 和 S 值均无效。另外，该值也可以不加指定而沿用前面程序段中的 F 值，并可沿用至粗、精加工结束后的程序中去。

在FANUC 0i 中，粗加工循环有两种类型，即类型 I 和类型 II。通常情况下，在所有类型 I 的粗加工循环中，轮廓外形必须采用单调递增或单调递减的形式，否则会产生凹形轮廓不是分层切削而是在半精加工时一次性切削的情况，如图 4-8 所示。当加工图示凹圆弧 *AB* 段时，阴影部分的加工余量在粗车循环时，因其 X 向的递增与递减形式并存，故无法进行分层切削而在半精车时一次性进行切削。

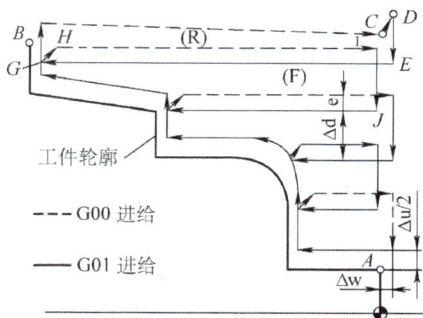

图 4-7　粗车循环轨迹图　　　　图 4-8　粗车凹槽

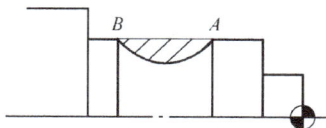

在 FANUC 系列的 G71 循环中，顺序号"ns"程序段必须沿 X 向进刀，且不能出现 Z 轴的运动指令，否则会出现程序报警。

即"ns"程序段中不能出现坐标字Z

N100 G01 X30.0;　　　正确的"ns"程序段
N100 G01 X30.0 Z2.0;　错误的"ns"程序段，程序段中出现了 Z 坐标字

执行 G70 循环时，刀具沿工件的实际轨迹进行切削，如图 4-7 中的工件轮廓 *A ~ B*。循环结束后刀具返回循环起点。G70 执行过程中的 F 和 S 值，由段号"ns"和"nf"之间给出的 F 和 S 值指定。

3）编程实例：

例　试用复合固定循环指令编写图 4-9 所示工件的粗、精加工程序。

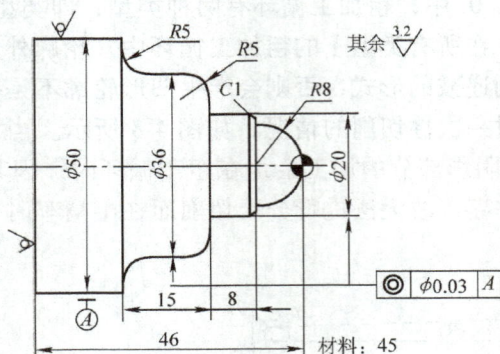

图 4-9　粗车复合循环实例

```
O0205 ;
    G98 G40 G21 ;
    T0101 ;
    G00 X100. 0 Z100. 0 ;
    M03 S600 ;
    G00 X52. 0 Z2. 0 ;            快速定位至粗车循环起点
    G71 U1. 0 R0. 3 ;             粗车循环，指定进刀与退
                                  刀量
    G71 P100 Q200 U0. 3 W0. 0 F150 ; 指定循环所属的首、末程
                                  序段，精车余量与进给速
                                  度，其转速由前面程序段
                                  指定
N100 G00 X0. 0 S1000 ;
    G01 Z0. 0 F80 ;
    G03 X16. 0 Z – 8. 0 R8. 0 ;
    G01 X18. 0 ;
        X20. 0 Z – 9. 0 ;
        Z – 16. 0 ;
        X26. 0 ;
```

此处的"S1000"和"F80"均为精加工时的转速与进给速度

G03 X36.0 Z – 21.0 R5.0；

G01 Z – 26.0

G02 X46.0 Z – 31.0 R5.0；

N200 G01 X52.0；

G00 X100.0 Z100.0；

T0202；

（注意换刀点的位置并注意换刀时有无顶尖存在）

G00 X52.0 Z2.0；

G70 P100 Q200；　　　　　（精车循环）

G00 X100.0 Z100.0；

M30；

（2）端面粗车循环（G72）

1）指令格式如下：

G72 W（Δd）R（e）；

G72 P（ns）Q（nf）U（Δu）W（Δw）F _ S _ T _；

其中，Δd 为 Z 向背吃刀量，不带符号，且为模态值；其余参数解释同于 G71 指令。

例　G72 W1.5 R0.5；

G72 P100 Q200 U0.3 W0.05 F150；

2）指令说明：G72 循环加工轨迹如图 4-10 所示。该轨迹与 G71 轨迹相似，不同之处在于该循环是沿 Z 向进行分层切削的。

G72 循环所加工的轮廓形状，必须采用单调递增或单调递减的形式。

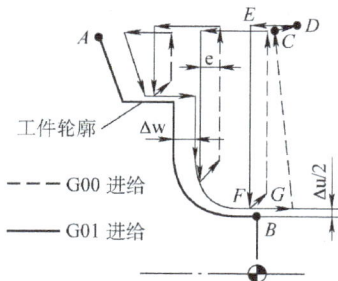

图 4-10　平端面粗车循环轨迹图

在 FANUC 系统的 G72 循环指令中，顺序号 "ns" 所指程序段必须沿 Z 向进刀，且不能出现 X 轴的运动指令，否则会出现程序报警。

> "ns" 程序段中不能出现坐标字 X

N100 G01 Z−30.0；　　　　正确的 "ns" 程序段

N100 G01 X30.0 Z−30.0；　错误的 "ns" 程序段，程序段中出现了 X 轴的运动指令

3）编程实例：

例　试用 G72 和 G70 指令编写图 4-11 所示内轮廓（直径 20mm 的孔已钻好）的加工程序。

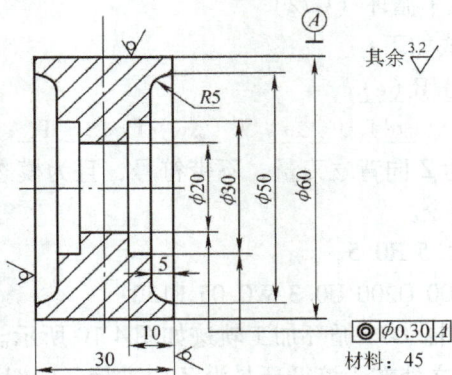

图 4-11　平端面粗车循环示例件

O0207；

……　　　　　　　　　程序开始部分

G00 X19.0 Z1.0；　快速定位至粗车循环起点

G72 W1.0 R0.3；

G72 P100 Q200 U−0.05 W0.3 F100；

N100 G00 Z−10.0 S1000；

　G01 X30.0 F50；

　　Z−5.0；

　　X40.0；

　G02 X50.0 Z0.0 R5.0；

> 采用 G71、G72、G73 指令时，指令中内孔的精加工余量 "U__" 是负值

N200 G01 Z1.0；

　G70 P100 Q200；　　不换刀，精车循环

　G00 X100.0 Z100.0；

　M30；

（3）综合编程实例

例　试用外圆粗、精车循环与端面粗、精车循环指令编写图4-12

a)

材料：Cr12Mo

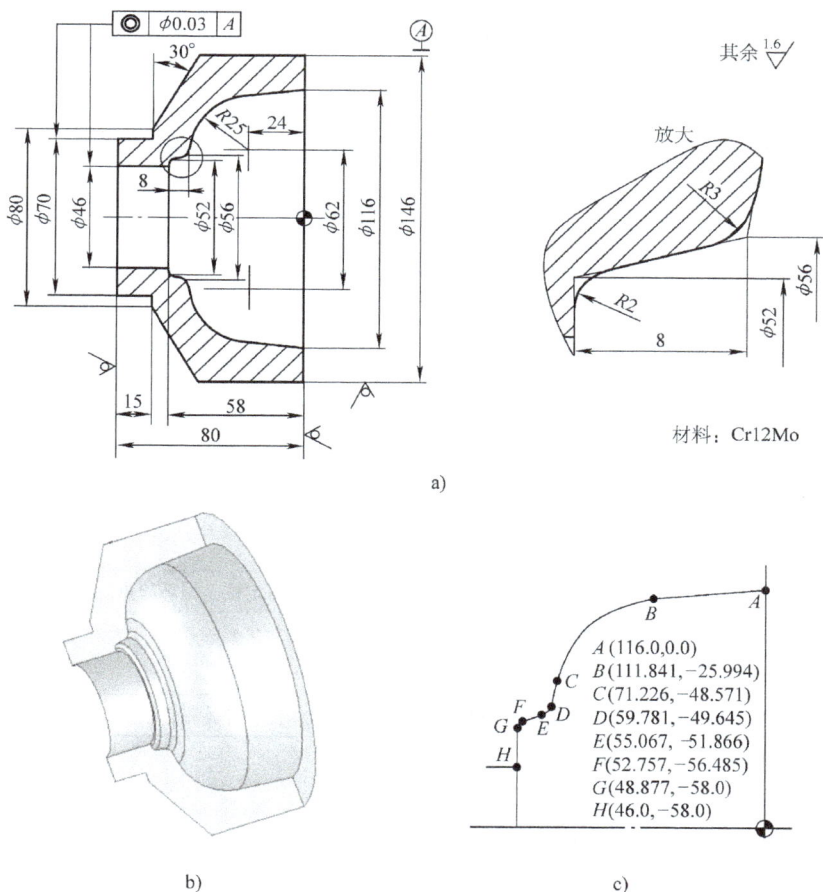

A (116.0, 0.0)
B (111.841, −25.994)
C (71.226, −48.571)
D (59.781, −49.645)
E (55.067, −51.866)
F (52.757, −56.485)
G (48.877, −58.0)
H (46.0, −58.0)

b)　　　　　　　　　　　　c)

图4-12　外圆粗、精车循环与平端面粗、精车循环编程实例

a）课题平面图　b）课题实体图　c）课题部分基点坐标

所示工件的数控车加工程序（预钻孔为 $\phi40$）。

1）本例编程与加工思路。本例为一塑料碗凹模，编写本课题的加工程序时，由于工件轮廓表面较为复杂，无法采用 G90 或 G94 方式编程去除粗加工余量。因此，本例引入外圆粗、精车固定循环指令 G71、G70 和端面粗、精车固定循环指令 G72、G70 进行编程。其参考程序见表 4-3。

编写本课题的加工程序时，首先采用 CAD 找点的方法找出各基点坐标，其部分基点的坐标值如图 4-12c 所示。

2）加工工艺分析。

① 加工 $\phi146$ 外圆表面。

② 以 $\phi146$ 外圆表面装夹，加工左端工件外形轮廓。

③ 以 $\phi46$ 外圆表面装夹，加工内轮廓。

表 4-3　加工参考程序

刀具	1 号刀具，93°硬质合金外圆车刀	
程序段号	FANUC 0i 系统程序	程序说明
	O0010;	程序号
N10	G98 G40 G21;	程序开始部分
N20	T0101;	
N30	G00 X100.0 Z100.0;	
N40	M03 S600;	
N50	G00 X38.0 Z2.0;	快速定位至循环起点
N60	G71 U1.0 R0.3;	粗加工固定循环，内孔 X 向精加工余量为负值
N70	G71 P100 Q200 U−0.5 W0 F100;	
N80	N100 G00 X116.0 S1000;	精加工开始程序段沿 X 向进刀
N90	G01 Z0 F50.0;	精加工轨迹
N100	X111.841 Z−25.994;	
N110	G03 X71.226 Z−48.571 R25.0;	
N120	G01 X59.781 Z−49.645;	
N130	G02 X55.067 Z−51.866 R3.0;	
N140	G01 X52.757 Z−56.485;	

（续）

程序段号	FANUC 0i 系统程序	程序说明
N150	G03 X48.877 Z－58.0 R2.0;	精加工轨迹
N160	G01 X46.0;	
N170	Z－82.0;	
N180	N200 X38.0;	
N190	G70 P100 Q200;	精加工程序
N200	G00 X100.0 Z100.0;	程序结束部分
N210	M30;	
	O0020;	加工左端外轮廓
N40	……	程序开始部分
N50	G00 X148.0 Z2.0;	快速定位至循环起点
N60	G72 W1.0 R0.3;	平端面粗车循环
N70	G72 P100 Q200 U0 W0.5 F150;	
N80	N100 G00 Z－34.053 S1200;	精加工轨迹
N90	G01 X146.0 F80;	
N100	X80.0 Z－15.0;	
N110	X70.0;	
N120	N200 Z2.0;	
N130	G70 P100 Q200;	精加工固定循环
N140	G00 X100.0 Z100.0;	程序结束部分
N150	M30;	

三、仿形车粗、精车复合固定循环（G73、G70）

（1）仿形车复合循环（G73、G70）

1）指令格式如下：

G73 U（Δi）W（Δk）R（d）;

G73 P（ns）Q（nf）U（Δu）W（Δw）F _ S _ T _;

其中，Δi 为 X 轴方向的退刀量的大小和方向（半径量指定），该值是模态值；Δk 为 Z 轴方向的退刀量的大小和方向，该值是模态值；d 为分层次数（粗车重复加工次数）；其余参数请参照 G71 指令。

> 注意此处的"R（d）"与 G71 及 G72 指令中"R（d）"的区别

例 G73 U3.0 W0.5 R3.0；

G73 P100 Q200 U0.3 W0.05 F150；

2）指令说明：G73 复合循环的轨迹如图 4-13 所示。刀具从循环起点（C 点）开始，快速退刀至 D 点（在 X 向的退刀量为 $\Delta u/2 + \Delta i$，在 Z 向的退刀量为 $\Delta w + \Delta k$）；快速进刀至 E 点（E 点坐标值由 A 点坐标、精加工余量、退刀量 Δi 和 Δk 及粗切次数确定）；沿轮廓形状偏移一定值后进行切削至 F 点；快速返回 G 点，准备第二层循环切削；如此分层（分层次数由循环程序中的参数 d 确定）切削至循环结束后，快速退回循环起点（C 点）。

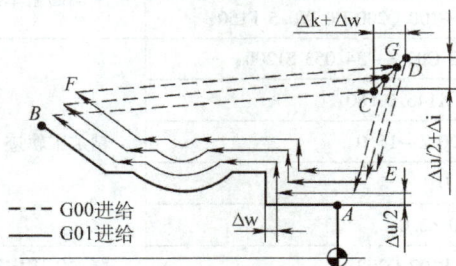

图 4-13　多重复合循环的轨迹图

G73 循环主要用于车削固定轨迹的轮廓。这种复合循环，可以高效地切削铸造成形、锻造成形或已粗车成形的工件。对不具备类似成形条件的工件，如采用 G73 进行编程与加工，反而会增加刀具在切削过程中的空行程，而且也不便于计算粗车余量。

G73 程序段中，"ns"所指程序段可以向 X 轴或 Z 轴的任意方向进刀。

G73 循环加工的轮廓形状，没有单调递增或单调递减形式的限制。

3）编程实例：

例 试用 G73 指令编写如图 4-14 所示内凹圆弧工件（除内凹圆弧外的其余轮廓已采用 G71 和 G70 指令加工成形，加工刀具采用 V 型刀片可换车刀）的加工程序。

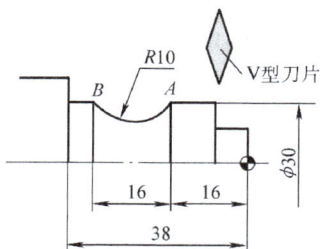

图 4-14 多重复合循环编程实例

```
O0408；
    ……                        程序开始部分
    G00 X32.0 Z-16.0；         快速定位至粗车循环起点
    G73 U1.0 W0 R2.0；
    G73 P100 Q200 U0.5 W0 F100；
N100 G01 X30.0 F50 S1000；
    G02 Z-32.0 R10.0；
N200 G01 X32.0；
    G70 P100 Q200；            不换刀，精车循环
    G00 X100.0 Z100.0；
    M30；
```

> "U1.0" 是指总切削余量是2mm，而R2.0是指粗车循环两次

（2）使用内、外圆复合固定循环（G71、G72、G73、G70）的注意事项

1）应根据毛坯的形状、工件的加工轮廓及其加工要求选用内、外圆复合固定循环。

① G71 固定循环主要用于对径向尺寸要求比较高、轴向切削尺寸大于径向切削尺寸的毛坯工件进行粗车循环。编程时，X 向的精车余量取值一般大于 Z 向精车余量的取值。

② G72 固定循环主要用于对端面精度要求比较高、径向切削尺寸大于轴向切削尺寸的毛坯工件进行粗车循环。编程时，Z 向的精车余量取值一般大于 X 向精车余量的取值。

③ G73 固定循环主要用于已成形工件的粗车循环。其精车余量根据具体的加工要求和加工形状来确定。

2）使用内、外圆复合固定循环进行编程时，在其 ns～nf 之间的程序段中，不能含有以下指令：

① 固定循环指令。

② 参考点返回指令。

③ 螺纹切削指令。

④ 宏程序调用或子程序调用指令。

3）执行 G71、G72、G73 循环时，只有在 G71、G72、G73 指令的程序段中 F、S、T 才是有效的，在调用的程序段 ns～nf 之间编入的 F、S、T 功能将被全部忽略。相反，在执行 G70 精车循环时，在 G71、G72、G73 程序段中指令的 F、S、T 功能无效，这时的 F、S、T 值决定于程序段 ns～nf 之间编入的 F、S、T 功能。

4）在 G71、G72、G73 程序段中，Δd（Δi）、Δu 都用地址符 U 进行指定，而 Δk、Δw 都用地址符 W 进行指定，系统是根据 G71、G72、G73 程序段中是否指定 P、Q 以区分 Δd（Δi）、Δu 及 Δk、Δw 的。当程序段中没有指定 P、Q 时，该程序段中的 U 和 W 分别表示 Δd（Δi）和 Δk；程序段中如指定了 P、Q，该程序段中的 U、W 则分别表示 Δu 和 Δw。

5）在 G71、G72、G73 程序段中的 ΔW、ΔU 是指精加工余量值，该值按其余量的方向有正、负之分。另外，G73 指令中的 Δi、Δk 值也有正、负之分，其正负值是根据刀具位置和进退刀方式来判定的。

（3）编程实例

例 试用仿形车粗、精车复合固定循环指令编写如图 4-15 所示工件的数控车床加工程序（切槽程序略）。

本例编程与加工思路：编写本例加工程序时，由于工件轮廓表面不是单调递增或递减的表面，所以无法采用 G71 或 G72 循环指令

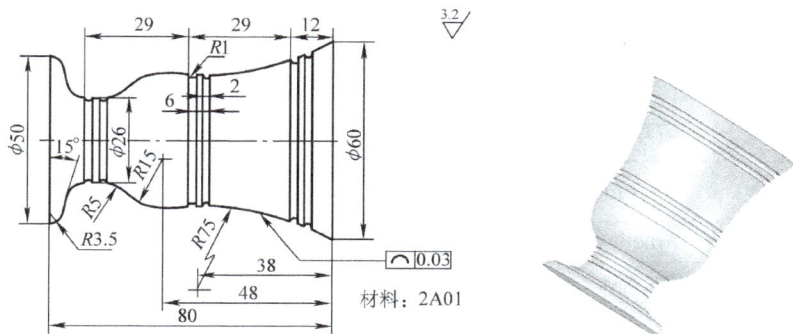

图 4-15　仿形车复合固定循环编程实例

来加工。因此，本课题采用仿形车复合循环 G73 指令编程较为合适。此外，加工本课题时还需注意选用合适的刀具。

1）基点计算。采用 CAD 软件找点，其基点坐标值如图 4-16 所示。

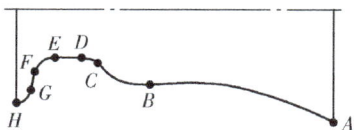

$A(60.0,0)$; $B(45.336, -45.491)$;
$C(30.924, -60.923)$; $D(26.0, -65.231)$;
$E(26.0, -70.128)$; $F(33.412, -74.958)$;
$G(45.812, -76.619)$; $H(50.0, -80.0)$。

图 4-16　课题基点坐标值

2）参考程序见表 4-4。

表 4-4　加工参考程序

刀具	1 号刀具，V 型刀片（刀尖角为 35°）可换车刀	
程序段号	FANUC 0i 系统程序	程序说明
	O0060;	程序号
N10	G98 G40 G21;	程序开始部分
N20	T0101;	
N30	G00 X100.0 Z100.0;	
N40	M03 S600;	
N50	G00 X62.0 Z2.0;	快速定位至循环起点

（续）

程序段号	FANUC 0i 系统程序	程序说明
N60	G73 U17.0 W0 R12.0；	仿形车复合循环，粗车循环 12 次，X 向最大余量为 34mm（直径量）
N70	G73 P100 Q200 U0.5 W0 F150；	
N80	N100 G01 X60.0 Z0 S1000 F80；	精加工开始程序段沿 X 向进刀
N90	G02 X45.336 Z−45.691 R75.0；	
N100	G03 X30.924 Z−60.923 R15.0；	
N110	G02 X26.0 Z−65.231 R5.0；	
N120	G01 Z−70.128；	精加工轨迹
N130	G02 X33.412 Z−74.958 R5.0；	
N140	G01 X45.812 Z−76.619；	
N150	G03 X50.0 Z−80.0 R3.5；	
N160	N200 G01 Z−82.0；	
N170	G70 P100 Q200；	精加工程序
N180	G00 X100.0 Z100.0；	程序结束部分
N190	M30；	

第三节 切槽固定循环指令

一、径向切槽循环指令（G75）

1. 指令格式

G75 R (e)；

G75 X(U) _ Z(W) _ P (Δi) Q (Δk) R (Δd) F _；

其中，e 为退刀量，其值为模态值；X(U) _ Z(W) _ 为切槽终点处坐标；Δi 为 X 方向的每次切深量，用不带符号的半径量表示；Δk 为刀具完成一次径向切削后，在 Z 方向的偏移量，用不带符号的值表示；Δd 为刀具在切削底部的 Z 向退刀量，无要求时可省略；F

为径向切削时的进给速度。

最后一次切深量和最后一次Z向偏移量均由系统自行计算

例 G75 R0.5；

　　　G75 U6.0 W5.0 P1500 Q2000 F60；

2. 指令说明

G75 循环轨迹如图 4-17 所示。

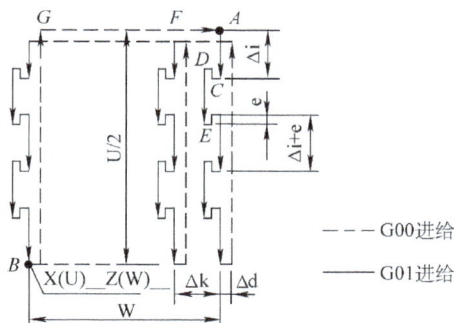

图 4-17 径向切槽循环轨迹图

1）刀具从循环起点（*A* 点）开始，沿径向进刀 Δi 并到达 *C* 点。

2）退刀 e（断屑）并到达 *D* 点。

3）按该循环递进切削至径向终点的 X 坐标处。

4）退到径向起刀点，完成一次切削循环。

5）沿轴向偏移 Δk 至 *F* 点，进行第二层切削循环。

6）依次循环直至刀具切削至程序终点坐标处（*B* 点），径向退刀至起刀点（*G* 点），再轴向退刀至起刀点（*A* 点），完成整个切槽循环动作。

G75 程序段中的 Z（W）值可省略或设定值为 0，当 Z（W）值设为 0 时，循环执行时刀具仅作 X 向进给而不作 Z 向偏移。

对于程序段中的 Δi、Δk 值，在 FANUC 系统中，不能输入小数点，而直接输入最小编程单位，如 P1500 表示径向每次切深量为 1.5mm。

二、端面切槽循环指令（G74）

1. 指令格式

G74 R (e)；

G74 X(U) _ Z(W) _ P (Δi) Q (Δk) R (Δd) F _；

其中，Δi 为刀具完成一次轴向切削后，在 X 方向的偏移量，该值用不带符号的半径量表示；Δk 为 Z 方向的每次切深量，用不带符号的值表示；其余参数同于 G75 指令。

例 G74 R0.5；

G74 U6.0 W5.0 P1500 Q2000 F60；

2. 指令说明

G74 循环轨迹同于 G75 循环轨迹，如图 4-18 所示。不同之处是刀具从循环起点 A 出发，先轴向切深，再径向平移，依次循环直至完成全部动作。

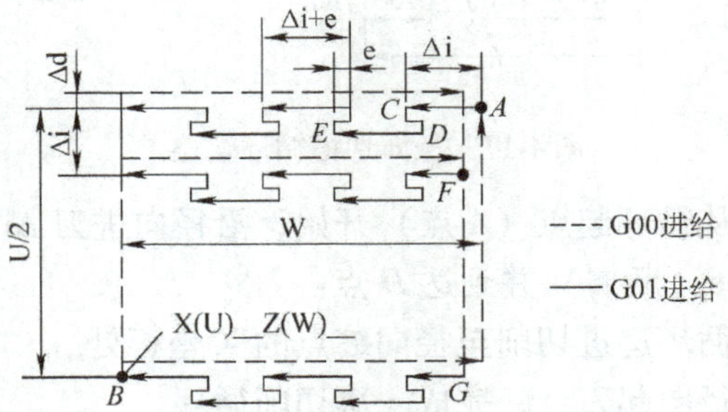

图 4-18 端面切槽循环轨迹图

G75 循环指令中的 X(U) 值可省略或设定为 0，当 X(U) 值设为 0 时，在 G75 循环执行过程中，刀具仅作 Z 向进给而不作 X 向偏移，这时，该指令可用于端面啄式深孔钻削循环。

当 G75 指令用于端面啄式深孔钻削循环指令时，装夹在刀架（尾座无效）上的刀具一定要精确定位到工件的旋转中心

三、使用切槽复合固定循环指令（G74、G75）时的注意事项

1）在 FANUC 或三菱系统中，当出现以下情况而执行切槽复合固定循环指令时，将会出现程序报警。

① X（U）或 Z（W）指定，而 Δi 或 Δk 值未指定或指定为 0。

② Δk 值大于 Z 轴的移动量（W）或 Δk 值设定为负值。

③ Δi 值大于 U/2 或 Δi 值设定为负值。

④ 退刀量大于进刀量，即 e 值大于每次切深量 Δi 或 Δk。

2）由于 Δi 和 Δk 为无符号值，所以，刀具切深完成后的偏移方向由系统根据刀具起刀点及切槽终点的坐标自动判断。

3）切槽过程中，刀具或工件受较大的单方向切削力，容易在切削过程中产生振动，因此，切槽加工中进给速度 F 的取值应略小（特别是在端面切槽时），通常取 50～100mm/min。

四、编程实例

例　试用切槽循环指令编写图 4-19 所示工件外圆槽和端面槽的数控车加工程序。

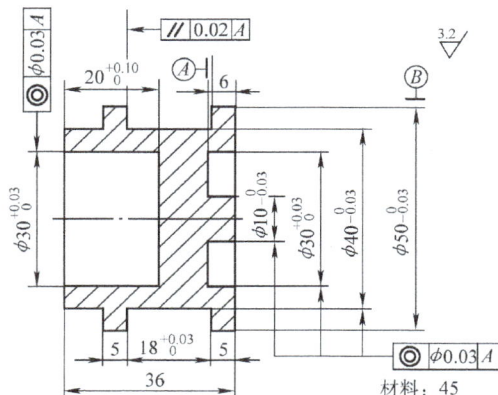

图 4-19　切槽固定循环编程实例

本例编程与加工思路：本课题内外轮廓采用 G71 指令进行编程（加工程序略），外圆槽采用 G75 指令进行编程，端面槽则采用 G74 指令进行编程。其数控车程序见表 4-5。

加工外圆槽时，要特别注意循环起点的 Z 向坐标与刀宽的关系。而加工端面槽时，为了避免车刀与工件沟槽的较大圆弧面相碰，刀尖处的副后刀面应根据端面槽圆弧的大小磨成圆弧形，并保证一定的后角。

表 4-5　数控车床参考程序

刀具	1 号刀具，外圆槽刀；2 号刀具，端面槽刀	
程序段号	FANUC 0i 系统程序	程序说明
	O0060；	程序号
N40	……	程序开始部分
N50	G00 X52.0 Z－8.0；	快速定位至循环起点，刀宽 3mm
N60	G75 R0.5；	外圆切槽循环
N70	G75 X40.0 Z－23.0 P2000 Q2500 F60；	
N80	G28 U0 W0；	精加工开始程序段沿 X 向进刀
N90	T0202；	换端面槽刀，刀宽 3mm
N100	G00 X24.0 Z2.0；	快速点定位
N110	G74 R0.5；	端面切槽循环
N120	G74 X10.0 Z－6.0 P2500 Q3000 F60；	
N130	G28 U0 W0；	程序结束部分
N140	M30	

端面槽刀的刀宽为 3mm，但计算循环起点时，其刀宽的直径量为 6mm。故 X 循环起点为 X24.0

第四节 螺纹切削与螺纹切削固定循环指令

一、螺纹切削指令（G32、G34）

1. 等螺距直螺纹

这类螺纹包括普通圆柱螺纹和端面螺纹。

（1）指令格式

G32 X(U) _ Z(W) _ F _ Q _ ;

其中，X(U) _ Z(W) _为直线螺纹的终点坐标；F 为直线螺纹的导程。如果是单线螺纹，则为直线螺纹的螺距；Q 为螺纹起始角。该值为不带小数点的非模态值，其单位为 0.001°。如果是单线螺纹，则该值不用指定，这时该值为 0。

在该指令格式中，当只有 Z 向坐标数据字 Z(W) _时，指令加工等螺距圆柱螺纹；当只有 X 向坐标数据字 X(U) _时，指令加工等螺距端面螺纹。

例 G32 W – 30.0 F4.0；

（2）指令说明 G32 的执行轨迹如图 4-20 所示。G32 指令近似于 G01 指令，刀具从 B 点以每转进给一个导程/螺距的速度切削至 C 点。其切削前的进刀和切削后的退刀都要通过其他的程序段来实现，如图中的 AB、CD、DA 程序段。

在加工等螺距圆柱螺纹以及除端面螺纹之外的其他各种螺纹时，均需特别注意其螺纹车刀的安装方法（正、反向）和主轴的旋转方向应与车床刀架的配置方式（前、后置）相适应。如采用图 4-21 所示后置刀架车削其右旋螺纹时，不仅螺纹车刀必须反向（即前刀面向下）安装，车床主轴也必须用 M04 指令其旋向。如果螺纹车刀正向安装，主轴用 M03 指令，则起刀点亦应改为图 4-20 中 D 点。

想一想：如果刀具正装，主轴正转，A点起刀，则加工出的螺纹是左旋还是右旋呢？

149

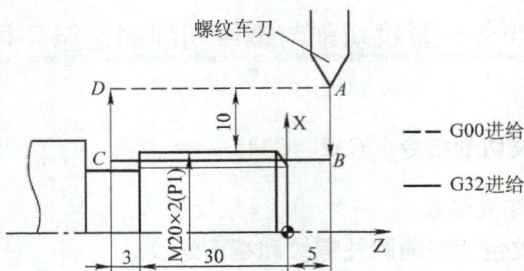

图 4-20　G32 圆柱螺纹的运动轨迹与编程示例

（3）编程实例

例　试用 G32 指令编写图 4-20 所示工件的螺纹加工程序（螺纹切削导入距离 δ_1 取 5mm，导出距离 δ_2 取 3mm。螺纹的总切深量预定为 1.3mm，分三次切削，背吃刀量依次为 0.8mm、0.4mm 和 0.1mm）。具体程序如下：

O0402；
……
G00 X40.0 Z5.0；　　　导入距离 $\delta_1=5$
　　X19.2；
G32 Z－33.0 F2.0 Q0；　加工第一条螺旋线，螺纹起始角为 0°
G00 X40.0；
　　Z5.0；
　　X18.8
G32 Z－33.0 F2.0 Q0；
G00 X40.0；
　　Z5.0；
　　X18.7
G32 Z－33.0 F2.0 Q0；　加工完成第一条螺旋线
G00 X40.0；
　　Z5.0；
　　X19.2；
G32 Z－33.0 F2.0 Q180000；

加工第二条螺旋线注意指令中的螺纹起始角

……　　　　　　多刀重复切削至第 2 条螺旋线加工完成

M30；

（4）G32 指令的其他用途　G32 指令除了可以加工以上螺纹外，还可以加工以下几种螺纹：

1）圆锥螺纹：当螺纹指令中的 X 向和 Z 向均有增量移动时，将加工出圆锥螺纹。

2）多线螺纹：编制加工多线螺纹的程序时，只要用地址 Q 指定主轴一转信号与螺纹切削起点的偏移角度（如图 4-20 的例题所示）即可。

3）端面螺纹：执行端面螺纹的程序段时，刀具在指定螺纹切削距离内以每转 F 的速度沿 X 向进给，而 Z 向不作运动。

4）连续螺纹切削：连续螺纹切削功能可以完成那些需要中途改变其等螺距和形状（如从直螺纹变锥螺纹）的特殊螺纹的切削。

2. 变螺距圆锥螺纹

这类螺纹主要指变螺距圆柱螺纹及变螺距圆锥螺纹。

（1）指令格式

G34 X(U) _ Z(W) _ F _ K _；

其中，K 为主轴每转螺距的增量（正值）或减量（负值）；其余参数同于 G32 的规定。

例　G34 W – 30.0 F4.0 K0.1；

（2）指令说明　G34 执行中，除每转螺距有增量外，其余动作和轨迹与 G32 指令相同。

3. 使用螺纹切削指令（G32、G34）时的注意事项

1）在螺纹切削过程中，进给速度倍率无效。

2）在螺纹切削过程中，进给暂停功能无效，如果在螺纹切削过程中按下进给暂停按钮，刀具将在执行了非螺纹切削的程序段后停止。

3）在螺纹切削过程中，主轴速度倍率功能失效。

4）在螺纹切削过程中，不宜使用恒线速度控制功能，而采用恒转速控制功能较为合适。

二、螺纹切削单一固定循环指令（G92）

1. 指令格式

G92 X(U)＿Z(W)＿F＿R＿;

其中，X(U)＿Z(W)＿为螺纹切削终点处的坐标，U 和 W 后面数值的符号取决于轨迹 AB（图 4-22a）和 BC 的方向；F 为螺纹导程的大小，如果是单线螺纹，则为螺距的大小；R 为圆锥螺纹切削起点（图 4-22b 中 B 点）处的 X 坐标减其终点（编程终点）处的 X 坐标之值的 1/2。R 值为零时，在程序中可省略不写，此时的螺纹为圆柱螺纹。

例 G92 X30.0 Z－30.0 F2.0;

G92 X30.0 Z－30.0 F2.0 R－5.0;

2. 指令说明

G92 圆柱螺纹切削轨迹如图 4-21a 所示，与 G90 循环相似，其运动轨迹也是一个矩形轨迹。刀具从循环起点 A 沿 X 向快速移动至 B 点，然后以导程/转的进给速度沿 Z 向切削进给至 C 点，再从 X 向快速退刀至 D 点，最后返回循环起点 A 点，准备下一次循环。

在 G92 循环编程中，仍应注意循环起点的正确选择。通常情况下，X 向循环起点取在离外圆表面 1~2mm（直径量）的地方，Z 向的循环起点根据导入值的大小来进行选取。

G92 圆锥螺纹切削循环轨迹如图 4-21b 所示，该轨迹与 G92 直螺纹切削循环轨迹相似（即原水平直线 BC 改为倾斜直线）。

对于圆锥螺纹中的 R 值，在编程时除要注意有正、负值之分外，还要根据不同长度来确定 R 值的大小。如图 4-21b 所示，用于确定 R 值的长度为 $30+\delta_1+\delta_2$，其 R 值的大小应按该长度计算，以保证螺纹锥度的正确性。

3. 编程实例

例 1 试用 G92 指令编写图 4-21b 所示锥螺纹加工程序（螺纹切削导入距离 δ_1 取 6mm，导出距离 δ_2 取 3mm，Z 向螺距为 1.5mm）。

O0305;

G98 G40 G21;

T0202；

M03 S600；

G00 X31.0 Z6.0；

G92 X28.9 Z－33.0 F1.5 R－6.5；

    X28.4 R－6.5；

    X28.15 R－6.5；

    X28.05 R－6.5；

G00 X100.0 Z100.0；

M30；

> 注意，指令中的 R 值为负值，且"R"不能作为模态代码来使用

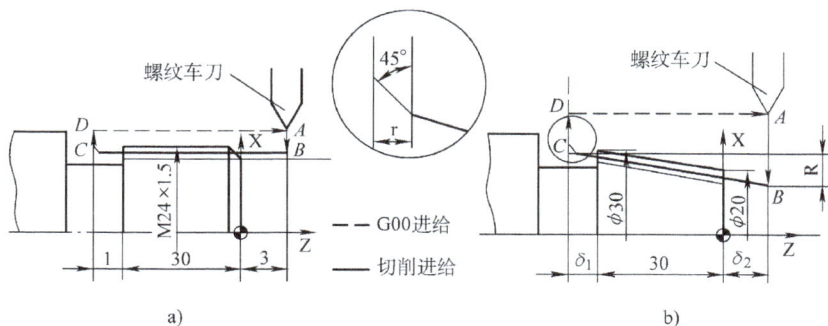

图 4-21 螺纹切削单一固定循环轨迹图

例 2 在前置刀架式数控车床上，试用 G92 指令编写如图 4-22 所示的双线左旋螺纹的加工程序。在螺纹加工前，其螺纹外圆直径已加工至 ϕ29.8mm。

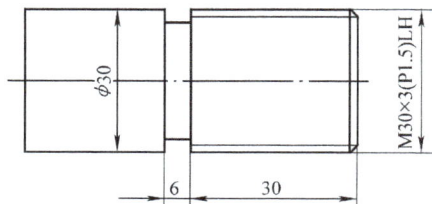

图 4-22 左旋双线螺纹

> 钢件上车加工外螺纹时，其外圆直径一般车小0.1~0.3mm

O0006；
G98 G40 G21；
T0202；
M03 S600；
G00 X31.0 Z－34.0；
G92 X28.9 Z3.0 F3.0；
　　X28.4；
　　X28.15；　　注意螺纹加工中的分层切削
　　X28.05；
G01 Z－32.5 F200；　　**Z 向平移一个螺距**
G92 X28.9 Z4.5 F3.0；　　加工第二条螺旋线
　　X28.4；
　　X28.15；
　　X28.05；
G00 X100.0 Z100.0；
M30；

4. 使用螺纹切削单一固定循环（G92）时的注意事项

1）在螺纹切削过程中，按下循环暂停键时，刀具立即按斜线退回，然后先回到 X 轴的起点，再回到 Z 轴的起点。在退回期间，不能进行另外的暂停。

2）如果在单段方式下执行 G92 循环，则每执行一次循环必须按 4 次循环启动按钮。

3）G92 指令是模态指令，当 Z 轴移动量没有变化时，只需对 X 轴指定其移动指令即可重复执行固定循环动作。

4）执行 G92 循环时，在螺纹切削的退尾处，刀具沿接近 45°的方向斜向退刀，Z 向退刀距离 $r = 0.1S \sim 12.7S$（导程），如图 4-21 所示，该值由系统参数设定。

5）在 G92 指令执行过程中，进给速度倍率和主轴速度倍率均无效。

154

三、螺纹切削复合固定循环指令（G76）

1. 指令格式

G76 P(m)(r)(a) Q(Δd_{min}) R(d)；

G76 X(U)＿ Z(W)＿ R(i) P(k) Q(Δd) F ＿；

其中，m 为精加工重复次数 01～99；r 为倒角量，即螺纹切削退尾处（45°）的 Z 向退刀距离。当导程（螺距）由 S 表示时，可以从 0.1S～9.9S 设定，单位为 0.1S（两位数：从 00～99）；a 为刀尖角度（螺纹牙型角）。可以选择 80°、60°、55°、30°、29° 和 0° 共 6 种中的任意一种。该值由 2 位数规定；Δd_{min} 为最小切深，该值用不带小数点的半径量表示；d 为精加工余量，该值用带小数点的半径量表示；X(U) ＿ Z(W) ＿为螺纹切削终点处的坐标；i 为螺纹半径差。如果 i＝0，则进行圆柱螺纹切削；k 为牙型编程高度。该值用不带小数点的半径量表示；Δd 为第一刀切削深度，该值用不带小数点的半径量表示；F 为导程。如果是单线螺纹，则该值为螺距。

> 使用G76指令时，应熟悉指令中每一个参数的含义

例　G76 P011030 Q50 R0.05；

　　　G76 X27.6 Z－30.0 R0 P1200 Q400 F2.0；

2. 指令说明

G76 螺纹切削复合循环的运动轨迹如图 4-23a 所示。以圆柱外螺纹（i 值为零）为例，刀具从循环起点 A 处，以 G00 方式沿 X 向进给至螺纹牙顶 X 坐标处（B 点，该点的 X 坐标值＝小径＋2k），然后沿基本牙型一侧平行的方向进给（如图 4-23b），X 向背吃刀量为 Δd，再以螺纹切削方式切削至离 Z 向终点距离为 r 处，倒角退刀至 D 点，再 X 向退刀至 E 点，最后返回 A 点，准备第二刀切削循环。如该分多刀切削循环，直至循环结束。

第一刀切削循环时，背吃刀量为 Δd（图 2-23b），第二刀的背吃刀量为 $(\sqrt{2}-1)\Delta d$，第 n 刀的背吃刀量为 $(\sqrt{n}-\sqrt{n-1})\Delta d$。因此，执行 G76 循环的背吃刀量是逐步递减的。

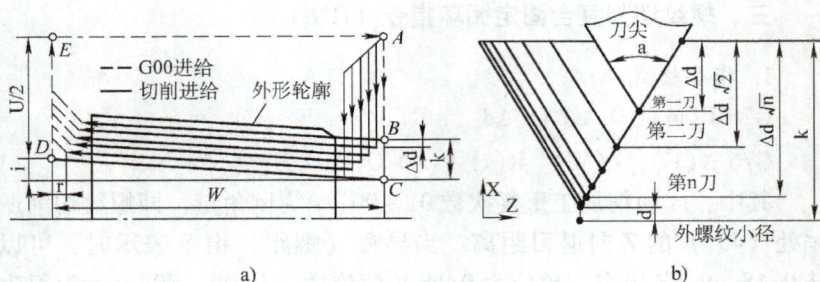

图 4-23　G76 循环的运动轨迹及进刀轨迹

G76 指令进刀如图 2-23b 所示，螺纹车刀向深度方向并沿基本牙型一侧的平行方向进刀，从而保证了螺纹粗车过程中始终用一个刀刃进行切削，减小了切削阻力，提高了刀具寿命，为螺纹的精车质量提供了保证。

在 G76 循环指令中，m，r，a 由地址符 P 及后面各两位数字指定，每个两位数中的前置 0 不能省略。这些数字的具体含义及指定方法如下：

例　P001560

该例的具体含义为：精加工次数"00"即 m = 0；倒角量"15"即 r = 15 × 0.1S = 1.5S（S 是导程）；螺纹牙型角"60"即 $\alpha = 60°$。

3. 编程示例

例　在前置刀架式数控车床上，试用 G76 指令编写图 4-24 所示内螺纹的加工程序（未考虑各直径的尺寸公差）。

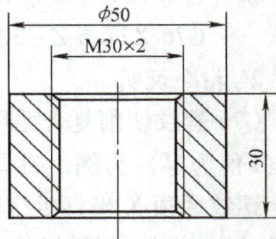

图 4-24　内螺纹加工的示例件

O0406；

G98 G40 G21；

……

T0404；

M03 S400；

G00 X26.0 Z6.0；

G76 P021060 Q50 R－0.08；

G76 X30.0 Z－30.0 P1 300 Q300 F2.0；

> 内螺纹加工时，其精加工余量 "R（d）" 也应取负值

G00 X100.0 Z100.0；

M30；

4. 使用螺纹复合循环指令（G76）时的注意事项

1）G76 可以在 MDI 方式下使用。

2）在执行 G76 循环时，如按下循环暂停键，则刀具在螺纹切削后的程序段暂停。

3）G76 指令为非模态指令，所以必须每次指定。

4）在执行 G76 时，如要进行手动操作，刀具应返回到循环操作停止的位置。如果没有返回到循环停止位置就重新启动循环操作，手动操作的位移将叠加在该条程序段停止时的位置上，刀具轨迹就多移动了一个手动操作的位移量。

四、综合编程实例

例　试用螺纹切削循环指令编写如图 4-25 所示的外梯形螺纹和内三角形螺纹的数控车床加工程序。

本例编程与加工思路：本例内、外轮廓采用 G71 和 G75 指令进行编程（加工程序略）与加工。加工梯形螺纹时，由于螺纹的加工深度较大，无法采用直进法加工。因此，梯形螺纹宜选用 G76 指令采用斜进法进行编程与加工。而三角形螺纹则由于其加工深度不是很大。因此，除可采用 G76 指令外，还可选用 G92 指令采用直进法进行编程与加工。本课题螺纹加工的数控车程序见表 4-6。

表 4-6　螺纹加工数控车床参考程序

刀具	1 号刀具，外圆槽刀；2 号刀具，端面槽刀	
程序 段号	FANUC 0i 系统程序	程序说明
	00060；	加工内螺纹程序
N40	……	程序开始部分

（续）

程序段号	FANUC 0i 系统程序	程序说明
N50	G00 X21.0 Z2.0;	快速定位至循环起点
N60	G92 X23.0 Z－18.0 F2.0;	G92 指令加工内螺纹，分五层切削
N70	X23.6;	
N80	X24.0;	
N90	X24.1;	考虑了内螺纹的公差
N100	X24.18;	
N110	G28 U0 W0;	程序结束部分
N120	M30	
N10	O0080	加工梯形螺纹程序
N20	……	程序初始化
N30	T0404;	换螺纹车刀
N40	G00 X37.0 Z－4.0;	快速点定位至循环起点
N50	G76 P020530 Q50 R0.08;	梯形螺纹加工复合固定循环
N60	G76 X32.3 Z－43.5 P1750 Q500 F3.0;	
N70	G00 X150.0 Z30.0;	退刀时注意顶尖的位置
N80	M30;	程序结束

加工梯形螺纹时，宜采用单独的程序段，以便于修改Z向刀具偏置后重新进行加工

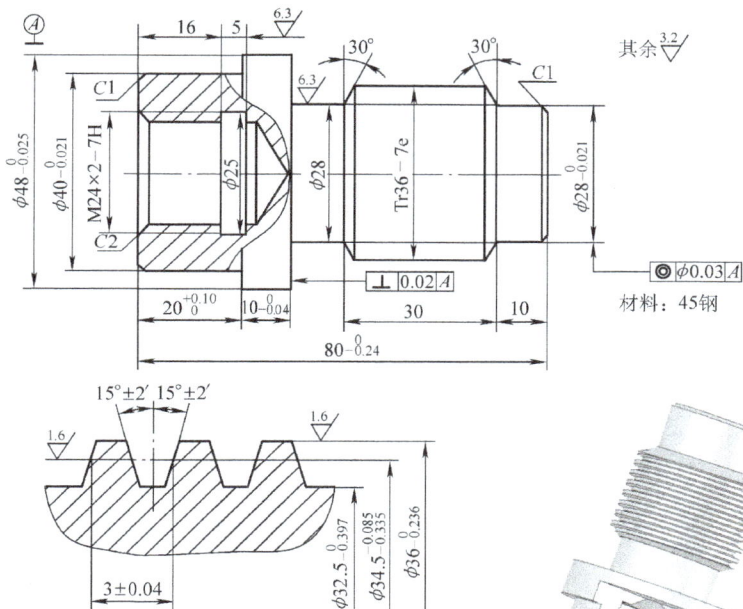

图 4-25 螺纹切削编程实例

第五节 子程序编程

一、子程序

1. 子程序的概念

（1）子程序的定义 机床的加工程序可以分为主程序和子程序两种。主程序是一个完整的零件加工程序，或是零件加工程序的主体部分。它与被加工零件或加工要求一一对应，不同的零件或不同的加工要求，都有惟一的主程序与之对应。

在编制加工程序中，有时会遇到一组程序段在一个程序中多次出现，或者在几个程序中都要使用它。这个典型的加工程序可以做成固定程序，并单独加以命名，这组程序段就称为子程序。

子程序一般都不可以作为独立的加工程序使用，它只能通过主程序进行调用，实现加工中的局部动作。子程序执行结束后，能自动返回到调用它的主程序中。

（2）子程序的嵌套　为了进一步简化加工程序，可以允许其子程序再调用另一个子程序，这一功能称为子程序的嵌套。

当主程序调用子程序时，该子程序被认为是一级子程序，FANUC 0 系统中的子程序允许 4 级嵌套，如图 4-26 所示。

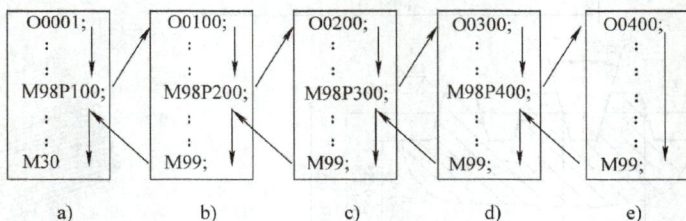

图 4-26　子程序的嵌套

a）主程序　b）一级嵌套　c）二级嵌套　d）三级嵌套　e）四级嵌套

2. 子程序的调用

（1）子程序的格式　在大多数数控系统中，子程序和主程序并无本质区别。子程序和主程序在程序号及程序内容方面基本相同，仅结束标记不同。主程序用 M02 或 M30 表示其结束，而子程序在 FANUC 系统中则用 M99 表示子程序结束，并实现自动返回主程序功能，如下述子程序。

O0401；

G01 U － 1.0 W0；

……

G28 U0 W0；

M99；

对于子程序结束指令 M99，不一定要单独书写一行，如上面子程序中最后两段可写成"G28 U0 W0 M99"。

（2）子程序在 FANUC 系统中的调用　在 FANUC 0 系列的系统中，子程序的调用可通过辅助功能指令 M98 指令进行，同时在调用格式中将子程序的程序号地址改为 P，其常用的子程序调用格式有两种：

格式一 M98 P×××× L××××；

其中，地址符 P 后面的 4 位数字为子程序号，地址 L 后面的数字表示重复调用的次数，子程序号及调用次数前的 0 可省略不写。如果只调用子程序一次，则地址 L 及其后的数字可省略。

格式二 M98 P××××××××；

地址 P 后面的 8 位数字中，前 4 位表示调用次数，后 4 位表示子程序号，采用这种调用格式时，调用次数前的 0 可以省略不写，但子程序号前的 0 不可省略。

子程序的执行过程示例如下：

在 FANUC 系统数控车床，第二种子程序调用格式使用较广

主程序：

O0402；　　　　　　　　　　　　子程序：
N10……；　　　　　　　　　　　O0100；
N20 M98 P0100；　　……
N30……；　　　　　　　　　　　M99；
　……
　……
　　　　　　　　　　　　　　　　O0200；
N60 M98 P20200；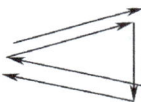　……
　……　　　　　　　　　　　　　M99；
N100 M30；

3. 子程序调用的特殊用法

（1）子程序返回到主程序中的某一程序段　如果在子程序的返回指令中加上 Pn 指令，则子程序在返回主程序时将返回到主程序中有程序段段号为"Nn"的那个程序段，而不直接返回主程序。其程序格式如下：

M99 Pn；

M99 P100；返回到 N100 程序段

（2）自动返回到程序开始段　如果在主程序中执行 M99，则程序将返回到主程序的开始程序段并继续执行主程序。也可以在主程序中插入 M99 Pn；用于返回到指定的程序段。为了能够执行后面的程序，通常在该指令前加"／"，以便在不需要返回执行时，跳过该程序段。

机床厂家的"拷机"程序常采用该指令进行编程

（3）强制改变子程序重复执行的次数　用 M99 L×× 指令可强制改变子程序重复执行的次数，其中 L 后面的两位数字表示子程序调用的次数。例如，如果主程序用 M98 P×× L99，而子程序采用 M99 L2 返回，则子程序重复执行的次数为两次。

4. 编写子程序时的注意事项

1）在编写子程序的过程中，最好采用增量坐标方式进行编程，以避免失误。

2）在刀尖圆弧半径补偿模式中的程序不能被分隔指令。

二、编程实例

例　试用子程序的编程方式编写如图 4-27 所示工件的数控车加

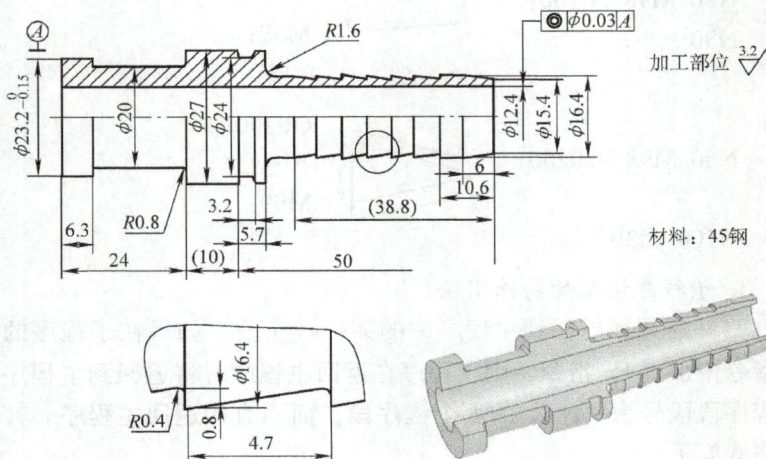

图 4-27　子程序编程实例

工程序。

课题编程与加工思路：在编写本课题的精加工程序时，由于工件轮廓有许多相类似的形状组成。因此，采用子程序方式进行编程可实现简化编程的目的。其参考程序见表4-7。

精加工该工件凹槽时，采用如图 4-28 所示专用的切槽刀具（刀宽设为 3mm）进行加工，以假想点 A 点作为刀位点，则加工第一条槽时，刀位点的 Z 向坐标 = −10.6 − 3（刀宽）= −13.6。

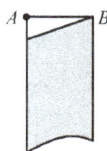

图 4-28　专用刀具

表 4-7　例题数控车床参考程序

刀具	1 号刀具，93°硬质合金外圆车刀；2 号刀具，定制切槽刀	
程序段号	FANUC 0i 系统程序	程序说明
	O0010；	主程序及外圆加工程序
N10	G98 G40 G21；	程序开始部分
N20	T0101；	
N30	G00 X100.0 Z100.0；	
N40	M03 S800；	
N50	G00 X28.0 Z2.0；；	快速定位至循环起点
N60	G71 U1.5 R0.3；	粗车外圆表面
N70	G71 P100 Q200 U0.3 W0.0 F150；	
N80	N100 G00 X15.4 S1600；	精加工开始程序段沿 X 向进刀
N90	G01 Z0.0 F60；	精加工轨迹
N100	X16.4 Z−6.0；	
N110	Z−42.7；	
N120	G02 X19.6 Z−44.3 R1.6；	
N130	N200 G01 X28.0；	
N140	G70 P100 Q200；	外圆精加工
N150	G00 X100.0 Z100.0；	定位至换刀点
N160	T0202；	换切槽刀
N170	M03 S1600；	主轴正转，1600r/min

（续）

程序 段号	FANUC 0i 系统程序	程序说明
N180	G00 X17.4 Z−13.6；	快速定位
N190	M98 P60020；	调用子程序 6 次
N200	G00 X100.0 Z100.0；	程序结束部分
N210	M30；	
N10	O0020；	切槽子程序
N20	G01 U−1.8 F100；	
N30	G02 U−0.78 W−0.47 R0.4；	子程序采用增量坐标较为合适
N40	G01 U1.58 W−4.23；	
N50	U1.0；	
N60	M99；	返回主程序

第六节　A 类宏程序编程

一、用户宏程序简介

用户宏程序是 FANUC 数控系统及类似产品中的特殊编程功能。用户宏程序的实质与子程序相似，它也是把一组实现某种功能的指令，以子程序的形式预先存储在系统存储器中，通过宏程序调用指令执行这一功能。在主程序中，只要编入相应的调用指令就能实现这些功能。

一组以子程序的形式存储并带有变量的程序称为用户宏程序，简称宏程序；调用宏程序的指令称为"用户宏程序指令"或宏程序调用指令（简称宏指令）。

宏程序与普通程序相比较，普通程序的程序字为常量，一个程序只能描述一个几何形状，所以缺乏灵活性和适用性。而在用户宏程序的本体中，可以使用变量进行编程，还可以用宏指令对这些变量进行赋值、运算等处理。通过使用宏程序能执行一些有规律变化（如非圆二次曲线轮廓）的动作。

用户宏程序分为 A、B 两类。通常情况下，FANUC 0TD 系统采用 A 类宏程序，而 FANUC 0i 系统则采用 B 类宏程序。

二、A 类宏程序

1. 变量

在常规的主程序和子程序内，总是将一个具体的数值赋给一个地址，为了使程序更加具有通用性、灵活性，故在宏程序中设置了变量。

（1）变量的表示　一个变量由符号"#"和变量序号组成，如：$\#i$（$i = 1$，2，3，…）。

（2）变量的引用　将跟随在地址符后的数值用变量来代替的过程称为引用变量。

例　G01 X#100 Y − #101 F#102；

当#100 = 100.0、#101 = 50.0、#102 = 80 时，上面这句程序即表示为 G01 X100.0 Y − 50.0 F80；

（3）变量的种类　变量分为局部变量、公共变量（全局变量）和系统变量三种。在 A、B 类宏程序中，其分类均相同。

1）局部变量。局部变量（#1 ~ #33）是在宏程序中局部使用的变量。当宏程序 1 调用宏程序 2 而且都有变量#1 时，由于变量#1 服务于不同的局部，所以 1 中的#1 与 2 中的#1 不是同一个变量，因此可以赋于不同的值，且互不影响。

2）公共变量。公共变量（#100 ~ #149、#500 ~ #549）贯穿于整个程序过程。同样，当宏程序 1 调用宏程序 2 而且都有变量#100 时，由于#100 是全局变量，所以 1 中的#100 与 2 中的#100 是同一个变量。

3）系统变量。系统变量是指有固定用途的变量，它的值决定系统的状态。系统变量包括刀具偏置值变量、接口输入与接口输出信号变量及位置信号变量等。

2. 用户宏程序的格式及调用

（1）宏程序格式　用户宏程序与子程序相似。以程序号 O 及后面的 4 位数字组成，以 M99 指令作为结束标记。

> 比较一下主程序、子程序和宏程序的格式

O0060

G65 H01 P#100 Q100；将值 100 赋给#100

G00 X#100 Y…；

……

M99；宏程序结束

（2）宏程序的调用　宏程序的调用有两种形式：一种与子程序调用方法相同，即用 M98 进行调用。另一种用指令 G65 进行调用，如：

G65 P0070 L5 X100.0 Y100.0 Z－30.0；

> 此处的 X、Y、Z 并不代表坐标功能字

其中，G65 为调用宏程序指令，该指令必须写在句首；P0070 表示宏程序的程序号为 O0070；L5 表示调用次数为 5；X100.0 Y100.0 Z－30.0 变量引数，引数为有小数点的正、负数。

3. 宏程序的运算和转移指令（表4-8）

表4-8　宏程序的运算和转移指令

指　令	H 码	功　能	定　义
G65	H01	定义、替换	$\#i = \#j$
G65	H02	加	$\#i = \#j + \#k$
G65	H03	减	$\#i = \#j - \#k$
G65	H04	乘	$\#i = \#j \times \#k$
G65	H05	除	$\#i = \#j \div \#k$
G65	H11	逻辑或	$\#i = \#j$ OR $\#k$
G65	H12	逻辑与	$\#i = \#j$ AND $\#k$
G65	H13	异或	$\#i = \#j$ XOR $\#k$

（续）

指　令	H 码	功　能	定　义
G65	H21	平方根	$\#i = \sqrt{\#j}$
G65	H22	绝对值	$\#i = |\#j|$
G65	H23	求余	$\#i = \#j - \mathrm{trunc}\ (\#j \div \#k)\ \times \#k$
G65	H24	十进制码变为二进制码	$\#i = \mathrm{BIN}\ (\#j)$
G65	H25	二进制码变为十进制码	$\#i = \mathrm{BCD}\ (\#j)$
G65	H26	复合乘/除	$\#i = (\#i \times \#j) \div \#k$
G65	H27	复合平方根 1	$\#i = \sqrt{\#j^2 + \#k^2}$
G65	H28	复合平方根 2	$\#i = \sqrt{\#j^2 - \#k^2}$
G65	H31	正弦	$\#i = \#j \times \sin\ (\#k)$
G65	H32	余弦	$\#i = \#j \times \cos\ (\#k)$
G65	H33	正切	$\#i = \#j \times \tan\ (\#k)$
G65	H34	反正切	$\#i = \arctan\ (\#j/\#k)$
G65	H80	无条件转移	GOTO n
G65	H81	条件转移 1（EQ）	IF $\#j = \#k$，GOTO n
G65	H82	条件转移 2（NE）	IF $\#j \neq \#k$，GOTO n
G65	H83	条件转移 3（GT）	IF $\#j > \#k$，GOTO n
G65	H84	条件转移 4（LT）	IF $\#j < \#k$，GOTO n
G65	H85	条件转移 5（GE）	IF $\#j \geq \#k$，GOTO n
G65	H86	条件转移 6（LE）	IF $\#j \leq \#k$，GOTO n
G65	H99	产生 P/S 报警	P/S 报警号 500 + n 出现

167

（1）宏程序的运算指令　宏程序的运算指令通过 G65 的不同表达形式实现，其指令的一般形式为：

G65 H(m) P(#i) Q(#j) R(#k)；

其中，m 可以是 01～99 中的任何一个整数，表示运算指令或转移指令的功能；#i 表示存放运算结果的变量；#j 为需要运算的变量 1；也可以是常数，常数可以直接表示，不带"#"；#k 为需要运算的变量 2；也可以是常数，常数可以直接表示，不带"#"；

指令所代表的意义为：#i = #j⊕#k；⊕代表运算符号，它由 H(m) 指定。

例 1　G65 H02 P#100 Q#101 R #102 ；表示 #100 = #101 + #102

　　　　G65 H03 P #100 Q #101 R15；表示 #100 = #101 − 15

　　　　G65 H04 P #100 Q − 100 R #102；表示 #100 = − 100 × #102

　　　　G65 H05 P#100 Q − 100 R #102；表示 #100 = − 100 ÷ #102

变量值是不含小数点的数值，它以系统的最小输入单位为其值的单位。例如，当#100 = 10 时，X # 100 代表 0.01mm。当运算结果出现小数点后的数值时，其值将被舍去。另外，用 G65 指定的 H 代码，对选择刀具长度补偿的偏置号没有任何影响。

例 2　若#100 =37，#101 =10 执行如下指令，其运算结果如下：

　　　　#110 = #100 ÷ #101；结果为 3；小数点后的数值被舍去。

在使用宏程序运算指令中，当变量以角度形式指定时，其单位是 0.001°。在各运算中，当必要的 Q、R 没有指定时，系统自动将其值作为"0"参加运算。而且运算、转移指令中的 H、P、Q、R 都必须写在 G65 之后，因此在 G65 以前的地址符只能有 O、N。

（2）宏程序的转移指令　宏程序的转移指令与运算指令相似，即通过指令 G65 的不同表达形式实现。A 类宏程序的转移指令格式见表 4-8，分为无条件转移和条件转移两类。

1）无条件转移指令。指令格式：

G65 H80 Pn；　　　　　　　"n"为目标程序段号

例　G65 H80 P120；执行该程序段时，将无条件转移到 N120 程序段

2）条件转移指令。指令格式：G65 H8 − Pn Q#J R#k；H81 ~ H86

例　G65 H83 P1000 Q#201 R#202；当#201 > #202 时，转移到 N1000 程序段，当#201 ≤#202 时，程序继续执行。

4. A 类宏程序编程示例

例　试用 A 类宏程序编写如图 4-29 所示的椭圆加工的数控车床加工程序。

> 宏程序编程时，最主要的编程思路

课题分析：本例以 Z 为自变量，每次增量为 − 0.1mm。X 为应变量（注意公式中的 X 为半径量），直径量 $X = 2\sqrt{-16Z} = \sqrt{-64Z}$。编

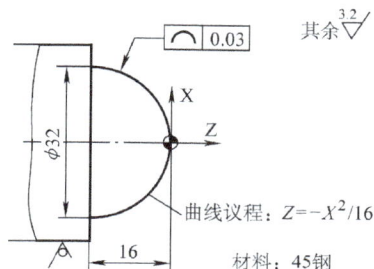

图 4-29 A 类宏程序编程示例

写该工件宏程序时，使用以下变量进行操作运算。

#101：曲线上各点的 Z 坐标。

#102：曲线上各点的 X 坐标。

曲线精加工程序如下：

O0501；	主程序
……	程序开始部分
G00 X0.0 Z2.0；	宏程序起点
G65 H01 P#101 Q0；	**Z 坐标赋初值**
G65 H01 P#102 Q0；	**X 坐标赋初值**
N100 G01 X#102 Z#101 F100；	
G65 H03 P#101 Q#101 R100；	Z 坐标每次减 0.1mm
G65 H04 P#100 Q#101 R-64000；	**注意 R 值为 64000，而不能用 64**
G65 H21 P#102 Q#100；	X 坐标值
G65 H86 P100 Q#102 R32000；	如果 X 坐标小于 32mm，则返回 N100
G01 X42.0；	
G00 X100.0 Z100.0；	
M30；	

A 类宏程序中，当进行乘、除运算时，应注意算式中各因子的数值单位

三、编程实例

例 试用 A 类宏程序的编程方法编写如图 4-30 所示的椭圆手柄的数控车床精加工程序。

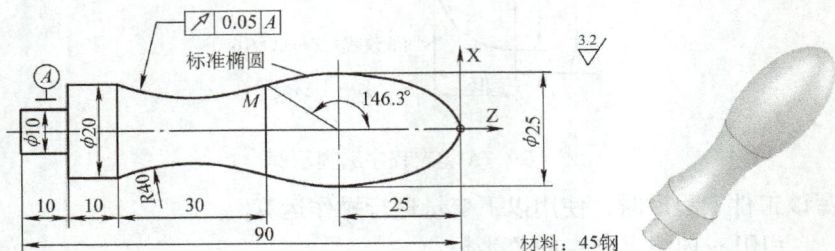

图 4-30 A 类宏程序编程实例

课题编程与加工思路：本课题的轮廓表面为非圆曲线，无法采用常规的直线和圆弧指令进行编程。因此，本课题引入宏程序编程的方式进行曲线拟合编程。其加工程序见表 4-9。

1. 编程说明

如图 4-30 所示，该椭圆的方程为 $X^2/12.5^2 + (Z+25)^2/25^2 = 1$；该椭圆方程的另一种表达式为 "$X = 12.5\sin\alpha$，$Z = 25\cos\alpha - 25$"，椭圆上各点坐标分别是（$12.5\sin\alpha$，$25\cos\alpha - 25$），坐标值随角度的变化而变化，"$\alpha$" 是自变量，每次角度增量为 $0.1°$，而坐标 "X" 和 "Z" 是应变量。

> 用极坐标编写该椭圆时，应注意 M 点处的极角不等于图样上已知的平面角 146.3°，需经换算后得到该点的极角为 126.86°

本课题编程时使用以下变量进行运算（过渡用变量略）：

#100：椭圆 X 向半轴 A 的长度。

#101：椭圆 Z 向半轴 B 的长度。

#102：椭圆上各点对应的角度 α。

#103：$A\sin\alpha$。

#104：$B\cos\alpha$。

#105：椭圆上各点在编程坐标系中的 X 坐标。

#106：椭圆上各点在编程坐标系中的 Z 坐标。

2. 参考程序（表4-9）

表4-9 数控车床参考程序

刀 具	1号刀具：93°硬质合金外圆车刀	
程序段号	FANUC 0i 系统程序	程序说明
	O0400；	主程序
N10	G98 G40 G21 F100；	程序开始部分
N20	T0101；	换菱形刀片外圆车刀，选精加工转速
N30	M03 S1200；	
N40	G00 X0.0 Z5.0；	宏程序起点
N50	M98 P402；	调用精加工宏程序
N60	G02 X20.0 Z−70.0 R40.0；	加工圆弧
N70	G01 Z−85.0；	
N80	G00 X100.0 Z100.0；	程序结束
N90	M30；	
	O0402	椭圆精加工宏程序
N10	G65 H01 P#100 Q12500；	短半轴 A 赋初值，$A = 12.5$mm
N20	G65 H01 P#101 Q25000；	长半轴 B 赋初值，$B = 25$mm
N30	G65 H01 P#102 Q0；	角度 α 赋初值，$\alpha = 0°$
N40	G65 H31 P#103 Q#100 R#102	$\#103 = \#100\sin\,[\,\#102\,]$
N50	G65 H32 P#104 Q#101 R#102	$\#104 = \#101\cos\,[\,\#102\,]$
N60	G65 H04 P#105 Q#103 R2；	X 坐标变量，$\#105 = 2\#103$
N70	G65 H03 P#106 Q#104 R25000；	Z 坐标变量，$\#106 = \#104 - 25.0$
N80	G01 X#105 Z#106 F100；	直线轨迹拟合
N90	G65 H02 P#102 Q#102 R100；	角度增量为 0.1°
N100	G65 H86 P40 Q#102 R126860；	条件判断，极角 $\alpha \leqslant 126.86°$
N110	M99；	返回主程序

第七节　B类宏程序编程

一、B类宏程序

在 FANUC 0MD 等老型号的系统面板上没有"＋"、"－"、"＊"、"／"、"＝"、"［　］"等符号，故不能进行这些符号输入，也不能用这些符号进行赋值及数学运算。所以，在这类系统中只能按A类宏程序进行编程。而在 FANUC 0i 及其后（如 FANUC 18i 等）的系统中，则可以输入这些符号，并运用这些符号进行赋值及数学运算，即按B类宏程序进行编程。

1. 变量

B类宏程序的变量与A类宏程序的变量基本相似，主要区别有以下几个方面。

（1）变量的表示　B类宏程序除可采用A类宏程序的变量表示方法外，还可以用表达式进行表示，但其表达式必须全部写入方括号"［　］"中。程序中的圆括号"（　）"仅用于注释。

例　# ［#1 ＋#2 ＋10］

当#1＝10，#2＝100时，该变量表示#120。

（2）变量的引用　引用变量也可以采用表达式。

例　G01 X［#100－30.0］Y－#101 F［#101＋#103］

当#100＝100.0、#101＝50.0、#103＝80.0时，上面语句即表示为G01 X70.0 Y－50.0 F130。

2. 变量的赋值

（1）直接赋值　变量可以在操作面板上用 MDI 方式直接赋值，也可在程序中以等式方式赋值，但等号左边不能用表达式。

例　#100＝100.0；

　　#100＝30.0＋20.0；

（2）引数赋值　宏程序以子程序方式出现，所用的变量可在宏程序调用时赋值。

例　G65 P1000 X100.0 Y30.0 Z20.0 F100.0；

该处的 X、Y、Z 不代表坐标字，F 也不代表进给字，而是对应于宏程序中的变量号，变量的具体数值由引数后的数值决定。引数宏程序体中的变量对应关系有两种（见表 4-10 及表 4-11），这两种方法可以混用，其中 G、L、N、O、P 不能作为引数代替变量赋值。

表 4-10 变量引数赋值方法 I

引 数	变 量	引 数	变 量	引 数	变 量	引 数	变 量
A	#1	I_3	#10	I_6	#19	I_9	#28
B	#2	J_3	#11	J_6	#20	J_9	#29
C	#3	K_3	#12	K_6	#21	K_9	#30
I_1	#4	I_4	#13	I_7	#22	I_{10}	#31
J_1	#5	J_4	#14	J_7	#23	J_{10}	#32
K_1	#6	K_4	#15	K_7	#24	K_{10}	#33
I_2	#7	I_5	#16	I_8	#25		
J_2	#8	J_5	#17	J_8	#26		
K_2	#9	K_5	#18	K_8	#27		

表 4-11 变量引数赋值方法 II

引 数	变 量	引 数	变 量	引 数	变 量	引 数	变 量
A	#1	H	#11	R	#18	X	#24
B	#2	I	#4	S	#19	Y	#25
C	#3	J	#5	T	#20	Z	#26
D	#7	K	#6	U	#21		
E	#8	M	#13	V	#22		
F	#9	Q	#17	W	#23		

例 1 变量引数赋值方法 I

G65 P0030 A50.0 I40.0 J100.0 K0 I20.0 J10.0 K40.0；

经赋值后#1 = 50.0，#4 = 40.0，#5 = 100.0，#6 = 0，#7 = 20.0，#8 = 10.0，#9 = 40.0。

程序中第一次出现的"I"为I_1，第二次出现的"I"为I_2，依次类推

173

例 2 变量引数赋值方法 II

G65 P0020 A50.0 X40.0 F100.0；

经赋值后#1 = 50.0，#24 = 40.0，#9 = 100.0。

例 3 变量引数赋值方法 I 和 II 混合使用

G65 P0030 A50.0 D40.0 I100.0 K0 I20.0；

经赋值后，I20.0 与 D40.0 同时分配给变量#7，则后一个#7 有效，所以变量#7 = 20.0，其余同上。

实例 采用变量赋值后，图 4-30 实例的 A 类精加工宏程序可改成如下形式：

O0503；主程序

……

G65 P0504 A12.5 B25.0 C0.0 D126.86 F100.0；赋值后，X 向半轴长#1 = 12.5，Z 向半轴长#2 = 25.0，角度起始角#3 = 0.0，角度终止角#7 = 126.86，进给速度#9 = 100.0

……

O504；   精加工宏程序

N1000 #4 = #1 ∗ SIN [#3]；

> 注意 B 类宏程序中运算指令的书写格式以及方括号 "[ ]" 的运用

#5 = #2 ∗ COS [#3]；

#6 = #4 ∗ 2；

#8 = #5 − #2；

G01 X#6 Z#8 F#9；

#3 = #3 + 0.01；

IF [#3LE#7] GOTO 1000；

M99；

3. 运算指令

B 类宏程序的运算指令与 A 类宏程序的运算指令有很大的区别，它的运算类似于数学运算，仍用各种数学符号来表示。常用运算指令见表 4-12。

表 4-12　B 类宏程序变量的各种运算

功　能	格　式	备注与示例
定义、转换	#i = #j	#100 = #1，#100 = 30.0
加法	#i = #j + #k	#100 = #1 + #2
减法	#i = #j − #k	#100 = 100.0 − #2
乘法	#i = #j * #k	#100 = #1 * #2
除法	#i = #j/#k	#100 = #1/30
正弦	#i = SIN［#j］	#100 = SIN［#1］
反正弦	#i = ASIN［#j］	#100 = COS［36.3 + #2］
余弦	#i = COS［#j］	#100 = ATAN［#1］／［#2］
反余弦	#i = ACOS［#j］	
正切	#i = TAN［#j］	
反正切	#i = ATAN［#j］／［#k］	
平方根	#i = SQRT［#j］	#100 = SQRT［#1 * #1 − 100］
绝对值	#i = ABS［#j］	#100 = EXP［#1］
舍入	#i = ROUND［#j］	
上取整	#i = FIX［#j］	
下取整	#i = FUP［#j］	
自然对数	#i = LN［#j］	
指数函数	#i = EXP［#j］	
或	#i = #j OR #k	
异或	#i = #j XOR #k	逻辑运算一位一位地按二进制执行
与	#i = #j AND #k	
BCD 转 BIN	#i = BIN［#j］	用于与 PMC 的信号交换
BIN 转 BCD	#i = BCD［#j］	

175

1）函数 SIN、COS 等的角度单位是°，′和 ″要换算成°。如 90°30′应表示为 90.5°，30°18′应表示为 30.3°。

2）宏程序数学计算的次序依次为：函数运算（SIN、COS、ATAN 等），乘和除运算（ * 、／、AND 等），加和减运算（ + 、 − 、OR、XOR 等）。

例 #1 = #2 + #3 * SIN［#4］;

运算次序为：函数 SIN［#4］→乘和除运算 #3 * SIN［#4］→加和减运算 #2 + #3 * SIN［#4］。

3）函数中的括号 括号用于改变运算次序，函数中的括号允许嵌套使用，但最多只允许嵌套5层。

例 #1 = SIN［［［#2 + #3］* 4 + #5］／#6］

4）宏程序中的上、下取整运算 CNC 处理数值运算时，若操作产生的整数大于原数时为上取整，反之则为下取整。

例 设#1 = 1.2，#2 = -1.2

执行#3 = FUP［#1］时，2.0 赋给#3

执行#3 = FIX［#1］时，1.0 赋给#3

执行#3 = FUP［#2］时，-2.0 赋给#3

执行#3 = FIX［#2］时，-1.0 赋给#3

4. 控制指令

控制指令起到控制程序流向的作用。

（1）分支语句

格式一 GOTO n;

例 GOTO 1000

该例为无条件转移。当执行该程序段时，将无条件转移到 N1000 程序段执行。

格式二 IF［条件表达式］GOTO n;

例 IF［#1GT#100］GOTO 1000

该例为有条件转移语句。如果条件成立，则转移到 N1000 程序段执行；如果条件不成立，则执行下一程序段。条件表达式的种类见表4-13。

表4-13 B类宏程序条件表达式的种类

条 件	意 义	示 例
#i EQ #j	等于（=）	IF［#5EQ#6］GOTO100
#i NE #j	不等于（≠）	IF［#5NE100］GOTO100
#i GT #j	大于（>）	IF［#5GT#6］GOTO100

（续）

条　件	意　义	示　例
#i GE #j	大于等于（≥）	IF［#5GE100］GOTO100
#i LT #j	小于（<）	IF［#5LT#6］GOTO100
#i LE #j	小于等于（≤）	IF［#5LE100］GOTO100

> 注意条件判断中条件的表示方法

（2）循环指令　循环指令格式为：

WHILE［条件表达式］DO m（m=1、2、3…）；

……

END m；

当条件满足时，就循环执行 WHILE 与 END 之间的程序段 m 次；当条件不满足时，就执行 END m 的下一个程序段。

5. B 类宏程序编程示例

例　试用 B 类宏程序编写如图 4-31 所示的玩具喇叭凸模曲线的精加工程序。

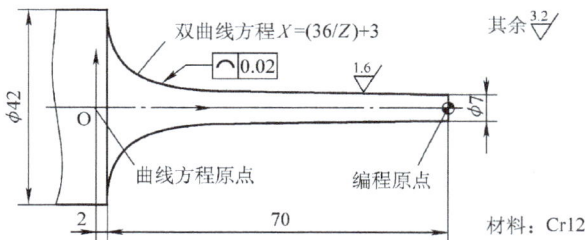

图 4-31　B 类宏程序编程示例

实例分析：本例的精加工采用 B 类宏程序编程，以 Z 值为自变量，每次变化 0.1mm，X 值为应变量，通过变量运算计算出相应的 X 值。编程时使用以下变量进行运算：

> 宏程序编程时，首先要找出各点 X 坐标和 Z 坐标之间的对应关系

#101 为方程中的 Z 坐标（起点 Z = 72）；

#102 为方程中的 X 坐标（起点半径值 X = 3.5）；

#103 为工件坐标系中的 Z 坐标，#103 = #101 − 72.0；

#104 为工件坐标系中的 X 坐标，#104 = R2 * 2；

精加工程序如下：

```
O420
    ......
    G00   X9.0   Z2.0；                宏程序起点
    #101 = 72.0；
    #102 = 3.5；
N100 #103 = #101 − 72.0；              跳转目标程序段
    #104 = #102 * 2；
    G01   X#104  Z#103；
    #101 = #101 − 0.1；               Z 坐标每次增量 − 0.1mm
    #102 = 36/#101 + 3；              变量运算出 X 坐标
    IF［#101 GE 2.0］   GOTO100；      有条件跳转
    G28   U0   W0；
    M30；
```

二、编程实例

例 试用 B 类宏程序编写图 4-32 所示绕线筒曲线轮廓的数控车床加工程序。

本例编程与加工思路：本课题的精加工轮廓采用 B 类宏程序编程。由于宏程序编程中不能使用复合固定循环。因此，本课题粗加工时，采用坐标平移指令（G52）编写出类似于仿形车复合循环 G73 指令的加工程序。其加工程序见表 4-14。

1. **实例分析**

该正弦曲线由两个周期组成，总角度为 720°（− 630° ~ 90°）。将沿 Z 轴方向将该曲线分成 1000 条线段，每段直线在 Z 轴方向的间距为 0.04mm，对应其正弦曲线的角度增加 720°/1000。根据公式，计算出曲线上每一线段终点的 X 坐标值，X = 34 + 6sinα。

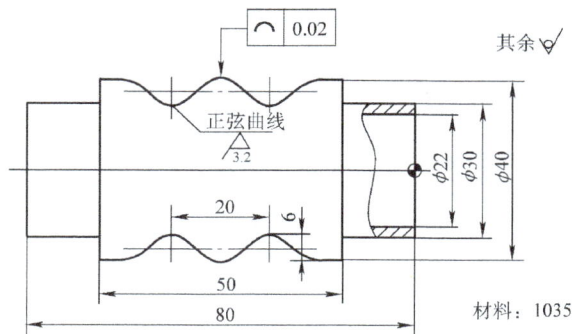

其余 ▽

材料：1035

图 4-32　应用 B 类宏程序的示例件

工件粗加工时，采用局部坐标进行编程，编程时使用以下变量进行运算：

#100 为局部坐标系中的 X 坐标变量；

#101 为正弦曲线角度变量；

#102 为正弦曲线各点 X 坐标；

#103 为正弦曲线各点 Z 坐标。

2. 参考程序（见表 4-14）

表 4-14　数控车床参考程序

刀　　具	1 号刀具：35°菱形车刀	
程序段号	FANUC 0i 系统程序	程序说明
	O0400；	主程序
N10	G98 G40 G21 F200；	程序开始部分
N20	T0101；	
N30	M03 S800；	
N40	G00 X42.0 Z−13.0；	宏程序起点
N50	#100 = 10.0；	局部坐标系 X 赋初值
N60	N200 G52 X#100 Z0；	局部坐标系
N70	M98 P420；	调用宏程序
N80	#100 = #100 − 2.0；	径向每次切深2mm

（续）

刀　　具	1 号刀具：35°菱形车刀	
程序 段号	FANUC 0i 系统程序	程序说明
N90	IF［#100 GE 0］GOTO 200；	条件判断
N100	G00 X100.0 Z100.0；	程序结束
N110	M30；	
	O 0402	曲线加工宏程序
N10	G01 X40.0 Z－15.0；	加工与曲线相连的直线段
N20	Z－20.0；	
N30	#101＝90.0；	正弦曲线角度赋初值
N40	#103＝－20.0；	曲线 Z 坐标赋初值
N50	N300#102＝34＋6＊SIN［#101］；	曲线 X 坐标
N60	G01 X#102 Z#103 F100；	直线段拟合曲线
N70	#101＝#101－0.72；	角度增量为－0.72°
N80	#103＝#103－0.04；	Z 坐标增量为－0.04mm
N90	IF［#101 GE －630.0］GOTO 300；	条件判断
N100	G01 X40.0 Z－67.0；	加工与曲线相连的线段并退刀
N110	X42.0；	
N120	G00 Z－13.0；	
N130	M99；	返回主程序

第八节　车铣中心编程简介

一、极坐标插补

极坐标插补功能是将轮廓控制由直角坐标系中编程的指令转换成一个直线轴运动（刀具的运动）和一个回转轴运动（工件的回转）。这种方法常用于在车床上铣削端面。

1. 指令格式

G112 或 G12.1；启动极坐标插补方式（即极坐标插补有效）

G113 或 G13.1；极坐标插补方式取消

2. 指令说明

当启动极坐标指令后，坐标轴由直线轴、回转轴和虚拟轴组成。程序指令仍采用直角坐标系指令。

如图 4-33 所示，切削平面（XY 平面）第一轴为 X 轴，该值为直径值，坐标单位为 mm。第二坐标轴为虚拟轴，也采用回转轴的地址 "C" 表示，该值为半径值，坐标单位为 mm。回转轴的地址与所选择的平面无关，均设为 C 轴，坐标单位为度（°）。

> 注意此处的极坐标与数学意义上的极坐标的区别

3. 极坐标插补编程注意事项

1）必须在极坐标指令中指定刀具半径补偿指令。

2）在极坐标插补执行过程中不能进行程序的再启动。

3）用于极坐标插补的坐标系，必须在极坐标插补前指定，在极坐标插补过程中的坐标系不能改变，即不能指定 G54、G92、G52、G53 等坐标系设定指令。

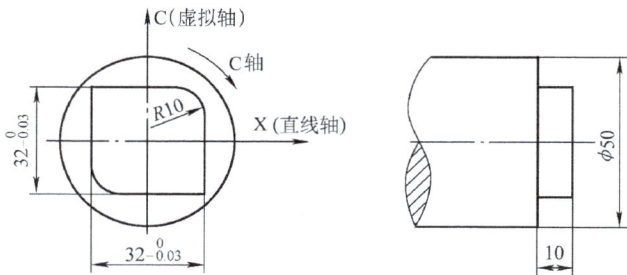

图 4-33　极坐标插补

4. 极坐标插补编程举例

例　用极坐标指令编写图 4-33 所示工件的车削加工中心程序

（06 号刀为 φ16mm 的立铣刀）。

O00001；

G98　G40　G21　G97；

T0606；

S1500　M53；　　　　此处的"S1500"是指动力头的转速

G00　X80.0　C0；　　　　　　第一轴用直径值表示

　　Z－10.0；

G17　G112；　　　　　　　极坐标插补有效

G42　G01　X32.0　D06　F100；极坐标指令中指定刀具半径补
　　　　　　　　　　　偿指令

　　C6.0；

G03　X12.0　C16.0　R10.0；

G01　X－32.0；　　　　此处的"C__"是虚拟轴坐标，单位为mm

　　C－6.0；

G03　X－12.0　C－16.0　R10.0；

G01　X32.0；

　　C0；

G40　X80.0；

G113；　　　　　　　　取消刀具半径补偿后再取消极
　　　　　　　　　　坐标

G00　Z30.0；

M30；

二、圆柱插补

圆柱插补指令主要用于加工圆柱凸轮槽。加工时，系统将回转轴的移动量在内部转换成沿外圆表面的直线轴的距离，以便能同其他轴一起完成直线插补或圆弧插补。在插补完成后，这一距离又转换成回转轴的移动量。因此，圆柱插补功能可以用圆柱体的展开面编程。

1. 指令格式

G107　IPr；　　　　　启动圆柱插补方式

……　　　　　　　　　轮廓描述

G107　IP0；　　　　　　圆柱插补方式取消

2. 指令说明

IP 为回转轴地址，通常情况下，该地址为"C"。

r 为圆柱体的半径。

例　G107 C50.0 表示启动圆柱插补方式，回转轴为 C 轴，圆柱体半径为 50.0mm。

圆柱插补中的直线指令及圆弧指令的指令格式如下：

G01　Z ___ C ___；　　　　　　直线插补指令

G02/G03　Z ___ C ___ R ___；　圆弧插补指令

3. 圆柱插补注意事项

1）在圆柱插补方式中，圆弧半径不能用地址 I、J 和 K 指定，而必须用 R 指定。

2）刀具补偿只能在圆柱插补方式内指定，而不能在圆柱插补方式外指定。

3）圆柱插补方式中不能指定坐标系设定指令。

4）圆柱插补方式中不能在指定快速移动定位方式，也不能指定孔加工固定循环。

4. 编程实例

例　如图 4-34 所示凸轮（圆柱体半径为 60mm，槽深 5mm，凸轮轴总长为 150mm，其展开图如图 4-34b 所示），试编写其车铣复合加工程序。

O0002；

G98　G40　G21　G97；　　　　程序初始化

T0101；

G00　Z - 40.0　C0；　　　　　快速点定位

G01　G18　W0　H0；

G107　C55000；　　　　　　启动圆柱插补，圆柱半径为
　　　　　　　　　　　　　　55mm

G01　G42　Z - 30.0　D01　F150.0；圆柱插补内启动刀具半径补偿
C30.0；

```
G02   Z－50.0   C60.0   R20.0；          旋转轴与移动轴联动插补
G01   Z－80.0；
G03   Z－90.0   C70.0   R10.0；
G01   C150.0；
G03   Z－80.0   C190.0   R75.0；
G01   Z－40.0   C230.0；
G02   Z－30.0   C270.0   R75.0；
G01   C360.0；
G40   Z－40.0；              圆柱插补内取消刀具半径补偿
G107  C0；                  取消圆柱插补
M30；
```

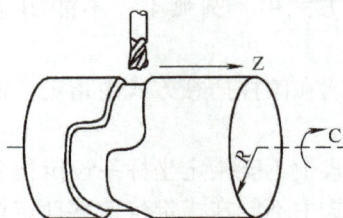

a)

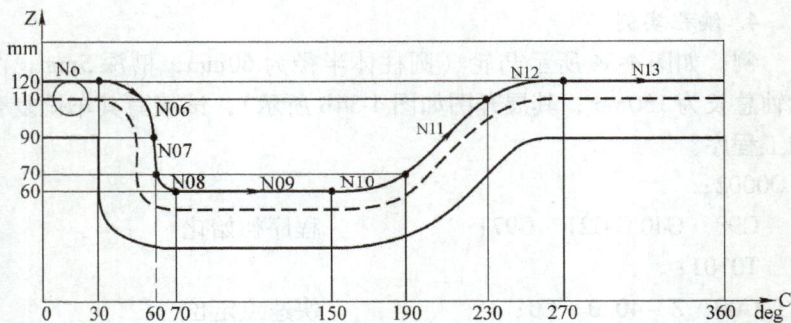

b)

图 4-34 圆柱凸轮槽

三、B 功能指令及 M 功能指令

1. M 功能指令

除了以前介绍的数控车床系统所采用的 M 功能指令外，车铣中心还须具有用于铣刀头用的 M 代码。但由于数控系统不同，所采用的 M 代码也不一定相同，编程时，应以系统说明书为准。常用于动力刀具转动的 M 代码如下：

M53：指令动力刀具正转并打开切削液。

M54：指令动力刀具反转并打开切削液。

M55：指令动力刀具停转并关闭切削液。

2. B 功能指令

B 功能指令由地址 B 及其后的 8 位数字组成，常用于分度功能。B 功能指令后的数字可带小数点，也可不带小数点。当带有小数点时，单位为度。不带小数点的单位为 0.001°。

例　B180.0 表示分度 180°。

3. 编程示例

如图 4-35 所示工件的两键槽，采用 ϕ10mm 的键槽铣刀进行加工，试编写其加工程序。

```
O0003；
……；
B0；
G00　Z-25.0　X55.0　S600　M53；
G01　X40.0 F50；
　　　Z-45.0；
G00　X55.0；
　　　Z-25.0；
B180.0；
G01　X40.0　F50；
　　　Z-45.0；
G00　X55.0；
……
```

四、编程实例

例 试编写如图 4-35 所示工件的车削中工中心程序。

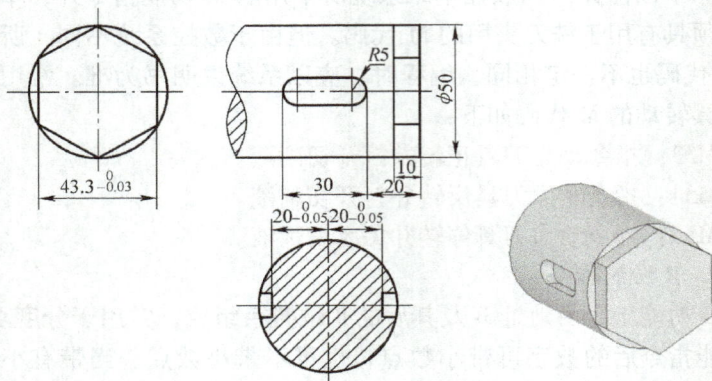

图 4-35 车铣中心加工实例

（1）本例编程与加工思路 本例在轴类零件工件端面加工正六边形外形，并在轴类零件的侧面加工出键槽。对于这类零件，采用车铣中心进行加工较为合适。

（2）车削中心的特点 车削中心除了具有前面介绍的车削功能外，还具有铣削功能。因此，车削中心刀架上应具有动力头，能完成铣削功能；其次，车削中心除了具有 X 轴和 Z 轴外，必须具有第三轴 C 轴，有的还有第四轴 Y 轴。

表 4-15 车铣中心加工实例参考程序

刀 具	6 号刀具，φ16mm 立铣刀	
程序段号	FANUC 0i 系统程序	程序说明
	O0010；	程序号
N10	G98 G40 G21 G97；	程序初始化
N20	T0606；	换立铣刀
N30	S1500 M53；	动力头正转
N40	G00 X80.0 C0；	刀具快速点定位

（续）

程序段号	FANUC 0i 系统程序	程序说明
N50	Z – 10.0；	快速定位至循环起点
N60	G17　G112；	极坐标插补有效
N70	G42　G01　X43.3 D06　F100；	刀具半径补偿指令
N80	C12.5；	虚拟轴坐标为 12.5mm
N90	X0　C25.0；	轮廓描述
N100	X – 43.0　C12.5；	
N110	C – 12.5；	
N120	X0　C – 25；	
N130	X43.3　C – 12.5；	
N140	C0；	
N150	G40　X80.0；	取消刀具半径补偿
N160	G113；	取削极坐标
N170	G00　Z30.0；	刀具退出，程序结束
N180	M30；	

注：两键槽加工程序见上例

第九节　FANUC 0i 系统的操作

在 FANUC 系统中，因其系列、型号、规格各有不同，在使用功能、操作方法和面板设置上，也不尽相同。本节以 FANUC 0i-TA 为例进行叙述。FANUC 0i-TA 系统的机床总面板如图 4-36 所示。为了便于读者使用，本书中将面板上的按钮分成以下三组。

（1）机床控制面板上的按钮　用加""的字母或文字表示，如"JOG"等。

（2）系统操作面板上的 MDI 功能键　用加⬜的字母或文字表示，如 POS 等。

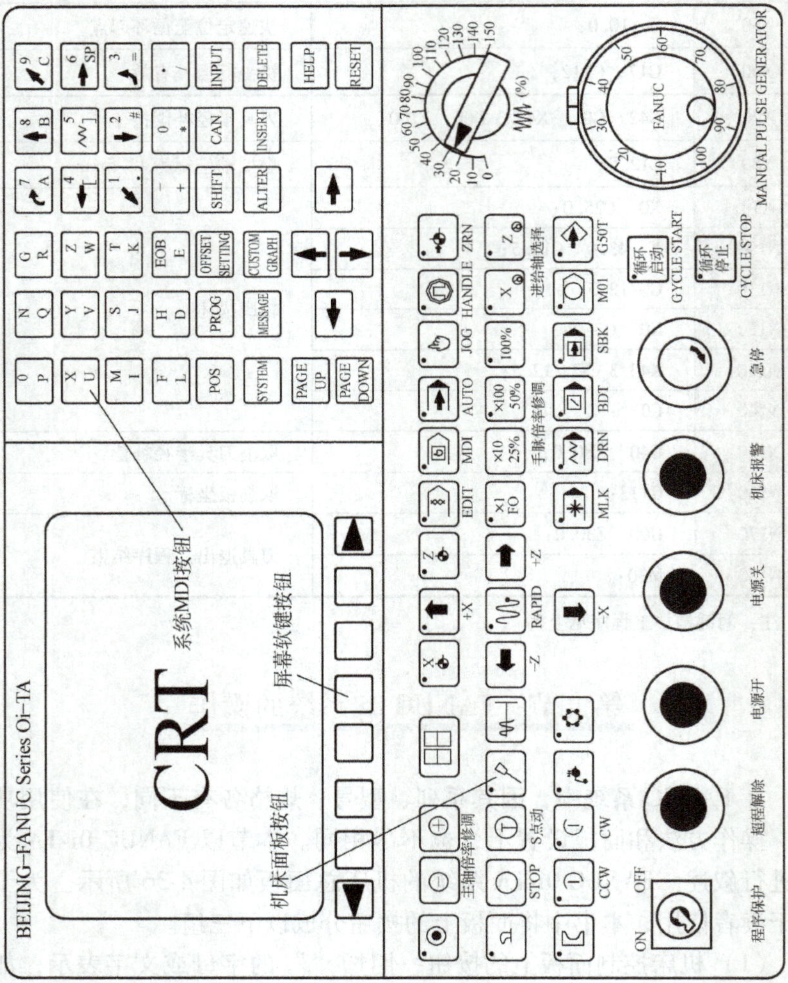

188

图4-36 FANUC 0i-TA数控系统面板图

（3）CRT 屏幕相对应的软键 用加［ ］的文字表示，如［N SRH］等。

一、FANUC 0i 数控系统控制面板按钮及功能介绍

1. 机床控制面板功能介绍（见表4-16）

表4-16　FANUC 0i-TA 机床控制面板功能介绍

名　　称	功能键图	功　　能
机床总电源开关	OFF ON	机床总电源开关一般位于机床的背面。置于"ON"时为主电源开
系统电源开关	电源开　电源关	按下按钮"电源开"，向机床润滑、冷却等机械部分及数控系统供电
紧急停止与机床报警	机床报警　急停	当出现紧急情况而按下急停按钮时，在屏幕上出现"EMG"字样，机床报警指示灯亮
超程解除	超程解除	当机床出现超程报警时，按住"超程解除"按钮不要松开，可使超程轴的限位挡块松开，然后用手摇脉冲发生器反向移动该轴，从而解除超程报警
模式选择按钮	EDIT MDI AUTO JOG HANDLE ZRN	"EDIT"模式：程序的输入及编辑操作 "MDI"模式：手动数据（如参数）输入的操作 "AUTO"模式：自动运行加工操作 "JOG"模式：手动切削进给或手动快速进给 "HANDLE"模式：手摇进给操作 "ZRN"模式：回参考点操作 注：以上模式按钮为单选按钮，只能选择其中的一个

189

（续）

名　称	功能键图	功　能
"AUTO"模式下的按钮	MLK　DRN　BDT SBK　M01	MLK：机床锁住。用于检查程序编制的正确性，该模式下刀具在自动运行过程中的移动功能将被限制 DRN：空运行。用于检查刀具运行轨迹的正确性，该模式下自动运行过程中的刀具进给始终为快速进给 BDT：程序段跳跃。当该按钮按下时，程序段前加"/"符号的程序段将被跳过执行 SBK：单段运行。该模式下，每按一次循环启动按钮，机床将执行一段程序后暂停 OPT STOP：选择停止。该模式下，指令 M01 的功能与指令 M00 的功能相同
"JOG"进给及其进给方向	+X –Z　RAPID　+Z –X	"JOG"模式下，按下指定轴的方向键不松开，即可指定刀具沿指定的方向进行手动连续慢速进给。进给速率可通过进给速度倍率旋钮进行调节 按住指定轴的方向键不松开，同时按下中间位置的快速移动按钮"RAPID"，即可实现自动快速进给
"HANDLE"操作及其进给方向	X　Z ×1 F0　×10 25% ×100 50%　100%	选择手摇操作的进给轴 "×1"、"×10"和"×100"为手摇操作模式下的三种不同增量步长，而"F0"、"F25"、"F50"和"F25"为四种不同的快速进给倍率
回参考点指示灯	X　Z	当相应轴返回参考点后，对应轴的返回参考点指示灯变亮
冷却润滑		按下"间隙润滑"后，将立即对机床进行间隙性润滑 按下"手动冷却"按钮后，执行冷却液"开"功能

（续）

名　称	功能键图	功　能
主轴功能	CCW　CW　STOP S点动　主轴倍率修调	"CW"：主轴正转按钮 "CCW"：主轴反转按钮 "STOP"：主轴停转按钮 注：以上按钮仅在"JOG"或"HANDLE"模式有效 按下 S"点动"主轴旋转，松开则主轴则停止旋转 按主轴修调"＋"使主轴增速，反之则减速
液压按钮		该按钮依次为液压启动、液压尾座和液压卡盘
其他按钮	刀架转位 REPOS G50T ON　OFF 刀号显示　程序保护	每按一次"刀架转位"按钮，刀架将转过一个刀位 "REPOS"用于实现程序中断后的返回中断点操作 "G50T"功能可为每一把刀具设定一个工件坐标系 "状态显示"用于显示当前机床转速档位数及刀具号 当程序保护开关处于"ON"位置时，即使在"EDIT"状态下也不能对 NC 程序进行编辑操作
加工控制	循环启动　循环停止	"循环启动"该按钮用于启动自动运行 "循环停止"用于使自动运行加工暂时停止

2. 数控系统 MDI 功能键（表 4-17）

表 4-17　MDI 按键功能

名　称	功能键图例	功　能
数字键	3 =　T K	用于数字"1~9"及运算键"＋"、"－""＊""/"等符号的输入
运算键	;　EOB E	
字母键	/	用于 A、B、C、X、Y、Z、I、J、K 等字母的输入
程序段结束		EOB 用于程序段结束符"＊"或"；"的输入

191

（续）

名　　称	功能键图例	功　　能
位置显示		POS 用于显示刀具的坐标位置
程序显示	POS　PROG OFFSET SETTING	PROG 用于显示"EDIT"模式下存贮器里的程序；在"MDI"模式下输入及显示 MDI 数据；在"AUTO"模式下显示程序指令值
刀具设定		OFFSET SETTING 用于设定并显示刀具补偿值、工作坐标系、宏程序变量
系统	SYSTEM　MESSAGB CUSTOM GRAPH	SYSTEM 用于参数的设定、显示，自诊断功能数据的显示等
报警信号键		MESSAGE 用于显示 NC 报警信号信息、报警记录等
图形显示		COSTOM GRAPH 用于显示刀具轨迹等图形
上挡键		SHIFT 用于输入上档功能键
字符取消键	SHIFT　CAN INPUT　ALTER INSERT　DELETE	CAN 用于取消最后一个输入的字符或符号
参数输入键		INPUT 用于参数或补偿值的输入
替代键		ALTER 用于程序编辑过程中程序字的替代
插入键		INSERT 用于程序编辑过程中程序字的插入
删除键		DELETE 用于删除程序字、程序段及整个程序
帮助键		HELP 为帮助功能键
复位键	HELP　PAGE UP RESET　PAGE DOWN ←　→	RESET 用于使所有操作停止，返回初始状态
向前翻页键		PAGE UP 用于向程序开始的方向翻页
向后翻页键		PAGE DOWN 用于向程序结束的方向翻页
光标移动键		CURSOR 共四个，用于使光标上下或前后移动

3. CRT 显示器中的软键功能

在 CRT 显示器的下方，有一排软按键，这排软按键的功能是根据 CRT 中的对应提示来指定的。

二、FANUC 0i 数控系统机床操作

1. 机床及系统电源的开/关

（1）电源开

1）检查 CNC 和机床外观是否正常。

2）接通机床电器柜电源，按下"电源开"按钮。

3）检查 CRT 画面（图 4-37）的显示资料。

4）如果 CRT 画面显示"EMG"报警画面，可松开"急停"键并按住 RESET 键数秒后，系统将复位。

5）检查散热风机等是否正常运转。

```
现在位置(绝对坐标)        00030 N0010


   X  123.456
   Z  0



运转时间 15H15M 切削时间 10H 12M 13M
ACT.F  0 MM/M          S 0T0000
J0G****EMG          13:00:25

[绝对] [相对] [总合] [HNDL] [操作]
```

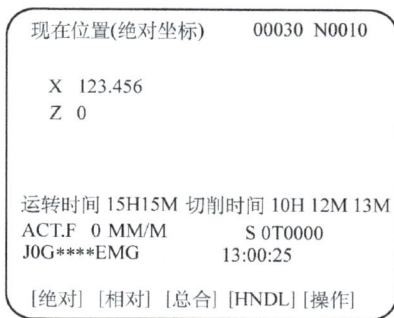

图 4-37　开机后的屏幕显示画面

（2）电源关　关电源操作与开电源操作的次序相反。

2. 手动操作

（1）返回参考点操作　机床返回参考点的操作过程如下，返回参考点后屏幕显示画面如图 4-38 所示。

1）选择模式按钮"ZRN"。

2）按下"+X"轴的方向选择按钮不松开，直到 X 轴的返回参考点指示灯亮。

```
现在位置                          00030  N0010

  （相对坐标）                    （绝对坐标）
  U 0.000                         X  0.000
  W 0.000                         Z  0.000

  （相对坐标）
  X 0.000
  Z 0.000

运转时间 15H15M 切削时间 10H 12M 13M
ACT.F  0 MM/M                     S 0T0000
ZRN ****                          13:55:20


 [绝对] [相对] [总合] [HNDL] [操作]
```

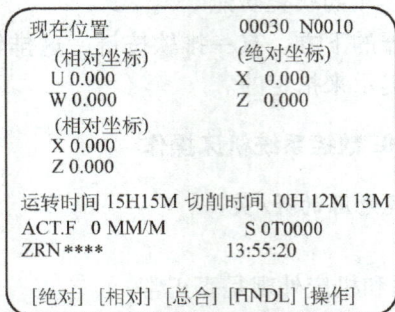

图 4-38 机床回参考点后的屏幕显示画面

3）按下" + Z"轴的方向选择按钮不松开，直到 Z 轴的返回参考点指示灯亮。

> 返回参考点过程中，为了刀具及机床的安全，数控车床的返回参考点操作一般应按先X轴后Z轴的顺序进行

（2）**手轮进给操作** 手轮进给操作如下

1）选择模式按钮"HANDLE"。

2）在机床面板上选择移动刀具的坐标轴。

3）选择增量步长。

> 手轮操作时，不可抱着试一试的心态来确定刀具进给方向

4）旋转手摇脉冲发生器向相应的方向移动刀具。

（3）**手动连续进给与手动快速进给** 该操作与手轮进给操作类似。手动及手轮进给时的显示画面如图 4-39 所示。

3. 程序的编辑操作

（1）**建立一个新程序** 建立新程序操作如下：

1）选择模式按钮"EDIT"。

2）按下 MDI 功能键 PROG ，出现如图 4-40 所示画面。

3）输入地址符 O，输入程序号（如 O00030），先按下 EOB 键，再按下 INSERT 键即可完成新程序"O30"的输入。

```
现在位置                    00030 N0010
    (相对坐标)              (绝对坐标)
 U  −123.456        X  −123.456
 W  −234.567        Z  −234.567

    (相对坐标)
 X  −123.456
 Z  −234.567

运转时间 15H15M 切削时间 10H 12M 13M
ACT. F  0 MM/M            S 0T0000
HANDLE ****               13:55:20

[绝对] [相对] [总合] [HNDL] [操作]
```

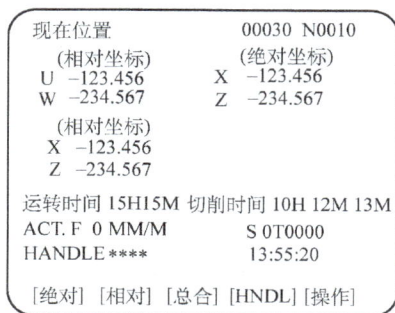

图 4-39　手动/手轮进给的屏幕显示画面

```
现在位置                    00030 N0010
 00030;
 G98 G21 G40;
 T0101;




EDIT ****                13:55:20

[程序] [LlB] [    ] [C.A.P] [操作]
```

图 4-40　建立新程序的屏幕显示画面

（2）调用内存中储存的程序　模式按钮选择"EDIT"，按下 MDI 功能键 PROG ，输入地址符 O，输入程序号（如 O123），按下 CURSOR 向下移动键即可完成程序"O123"的调用。

> 建立新程序时，新程序的程序号应为内存储器中所没有的程序号。而调用的程序则一定是内存储器中已存入的程序

（3）删除程序　选择模式按钮"EDIT"，按下 MDI 功能键 PROG ，输入地址符 O，输入程序号（如 O123），按下 DELETE 键即可完成单个程序"O123"的删除。

如果要删除内存储器中的所有程序，只要在输入"O-9999"后按下 DELETE 键即可完成内存储器中所有程序的删除。

如果要删除指定范围内的程序，只要在输入"OXXXX，OYYYY"后按下 DELETE 键即可将内存储器中"OXXXX ~ OYYYY"范围内的所有程序删除。

（4）程序段的操作

1）删除程序段。选择模式按钮"EDIT"，用 CURSOR 键检索或扫描到将要删除的程序段 N××××处，按下 EOB 键，按下 DELETE 键即可将光标所在的程序段删除。

如果要删除多个程序段，则用 CURSOR 键检索或扫描到将要删除的程序开始段的地址（如 N0010），键入地址符 N 和最后一个程序段号（如 N1000），按下 DELETE 键，即可将 N0010 ~ N1000 内的所有程序段删除。

2）程序段的检索。程序段的检索功能主要用于自动运行模式中。其检索过程如下：按下模式选择按钮 AUTO ，按下 PROG 键显示程序屏幕，输入地址 N 及要检索的程序段号，按下 CRT 下的软键 [N SRH]，即可找到所要检索的程序段。

（5）程序字的操作

1）扫描程序字。选择模式按钮"EDIT"，按下光标向左或向右移动键（图4-41），光标将在屏幕上向左或向右移动一个地址字。按下光标向上或向下移动键，光标将移动到上一

图 4-41　光标扫描键

个或下一个程序段的开始段。按下 PAGE UP 键或 PAGE DOWN 键，光标将向前或向后翻页显示。

2）跳到程序开始段。在"EDIT"模式下，按下 RESET 键即可使光标跳到程序开始段。

3）插入一个程序字。在"EDIT"模式下，扫描到要插入位置前的字，键入要插入的地址字和数据，按下 INSERT 键。

4）字的替换。在"EDIT"模式下，扫描到将要替换的字，键入要替换的地址字和数据，按下 ALTER 键。

5）字的删除。在"EDIT"模式下，扫描到将要删除的字，按下 DELETE 键。

6）输入过程中程序字的取消。在程序字符的输入过程中，如发现当前字符输入错误，则按下一次 CAN 键，则删除一个当前输入的字符。

4. 设置刀具偏移值（设定工件坐标系）

（1）在"MDI"方式下输入主轴功能指令

1）选择"MDI"模式按钮，按下 PROG 键。

2）S600M03 EOB INPUT 。

3）按下 OUTPUT 键，按下 RESET 。

（2）在"MDI"方式下将1号刀转到当前位置

1）模式按钮选"MDI"，按下 PROG 键。

2）T01 EOB INPUT 。

3）按下 OUTPUT 键，1号刀转到当前加工位置。

（3）设置 X、Z 向的刀具偏移值（设定工作坐标系）

1）按下模式按钮"HANDLE"，选择相应的刀具。

2）按下主轴正转转速按钮"CW"，主轴将以前面设定的 S600 的转速正转。

3）按下 POS 键，再按下软键［总合］，这时，机床 CRT 出现如图 4-42a 所示画面。

4）选择相应的坐标轴，摇动手摇脉冲发生器或直接采用 JOG 方式，试切工件端面（图 4-42b）后，沿 X 向退刀，记录下 Z 向机械坐标值"Z"。

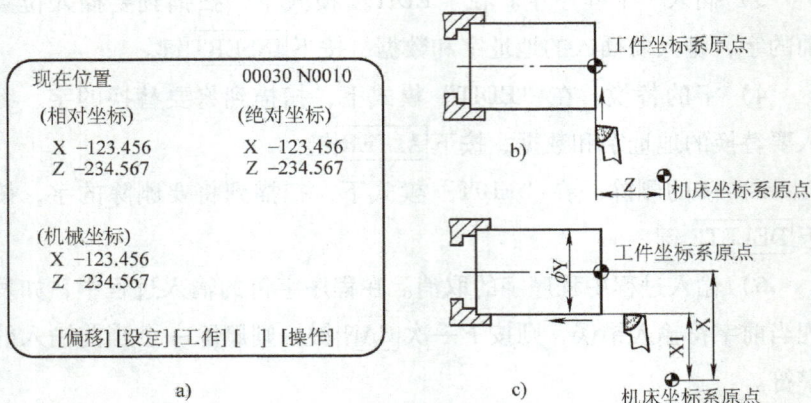

```
现在位置                    00030 N0010

(相对坐标)              (绝对坐标)
  X  -123.456           X  -123.456
  Z  -234.567           Z  -234.567


(机械坐标)
  X  -123.456
  Z  -234.567


[偏移] [设定] [工作] [   ] [操作]
```

a)

图 4-42　数控车床对刀操作

5）按 MDI 键盘中的 OFFSET/SETTING 键，按软键［补正］及［形状］后，显示如图 4-43 所示的刀具偏置参数画面。移动光标键选择与刀具号相对应的刀补参数（如 1 号刀，则将光标移至"G01"行），输入"Z0"，按软键［测量］，Z 向刀具偏移参数即自动存入（其值等于记录的 Z 值）；

> 除采用自动测量设定补正值外，还可以采用手动方式将记录的 Z 值直接输入到相应的位置

6）试切外圆（图 4-42c），刀具沿 Z 向退离工件，记录下 X 向机械坐标值"X_1"。停机实测外圆直径（假设测量出直径为 $\phi50.123$mm）。

7）在画面的"G01"行中输入"X50.123"后，按软键［测量］，X 向的刀具偏移参数即自动存入。1 号刀具偏置设定完成，其他刀具同样设定。

8）校验刀具偏置参数，在 MDI 模式下选刀，并调用刀具偏置补偿，在 POS 画面下，手动移动刀具靠近工件，观察刀具与工件间

```
刀具补正/形状                          00001 N0000
 番号     X          Z            R      T
G001 −173.579  −234.567       2.000    3
G002 −166.399  −227.433       0.500    8
G003    0.000     0.000       0.000    0
G004    0.000     0.000       0.000    0
G005    0.000     0.000       0.000    0
G006    0.000     0.000       0.000    0
G007    0.000     0.000       0.000    0
G008    0.000     0.000       0.000    0
现在位置(相对坐标)
            U0.000           W0.000
X50.123
MEN******                    14:20:30
[NO检索] [测量] [C输入] [+输入] [输入]
```

图 4-43　刀具补偿参数设置画面

的实际相对位置，对照屏幕显示的绝对坐标，判断刀具偏置参数设定是否正确。

该步操作还是很有必要的

如果刀具使用一段时间后，产生了磨耗，则可直接将磨耗值输入到对应的位置，对刀具进行磨耗补偿。

5. 设置刀具刀尖圆弧半径补偿参数

刀尖圆弧半径值与刀沿号同样在图 4-43 所示画面中进行设定。例如，1 号刀为外圆车刀，刀尖圆弧半径为 2mm；2 号刀为普通外螺纹车刀，刀尖圆弧半径为 0.5mm，则其设定方法如下：

1）移动光标键选择与刀具号相对应的刀具半径参数。如 1 号刀，则将光标移至"G01"行的 R 参数，键入"2.0"后按下 INPUT 键。

2）移动光标键选择与刀具号相对应的刀沿号参数。如 1 号刀，则将光标移至"G01"行的 T 参数，键入刀具切削沿号"3"后按下 INPUT 键。

3）用同样的方法设定第二把刀具的刀尖圆弧半径补偿参数，其刀尖圆弧半径值为 0.5mm，车刀在刀架上的刀具切削沿号为"8"。

6. 自动加工

机床自动运行的显示画面如图 4-44 所示。其操作过程如下：

199

```
程式检视                    00030 N0030
  00030;
  N10 G98 G40 G21;
  N20 T0101;
  N30 G00 X100.0 Z100.0;

  (相对坐标)  (余移动量)    G00 G97 G18
  X 80.0      X−20.0       G21 G98 G40
  Z 100.0     Z 0

  T
  F 200       S1000
MEN**** **** ****
  [绝对] [相对] [  ] [  ] [操作]
```

图 4-44 自动运行加工显示画面

（1）机床试运行

1）选择模式按钮"AUTO"。

2）按下按钮 PROG ，按下软键［检视］，使屏幕显示正在执行的程序及坐标。

3）按下机床锁住"MLK"，按下单步执行按钮"SBK"。

4）按下循环启动按钮中的单步循环启动，注意，此后每按一下，机床执行一段程序，这时即可检查编辑与输入的程序是否正确无误。

机床的试运行检查还可以在空运行状态下进行，两者虽然都被用于程序自动运行前的检查，但检查的内容却有区别：机床锁住运行主要用于检查程序编制是否正确，程序有无编写格式错误等；而机床空运行主要用于检查刀具轨迹是否与要求相符。

（2）机床的自动运行

1）调出需要执行的程序，确认程序正确无误。

2）按下模式选择按钮"AUTO"。

3）按下按钮 PROG ，按下软键［检视］，使屏幕显示正准备执行的程序及坐标。

4）按下"循环启动按钮（CYCLE START）"，自动循环执行加工程序。

5）根据实际需要调整主轴转速和刀具进给速度。在机床运行过程中，可以旋动主轴倍率按钮进行主轴转速的调整，但应注意不能进行高低档转速的切换。旋动进给倍率旋钮（FEEDRATE VER-RIDE）可进行刀具进给速度的调整。

（3）图形显示功能　图形功能可以显示自动运行或手动运行期间的刀具移动轨迹，操作者可通过观察屏幕显示出的轨迹来检查加工过程，显示的图形可以进行放大及复原。其操作过程如下：

1）选择模式按钮"AUTO"。

2）在 MDI 面板上按下 $\boxed{\text{CUSTOM GRAPH}}$ ，按下屏幕显示软键 ［G. PRM］显示如图 4-45 所示画面。

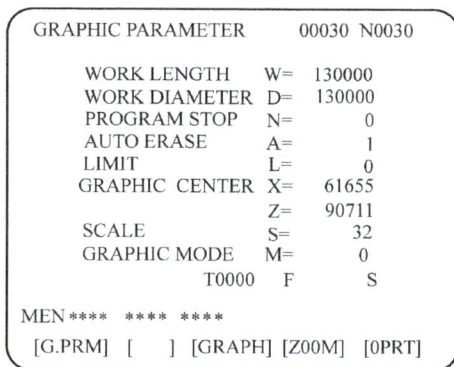

```
GRAPHIC PARAMETER          00030 N0030

        WORK LENGTH      W=  130000
        WORK DIAMETER    D=  130000
        PROGRAM STOP     N=       0
        AUTO ERASE       A=       1
        LIMIT            L=       0
        GRAPHIC CENTER   X=   61655
                         Z=   90711
        SCALE            S=      32
        GRAPHIC MODE     M=       0
                   T0000    F       S

MEN **** **** ****
[G.PRM] [    ] [GRAPH] [Z00M] [0PRT]
```

图 4-45　图形显示参数设置画面

3）通过光标移动键将光标移动至所需设定的参数处，输入数据后按下 $\boxed{\text{INPUT}}$ ，依次完成各项参数的设定。

4）再次按下屏幕显示软键［GRAPH］。

5）按下"循环启动"按钮，机床开始移动，并在屏幕上绘出刀具的运动轨迹。

6）在图形显示过程中，按下屏幕软键［ZOOM］／［NORMAL］可进行放大/恢复图形的操作。

201

复习思考题

1. 试写出内、外圆加工时所用单一固定循环的指令格式，并说明该循环中 R 值的确定方法。

2. 试写出内、外圆复合粗加工循环（G71）的指令格式，并说明指令中各参数的含义。

3. 试写出多重复合循环（G73）的指令格式，并说明指令中各参数的含义。

4. 采用内、外圆复合固定循环（G71、G72、G73、G70）时的注意事项有哪些？

5. 试写出切槽循环指令（G75）的指令格式，并说明指令中各参数的含义。

6. 采用切槽循环指令（G74、G75）时的注意事项有哪些？

7. 试说明在数控车削过程中，双线螺纹、左旋螺纹是如何编程及加工的？

8. 试写出螺纹切削复合固定循环（G76）的指令格式，并说明指令中各参数的含义。

9. 在使用螺纹切削单一固定循环（G92）过程中的注意事项有哪些？

10. 如何用三针测量法来测量梯形螺纹的中径？

11. 什么叫子程序？FANUC 系统是如何进行子程序调用的？

12. 什么叫用户宏程序？它的最大特点是什么？

13. 宏程序的变量可分为哪几类？各有何特点？

14. A 类宏程序是如何实现程序转移的？

15. B 类宏程序是如何实现程序转移的？

16. 试根据程序段"G65 P0030 A50.0 B20.0 D40.0 I100.0 K0 I20.0"写出各参数的名称及其参数值。

17. MDI 面板上的 INSERT 与 INPUT 键有何区别，各适用在何种场合？

18. MDI 面板上的 DELETE 与 CAN 键有何区别，各适用在何种场合？

19. 如何进行程序的检索？如何进行程序段的检索？

20. 如何进行机床的手动回参考点操作？如何编写程序中的回参考点程序段？

21. 试叙述刀具偏移值设定的操作过程。

22. 如何进行机床空运行操作？如何进行机床锁住试运行操作？两种试运行操作有什么不同？

23. FANUC 0i TA 等系统的图形显示功能有何作用？如何操作使用？

202

24. 与普通数控车床相比，车削中心有哪些特点？
25. 车削中心极坐标插补编程有哪些注意事项？
26. 试写出圆柱插补的指令格式并加以说明？
27. 在圆柱插补的编程过程中，应注意哪些问题？

第五章

SIEMENS 系统数控
车床的编程与操作

> **培训学习目标** 了解 SIEMENS 802D 系统常用功能指令；掌握 SIEMENS 802D 数控车床毛坯切削循环的编程方法；掌握 SIEMENS 802D 数控车床切槽循环的编程方法；掌握 SIEMENS 802D 数控车床螺纹加工循环的编程方法；掌握 SIEMENS 802D 数控车床孔加工循环的编程方法；掌握 SIEMENS 802D 数控车床子程序的编程方法；掌握 SIEMENS 802D 数控车参数编程和坐标平移编程的编程方法；掌握 SIEMENS 802D 数控车床的面板操作方法。

第一节 SIEMENS 系统数控车床功能指令简介

SIEMENS 数控系统主要由德国 SIEMENS 公司生产，已经形成了一系列的数控系统型号。我国数控车床上采用较多的是 SINUMERIK802 系列数控系统，该系统主要有 802S、802C、802D 等型号。其中，802S 采用步进电动机进行驱动，802C 和 802D 则采用伺服电动机进行驱动。与 FANUC 编程不同，SIEMENS 数控系统的编程具有 APT 编程的特点，编程时应注意。

一、准备功能指令

SIEMENS 802D 车床数控系统常用的准备功能指令见表 5-1。

表 5-1 SIEMENS 802D 车床数控系统准备功能一览表

G 指令	组别	功　能	程序格式及说明
G00	01	快速点定位	G00 X _ Z _
G01 ▲		直线插补	G01 X _ Z _ F _
G02		顺时针方向圆弧插补	G02 X _ Z _ CR = _ F _
G03		逆时针方向圆弧插补	G03 X _ Z _ I _ K _ F _
G04 *	02	暂停	G04 F _；或 G04 S _
CIP	01	通过中间点的圆弧	CIP X _ Z _ I1 _ K1 _ F _
CT		带切线过渡圆弧	CT X _ Z _ I1 _ K1 _ F _
G17	06	选择 XY 平面	G17
G18▲		选择 ZX 平面	G18
G19		选择 YZ 平面	G19
G25 *	3	主轴转速下限	G25 S _ S1 = _ S2 = _
G26 *		主轴高速限制	G26 S _ S1 = _ S2 = _
G33	01	恒螺距螺纹切削	G33 Z _ K _ SF _ （圆柱螺纹）
G34		变螺距，螺距增加	G34 Z _ K _ F _
G35		变螺距，螺距减小	G35 Z _ K _ F _
G40 ▲	07	刀尖半径补偿取消	G40
G41		刀尖半径左补偿	G41 G01 X _ Z _
G42		刀尖半径右补偿	G42 G01 X _ Z _
G53 *	9	取消零点偏置	G53
G500	8	取消零点偏置	G500
G54 ~ G59		零点偏置	G54 或 G55 等
G64	10	连续路径加工	G64
G70 （G700）	13	英制	G70 （G700）
G71 （G710）		米制	G71 （G710）
G74 *	2	返回参考点	G74 X1 = 0 Z1 = 0
G75 *		返回固定点	G75 FP = 2 X1 = 0 Z1 = 0

205

（续）

G 指令	组别	功　能	程序格式及说明
G90 ▲	14	绝对值编程	G90 G01 X _ Z _ F _
AC			G91 G01 X _ Z = AC (_) F _
G91		增量值编程	G91 G01 X _ Z _ F _
IC			G90 G01 X = AC (_) Z _ F _
G94		每分钟进给	mm/min
G95 ▲		每转进给	mm/r
G96		恒线速度	G96 S500 LIMS = _ （500m/min）
G97		取消恒线速度	G97 S800 （800r/min）
G450 ▲	18	圆角过渡拐角方式	G450
G451		尖角过渡拐角方式	G451
DIAMOF	29	半径量方式	DIAMOF
DIAMON ▲		直径量方式	DIAMON
TRANS	框架指令	可编程平移	TRANS X _ Z _
ATRANS			ATRANS X _ Z _
CYCLE82	孔加工固定循环	钻、锪孔循环	CALL CYCLE8 _ （RTP, RFP, SDIS, DP, DPR, …）
CYCLE83		深孔加工循环	
CYCLE84		刚性攻螺纹循环	
CYCLE840		柔性攻螺纹循环	
CYCLE85		铰孔循环	
CYCLE86		精镗孔循环	
CYCLE88		镗孔循环	
CYCLE93		切槽切削	
CYCLE94	车削循环	退刀槽（E 型和 F 型）切削	CALL CYCLE9 _ （　）
CYCLE95		毛坯切削	
CYCLE96		螺纹退刀槽	
CYCLE97		螺纹切削	

关于准备功能的说明如下：

1）当电源接通或复位时，CNC 进入清除状态，此时的开机默认指令在表中以符号"▲"表示。但此时，原来的 G71/G710 和 G70/G700 保持有效。

2）表中的固定循环和固定样式循环及用"＊"表示的 G 指令均为非模态指令。

3）802D 系统有很多指令与 802C 系统不同，在编程过程中要特别注意两种系统的不同之处。

4）不同组的 G 指令在同一程序段中可以指令多个。如果在同一程序段中指令了多个同组的 G 指令，仅执行最后指定的那一个。

二、部分圆弧指令的含义及格式

除了在前面章节中已介绍过并具有共同性的功能指令外，SIEMENS 802D 数控系统还有一些实用性强且与前面章节中已介绍内容有所不同的圆弧功能指令，现归纳如下：

1. 顺、逆圆弧插补指令 G02/G03

前已介绍了两种常用的圆弧插补格式，即圆心坐标（I、K）指令格式和圆弧半径（CR）指令格式，现介绍另一种圆弧张角（AR）的指令格式。

圆弧张角即圆弧轮廓所对应的圆心角，单位是°（0.00001°～359.99999°）。

> 通过起点、终点和圆弧包角来确定圆弧

（1）终点和张角的圆弧插补　指令格式：G02/G03 X ＿ Z ＿ AR = ＿;

例　图 5-1 所示圆弧编程示例如下：

N30 G00 X40 Z10；　　　　　用于指定 N40 段的圆弧起点
N40 G02 Z30 AR = 105；　　　终点和张角

说明：N40 程序段中不需指令其圆弧半径和圆心坐标，由系统在插补过程中自动生成。

> 通过起点、圆心点和圆弧包角来确定圆弧

（2）圆心和张角的圆弧插补　指令格式：G02 I ＿ K ＿ AR = ＿;

例 图 5-2 所示圆弧编程示例如下：

N30   G00   X40   Z10；   用于指定 N40 段的圆弧起点

N40   G02   I – 10   K10   AR = 105；圆心和张角

说明：N40 程序段中不需指定其圆弧半径和圆心坐标，而是由系统在插补过程中自动生成。

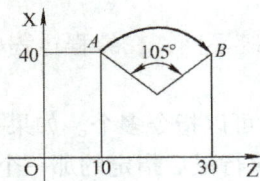

图 5-1   终点和张角编程示例   图 5-2   圆心和张角编程示例

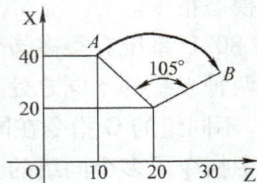

编程时应特别注意在各种圆弧程序段中的 I 值均为圆心相对于其起点在 X 坐标轴方向上的半径量。

2. 中间点圆弧插补指令 CIP

指令格式为：CIP X _ Z _ I1 = _ K1 = _；

其中，I1 为圆弧上任一中间点在 X 坐标轴上的半径量；K1 为圆弧上任一中间点的 Z 向坐标值。

例 图 5-3 所示圆弧的编程示例如下：

N30   G00   X30   Z10；   用于指定 N40 段的圆弧起点

N40   CIP   Z30   I1 = 20 K1 = 25；   圆弧终点和中间点

说明：该指令是根据"不在一条直线上的三个点可确定一个圆"的数学原理，由系统自动计算其圆弧的半径及圆心位置并进行插补运行的。

3. 切线过渡圆弧 CT

指令格式   CT X _ Z _；

例 图 5-4 所示圆弧的编程示例如下：

G01   X40   Z10；   圆弧起点和切点

CT   X36   Z34；   圆弧终点

说明：该指令由圆弧终点和切点（圆弧起点）来确定圆弧半径的大小。

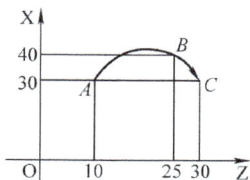

图 5-3　中间点圆弧插补示例

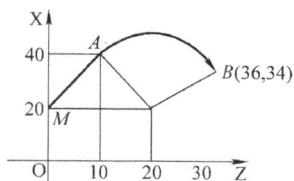

图 5-4　切线过渡圆弧插补示例

第二节　毛坯切削循环编程

一、毛坯切削循环指令（CYCLE95）

1. 指令格式

CYCLE95（NPP，MID，FALZ，FALX，FAL，FF1，FF2，FF3，VARI，DT，DAM，VRT）；

例　CYCLE95（"BB511"，1.5，0.05，0.2，，200，100，100，9，1，，0.5）；

表 5-2　802D 系统中的 CYCLE95 参数

参　数	功能、含义及规定
NPP	轮廓子程序名称
MID	最大粗加工背吃刀量，无符号输入
FALZ	Z 向的精加工余量，无符号输入
FALX	X 向的精加工余量，无符号输入，半径量
FAL	沿轮廓方向的精加工余量
FF1	非退刀槽加工的进给速度
FF2	进入凹凸切削时的进给速度
FF3	精加工时的进给速度
VARI	加工类型：用数值 1~12 表示
DT	粗加工时，用于断屑的停顿时间
DAM	因断屑而中断粗加工时所经过的路径长度
VRT	粗加工时，从轮廓退刀的距离，X 向为半径无符号输入

209

2. 加工方式与切削动作

毛坯切削循环的加工方式用参数 VARI 表示，按其形式分成三类12 种：第一类为纵向加工与横向加工，第二类为内部加工与外部加工，第三类为粗加工、精加工与综合加工。这 12 种形式见表5-3。

三种方案经不同组合，形成2×2×3＝12种加工形式

表 5-3　毛坯切削循环加工方式

数值（VARI）	纵向/横向	外部/内部	粗加工/精加工/综合加工
1	纵向	外部	粗加工
2	横向	外部	粗加工
3	纵向	内部	粗加工
4	横向	内部	粗加工
5	纵向	外部	精加工
6	横向	外部	精加工
7	纵向	内部	精加工
8	横向	内部	精加工
9	纵向	外部	综合加工
10	横向	外部	综合加工
11	纵向	内部	综合加工
12	横向	内部	综合加工

（1）纵向与横向

1）纵向加工。纵向加工方式是指沿 X 轴方向切深进给，而沿 Z 轴方向切削进给的一种加工方式，刀具的切削动作如图5-5 所示。

① 刀具定位至循环起点（刀具以 G00 方式定位到循环起点 C）。

② 轨迹 11 以 G01 方式沿 X 方向根据系统计算出的参数 MID 值进给至 E 点。

③ 轨迹 12 以 G01 方式按参数 FF1 指定的进给速度进给至交点 J。

④ 轨迹 13 以 G01/G02/G03 方式按参数 FF1 指定的进给速度沿着"轮廓＋精加工余量"粗加工到最后一点 K。

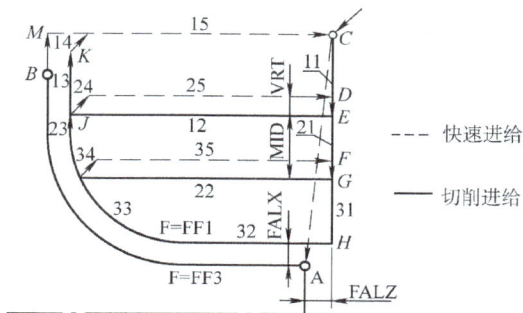

图 5-5　纵加工方式

⑤ 轨迹 14、轨迹 15 以 G00 方式退刀至循环起点 C，完成第一刀切削加工循环。

⑥ 重复以上过程，完成切削循环（如此重复以上过程，完成第二刀等：轨迹 21～25 等）。

想一想：车床上的纵向和横向分别指哪个方向？

2）横向加工。横向加工方式是指沿 Z 轴方向切深进给，而沿 X 轴方向切削进给的一种加工方式。

横向加工的切削动作如图 5-6 所示，它与纵向加工切削动作相似，不同之处在于纵向加工是沿 X 轴方向进行多刀循环切削的，而横向加工是沿 Z 轴方向进行多刀循环切削的。其进给路线为：进刀（CD，轨迹 11）→X 向切削（轨迹 12）→沿工件轮廓切削（轨迹 12）→退刀（轨迹 14 和 15）→重复以上动作（轨迹 21～25 等）。

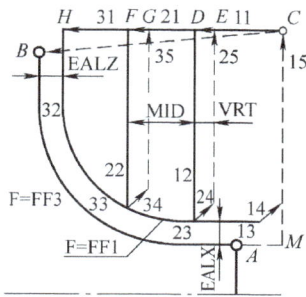

图 5-6　横向加工方式

（2）外部和内部加工

外部和内部主要根据循环开始时刀具的切深方向来判断

1）纵向加工方式中的内部与外部加工。纵向加工方式中，当毛坯切削循环刀具的切深方向为 – X 向时，则该加工方式为纵向外部加工方式（VARI = 1/5/9），如图 5-7a 所示。反之，当毛坯切削循环刀具的切深方向为 + X 向时，该加工方式为纵向内部加工方式（VARI = 3/7/11），如图 5-7b 所示。

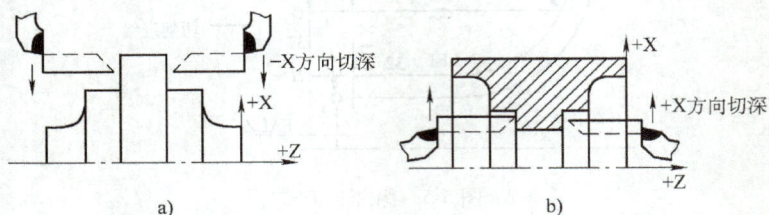

图 5-7　纵向加工中的内部与外部加工

2）横向加工方式中的内部与外部加工。横向加工方式中的内部与外部加工如图 5-8 所示，当毛坯切削循环刀具的切深方向为 – Z 向时，则该加工方式为横向外部加工方式（VARI = 2/6/10）。反之，当毛坯切削循环刀具的切深方向为 + Z 向时，该加工方式为纵向内部加工方式（VARI = 4/8/12）。

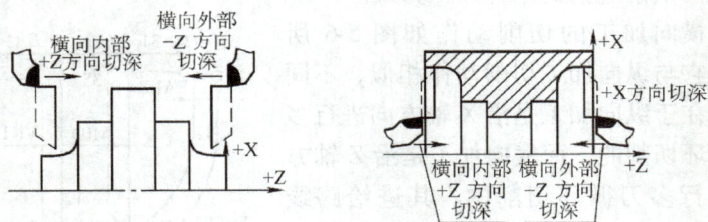

图 5-8　横向加工中的内部与外部加工

（3）粗加工、精加工和综合加工

1）粗加工。粗加工（VARI = 1/2/3/4）是指采用分层切削的方式切除余量的一种加工方式，粗加工完成后保留精加工余量。

2）精加工。精加工（VARI = 5/6/7/8）是指刀具沿轮廓轨迹一次性进行加工的一种加工方式。精加工循环时，系统将自动启用刀尖圆弧半径补偿功能。

单件加工时，通常采用综合加工

3）**综合加工**。综合加工（VARI = 9/10/11/12）是粗加工和精加工的合成。执行综合加工时，先进行粗加工，再进行精加工。

3. 轮廓的定义与调用

（1）轮廓的定义　轮廓调用的方法有两种，一种是将工件轮廓编写在子程序中，在主程序中通过参数"NPP"对轮廓子程序进行调用，如下例 1 所示。另一种是用"ANFANG：ENDE"表示的轮廓，直接跟在主程序循环调用后，如下例 2 所示。

例 1　MAIN1. MPF　　　　　　　　　　　SUB2. SPF

　　　……；　　　　　　　　　　　　　……；

　　　CYCLE95（"SUB2"，……）；　　　RET；

　　　……；

例 2　MAIN1. MPF

　　　……；

　　　CYCLE95（"ANFANG：ENDE"，……）；

　　　ANFANG：；

　　　……；　　　　　　　　　（定义轮廓）

　　　ENDE：；

　　　……；

（2）轮廓定义的要求

1）轮廓由直线或圆弧组成，并可以在其中使用倒圆（RND）和倒棱（CHA）指令。

2）轮廓必须含有三个具有两个进给轴的加工平面内的运动程序段。

3）定义轮廓的第一个程序段必须含有 G00、G01、G02 和 G03 指令中的一个。

4）轮廓子程序中不能含有刀尖圆弧半径补偿指令。

4. 轮廓的切削步骤

802D 系统的毛坯切削循环不仅能加工单调递增或单调递减的轮廓，还可以加工内凹轮廓的切削步骤如图 5-9 所示，按（一）、

（二）、（三）的顺序进行。

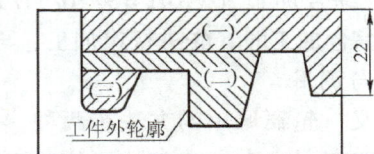

图 5-9　内凹轮廓的切削步骤图

5. 循环起点的确定

循环起点的坐标值根据工件加工轮廓、精加工余量、退刀量等因素由系统自动计算，具体计算方法如图 5-10 所示。

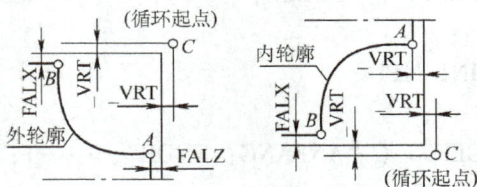

图 5-10　循环起点的计算

刀具定位及退刀至循环起点的方式有两种：粗加工时，刀具两轴同时返回循环起点。精加工时，刀具分别返回循环起点，且先返回刀具切削进刀轴。

6. 粗加工进刀深度

参数 MID 定义的是粗加工最大可能的背吃刀量，实际切削时的背吃刀量由循环自动计算得出，且每次背吃刀量相等。计算时，系统根据最大可能的进刀深度和待加工的总背吃刀量计算出总的进刀数量，再根据进刀数量和待加工的总背吃刀量计算出每次粗加工背吃刀量。

例　如图 5-9 中步骤（一）的总切深量为 22mm，参数 MID 中定义的值为 5mm，则系统先计算出总的进刀数为 5 次。再计算出实际加工过程中的背吃刀量为 4.4mm。

7. 精加工余量

在 802D 系统中，分别用参数 FALX、FALZ 和 FAL 定义 X 轴、Z 轴和根据轮廓的精加工余量，X 方向的精加工余量以半径值表示。精加工余量数值大小的确定原则请参阅本书第二章。

8. 编程示例

例 1　试编写如图 5-11 所示工件（毛坯已钻出 φ22mm 的孔）内轮廓表面的加工程序。

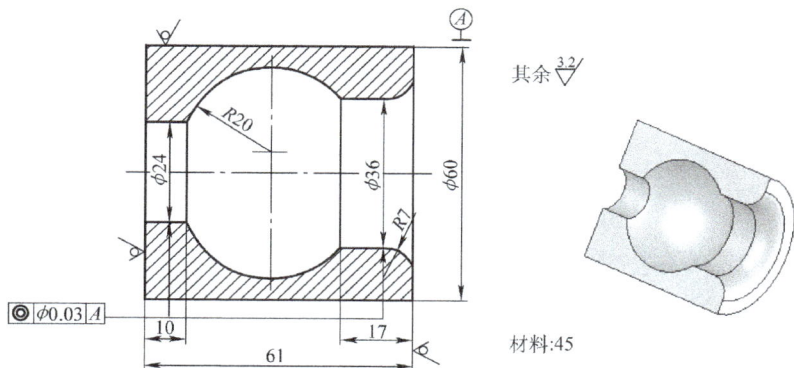

图 5-11　毛坯切削循环示例一

编程说明：本示例件宜采用纵向内部综合加工方式（VARI = 11）进行编程，加工时要注意刀具的形状和刀具角度。

AA501. MPF

　　G90　G94　G40　G71；

　　T1D1；

　　M03　S600　F100；

　　G00　X18　Z2；

对于固定循环中的参数，可直接根据系统显示屏提示的具体位置中输入

　　CYCLE95（"BB502"，1，0.05，0.2，，150，80，80，11，，，0.5）；

　　G74　X0　Z0；

　　M30；

BB502. SPF

 G00 X50 Z2；

 G01 Z0；

 G02 X36 Z－7 CR＝7；

 G01 Z－17；

 G03 X24 Z－51 CR＝20；

 G01 Z－62；

 RET；

例2 试按 SIEMENS 802D 的规定编写如图 5-12 所示机床垫铁柱工件的加工程序。

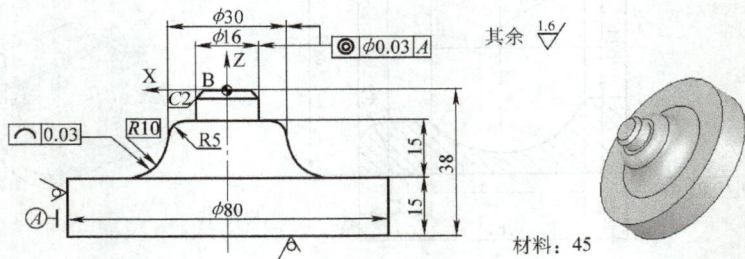

图 5-12 毛坯切削循环示例二

编程说明：**本例中工件直径较大，而 Z 向切削余量相对较少，所以采用横向外部综合加工方式（VARI＝10）编程较为合适。编程时，要注意子程序中的轮廓起点为 A 点，终点是 B 点。**

AA502. MPF

 G90 G94 G40 G71；

 T1D1；

 M03 S600 F100；

 G00 X18 Z2；

 CYCLE95（"ANFANG：ENDE"，1.5，0.2，0.05，，150，80，80，10，，，0.5）；

                轮廓定义放在毛坯切削循环之后

 ANFANG：；

 G00 X82 Z－23；

G01　X50；

G03　X30　Z－13　CR＝10；

G02　X20　Z－8　CR＝5；

G01　X16；

　　　Z－2；

　　　X12　Z0；

ENDE：；

G74　X0　Z0；

M30；

二、综合编程实例

例　试根据 SIEMENS 802D 系统的规定编写如图 5-13 所示课题的数控车加工程序。

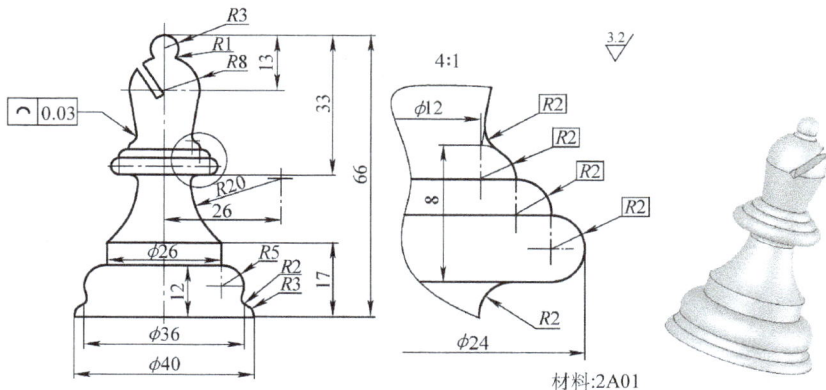

图 5-13　毛坯切削循环编程实例

本例编程与加工思路：编写本课题的加工程序时，如果简单采用 G00 及 G01 等指令进行编程，则程序较长，且在编程过程中也容易出错。因此，为了简化编程，本课题引入 SIEMENS 数控系统的毛坯切削循环指令 CYCLE95，具体加工程序见表 5-4。

本课题使用两把 93°（主偏角）外圆车刀（左偏刀和右偏刀各一）和 R2.5 圆弧车刀进行加工，为了防止后刀面与加工表面发生干涉，两把外圆车刀需磨出较大的副偏角（≥30°）。刀具如图 5-14 所示，其中左偏刀（图 5-14a）用于外凸轮廓的粗、精加工，右偏刀（图 5-14b）主要用于 R20 内凹轮廓的粗加工，而圆弧车刀（图 5-14c）则用于内凹轮廓的精加工。

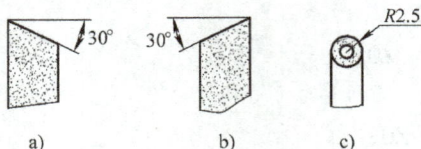

图 5-14　本课题所用刀具

1. 基点计算

采用 CAD 软件找点，其基点坐标值如图 5-15 所示。

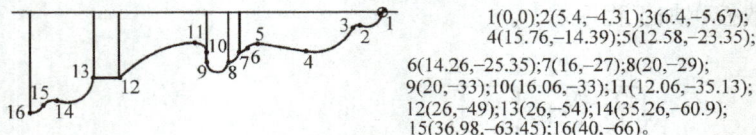

1(0,0);2(5.4,-4.31);3(6.4,-5.67);
4(15.76,-14.39);5(12.58,-23.35);
6(14.26,-25.35);7(16,-27);8(20,-29);
9(20,-33);10(16.06,-33);11(12.06,-35.13);
12(26,-49);13(26,-54);14(35.26,-60.9);
15(36.98,-63.45);16(40,-66)。

图 5-15　课题基点坐标值

2. 参考程序（表5-4）

表 5-4　加工参考程序

刀 具	1 号刀具，93°左偏外圆车刀；2 号刀具，93°右偏外圆车刀；3 号刀具，圆弧车刀	
程序段号	SIEMENS 802D 系统程序	程序说明
	AA510. MPF	程序号
N10	G90　G94　G40　G71；	程序开始部分
N20	T1D1；	换 1 号刀
N30	M03　S800　F100；	主轴正转，快速定位
N40	G00　X42　Z2；	
N50	CYCLE95（"BB511"，1，0.05，0.2，，150，80，80，9，，，0.5）；	纵向外部综合加工方式

（续）

刀　具	1 号刀具, 93°左偏外圆车刀; 2 号刀具, 93°右偏外圆车刀; 3 号刀具, 圆弧车刀	
程序段号	SIEMENS 802D 系统程序	程序说明　程序号
N60	G74　X0　Z0;	
N70	T2D1;	退刀, 换右偏刀, 快速定位
N80	G00　X30　Z－49;	
N90	CYCLE95（"BB512", 1, 0.05, 0.2, , 150, 80, 80, 1, , , 0.5）;	纵向外部粗加工方式
N100	G74　X0　Z0;	
N110	T3D1;	
N120	M03　S1　200;	退刀, 换 R 2.5 圆弧车刀
N130	G00　X30　Z－49;	
N140	CYCLE95（"BB512", 1, 0.05, 0.2, , 150, 80, 80, 5, , , 0.5）;	纵向外部精加工方式
N150	G74　X0　Z0;	程序结束部分
N160	M30	
	BB511. SPF	外凸轮廓子程序
N10	G00　X0　Z2;	定位至轮廓外
N20	G01　Z0;	点 1
N30	G03　X5.4　Z－4.31　CR＝3;	点 1 至点 2
N40	G02　X6.4　Z－5.67　CR＝1;	点 2 至点 3
N50	G03　X15.76　Z－14.39　CR＝8;	点 3 至点 4
N60	G01　X12.58　Z－23.35;	点 4 至点 5
N70	G02　X14.26　Z－25.35　CR＝2;	点 5 至点 6
N80	G03　X16 Z－27　CR＝2;	点 6 至点 7

（续）

刀具	1号刀具，93°左偏外圆车刀；2号刀具，93°右偏外圆车刀；3号刀具，圆弧车刀	
程序段号	SIEMENS 802D 系统程序	程序说明
	BB511. SPF	外凸轮廓子程序
N90	G03　X20　Z－29　CR＝2；	点7至点8
N100	G03　X24　Z－31　CR＝2；	点8至弧顶
N110	G01　X26　Z－49；	点弧顶至点12
N120	Z－54；	点12至点13
N130	G03　X35.26　Z－60.9　CR＝5；	点13至点14
N140	G02 X36.98 Z－63.45 CR＝2；	点14至点15
N150	G03 X40 Z－66 CR＝3；	点15至点16
N160	RET；	返回主程序
	BB512. SPF	内凹轮廓子程序
N10	G00　X26　Z－49；	定位至点12
N20	G03　X12.06　Z－35.13　CR＝20；	点12至点11
N30	G03　X16.06　Z－33 CR＝2；	点11至点10
N40	G01　X20；	点10至点9
N50	G02　X24　Z－31　CR＝2；	点9至弧顶
N60	RET；	返回主程序

220

编程时，同样应注意程序开始部分和程序结束部分的灵活运用

第三节　切槽固定循环指令

一、切槽循环指令（CYCLE93）

1. 指令格式

CYCLE93（SPD，SPL，WIDG，DIAG，STA1，ANG1，ANG2，RCO1，RCO2，RCI1，RCI2，FAL1，FAL2，IDEP，DTB，VARI）；

例　CYCLE93（50，−10.36，8，5，0，10，10，1，1，1，1，0.3，0.3，3，1，1）

各参数具体含义见表5-5。

表5-5　802D 系统 CYCLE93 参数说明

参　　数	功能、含义及规定
SPD	横向坐标轴起始点，直径值
SPL	纵向坐标轴起始点
WIDG	槽宽，无符号
DIAG	槽深，无符号（X 向为半径值）
STA1	轮廓和纵向轴之间的角度，数值 0～180°
ANG1	侧面角1，在切槽一边，由起始点决定
ANG2	侧面角2，在切槽另一边，数值 0～89.999
RCO1	半径/倒角1，外部位于起始点决定的一边
RCO2	半径/倒角2，外部位于起始点的另一边
RCI1	半径/倒角1，内部位于起始点决定的一边
RCI2	半径/倒角2，内部位于起始点的另一边
FAL1	槽底面精加工余量
FAL2	槽侧面精加工余量
IDEP	切入深度，无符号（X 向为半径值）
DTB	槽底停留时间
VARI	加工类型，数值 1～8 和 11～18

2. 加工方式与切削动作

切槽循环的加工方式用参数 VARI 表示，分成三类共 8 种：第一类为纵向或横向加工，第二类为内部或外部加工，第三类为起刀点位于槽左侧或右侧。这 8 种方式见表 5-6。

表 5-6　切槽方式

数值	纵向/横向	外部/内部	起始点位置
1	纵向	外部	左边
2	横向	外部	左边
3	纵向	内部	左边
4	横向	内部	左边
5	纵向	外部	右边
6	横向	外部	右边
7	纵向	内部	右边
8	横向	内部	右边

（1）纵向与横向加工

1）纵向加工。纵向加工是指槽的深度方向为 X 方向、槽的宽度方向是 Z 方向的一种加工方式。以纵向外部槽为例，其切槽循环参数如图 5-16a 所示，其加工动作如图 5-16b 所示。

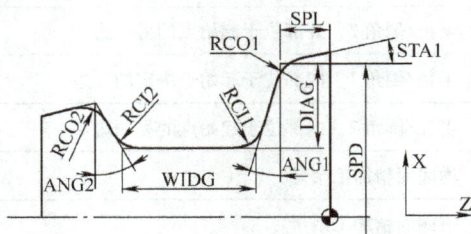

a)

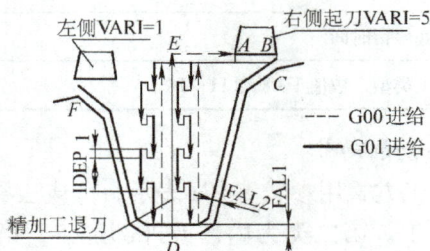

b)

图 5-16　纵向切槽加工的参数与切削动作

纵向、外部加工方式中的刀具切削动作说明如下：

① 刀具定位到循环起点后，沿深度方向（X 轴方向）切削，每次切深 IDEP 指令值后，回退 1mm 后再次切深，如此循环直至切深至距轮廓为 FAL1 指令值处，X 向快退至循环起点 X 坐标处。

> 切槽循环中，没有用于指定刀具切深后的回退量参数，其值由系统直接设定为1mm

② 刀具沿 Z 方向平移，重复以上动作，直至 Z 方向切出槽宽。

③ 分别用刀尖（A 点和 B 点）对左右槽侧各进行一次槽侧的粗切削，槽侧切削后各留 FAL2 值的精加工余量。

④ 用刀尖（B 点）沿轮廓 CD 进行精加工并快速退回 E 点，然后用刀尖（A 点）沿轮廓 FD 进行精加工并快速退回 E 点。

⑤退回循环起点，完成全部切槽动作。

2）横向加工。横向加工是指槽的深度方向为 Z 方向、槽的宽度方向是 X 方向的一种加工方式。以横向右侧槽为例，其切槽循环参数如图 5-17a 所示，其加工动作如图 5-17b 所示。横向右侧加工方式中的刀具切削动作说明如下：

图 5-17　横向切槽加工的参数与切削动作

① 刀具定位至循环起点，刀具先沿 –Z 方向分层切深至距离轮廓 FAL1 指令值处，再沿 +Z 方向快速回退至循环起点 Z 坐标处。

② 刀具沿 X 向平移，重复以上动作，如此循环直至切出槽宽。

③ 粗切槽两侧，相似于纵向切槽。

④ 精切槽轮廓，相似于纵向切槽。

（2）左侧与右侧　切槽循环加工类型中关于左侧起刀和右侧起

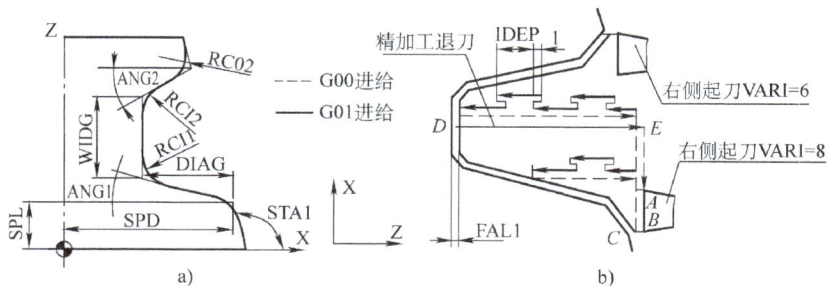
223

刀的判断方法是：站在操作者位置观察刀具，不管是纵向切槽还是横向切槽，当循环起点位于槽的右侧时，称为右侧起刀，反之称为左侧起刀。

> 起刀点的位置决定了"左侧"或"右侧"的加工类型

（3）外部与内部　切槽循环加工类型中关于外部和内部的判断方法是：当刀具在 X 轴方向朝 – X 方向切入时，均称为外部加工，反之则称为内部加工。加工类形的判断如图 5-18 所示。

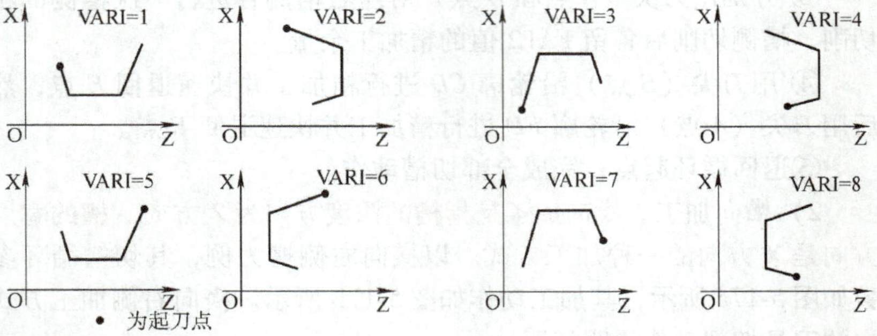

● 为起刀点

图 5-18　切槽加工类形的判断

3. 刀宽的设定

802D 系统的切槽循环中没有用于设定刀具宽度的参数。实际所用刀具宽度是通过该切槽刀的两个连续的刀沿号中设定的偏置值由系统自动计算得出的。因此，在加工前，必须对切槽刀的两个刀尖进行对刀，并将对刀值设定在该刀具的连续两个刀沿号中。加工编程时，只须激活第一个刀沿号。

> 要注意切槽刀的对刀呵

4. 使用切槽循环（802C/S 系统）编程时的注意事项

1）参数 STA1 用于指定槽的斜线角，取值范围为 0 ~ 180°，且始终用于纵向轴。

2）参数 RCO 与 RCI 可以指定倒圆，也可以指定倒角。当指定倒圆时，参数用正值表示，当指定为倒角时，参数用负值表示。

3）切槽加工中的刀具分层切深进给后，刀具回退量为 1mm。

4）在切槽加工过程中，经一次切深后刀具在左右方向平移量的大小是根据刀具宽度和槽宽由系统自行计算的，每次平移量在不大于95%的刀宽基础上取较大值。

5）参数 DTB 中设定的槽底停留时间，其最小值至少为主轴旋转一周的时间。

6）刀宽必须小于槽宽，否则会产生刀具宽度定义错误的报警。

5. 加工实例

例 试用 SIEMENS 802D 系统的切槽循环指令编写如图 5-19 所示工件的数控车程序。

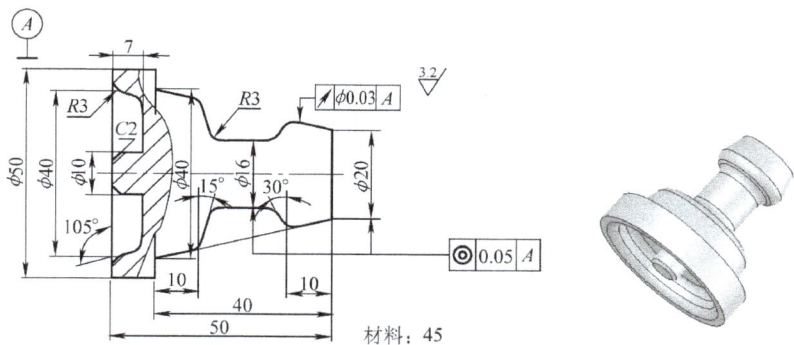

图 5-19 切槽固定循环编程实例

本例编程与加工思路：本课题在斜面和端面上加工外形槽，如采用一般 G01、G02/G03 等指令加工时，加工程序长，且容易出错。因此，本例引入 SIEMENS 802D 系统的切削循环循环指令。其加工程序见表 5-7。

表 5-7 图 5-19 所示课题数控车床参考程序

刀具	1 号刀具，外圆槽刀；2 号刀具，端面槽刀；3 号刀具，外圆车刀（程序略）	
程序段号	SIEMENS 802D 系统程序	程序说明
	AA518. MPF	外圆槽加工程序
N10	G90 G94 G40 G71；	程序开始部分
N20	T1D1；	换 1 号刀，激活 1 号刀沿

（续）

程序段号	SIEMENS 802D 系统程序	程序说明
N30	M03　S400　F100；	主轴正转，快速定位
N40	G00　X27　Z－10；	
N50	CYCLE93（25，－10，14.86，4.5，165.95，30，15，3，3，3，3，0.2，0.3，3，1，5）；	纵向外部右端切槽加工
N60	G74　X0　Z0；	程序结束
N70	M30	
	AA520. MPF	端面槽加工程序
N10	G90　G94　G40　G71；	程序开始部分
N20	T2D1；	换 2 号刀，激活 1 号刀沿
N30	M03　S400　F100；	主轴正转，快速定位
N40	G00　X40　Z2；	
N50	CYCLE93（10，0，12.12，7，90，0，15，－2，0，3，3，0.2，0.3，3，1，8）；	横向外部右端切槽加工
N60	G74　X0　Z0；	程序结束
N70	M30	

经计算，程序中STA1的值为165.95°，而不是14.05°

二、E 型和 F 型退刀槽切削循环指令（CYCLE94）

1. 指令格式
CYCLE94（SPD，SPL，FORM）；

其中，SPD 为横向坐标轴起始点（直径值）；SPL 为纵向坐标轴起始点；FORM 为该参数用于形状的定义，值为 E（用于形状为 E）和 F（用于形状为 F）。

例　CYCLE94（50，－10，"E"）；

2. 指令说明
如图 5-20 所示，E 型和 F 型退刀槽为"DIN509"标准（该标准为德国国家标准）系列槽，槽宽及槽深等参数均采用标准尺寸，加工这类槽时只需确定槽的位置（程序中用参数 SPD 和 SPL 确定）即可。

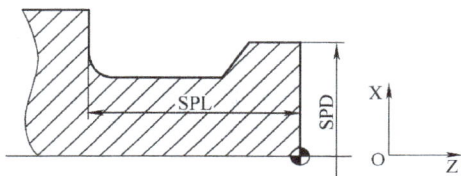

图 5-20　E 型和 F 型退刀槽

该循环的执行过程如下：

1）刀具以 G00 方式移动至循环开始前的起点。

2）根据当前刀尖切削沿号，选择刀尖圆弧半径补偿，按照循环调用前指定的进给率沿退刀槽的轮廓进行切削加工。

3）刀具以 G00 方式返回起始点，并取消刀尖圆弧半径补偿。

在调用 CYCLE94 循环前，必须激活刀具补偿，而且定义的刀具切削沿号必须为 1~4，否则会在执行过程中出现程序出错报警。

3. 加工示例

例　加工如图 5-20 所示 E 型退刀槽（SPL = -40，SPD = 36），试编写其加工程序。

AA333. MPF

……

T1D1　M03　S400　G94　F100；

G00　X50　Z2；

CYCLE94（36，-40，"E"）；

……

想一想：切削沿号为 1~4 的刀尖是何种形状的刀具？

三、螺纹退刀槽指令（CYCLE96）

1. 指令格式

CYCLE96（DIATH，SPL，FORM）；

其中，DIATH 为螺纹的公称直径；SPL 为纵向坐标轴起始点；FORM 为该参数用于形状的定义，其值为 A、B、C 和 D（分别用于定义 A、B、C 和 D 型螺纹退刀槽）。

例 CYCLE96（36，-30，"A"）

2. 指令说明

如图 5-21 所示，此处的螺纹退刀槽为"DIN76"标准系列米制螺纹退刀槽，槽宽及槽深等参数均采用标准尺寸，加工这类槽时只需确定螺纹的公称直径及槽纵向位置（程序中用参数 DIATH 和 SPL 确定）即可。

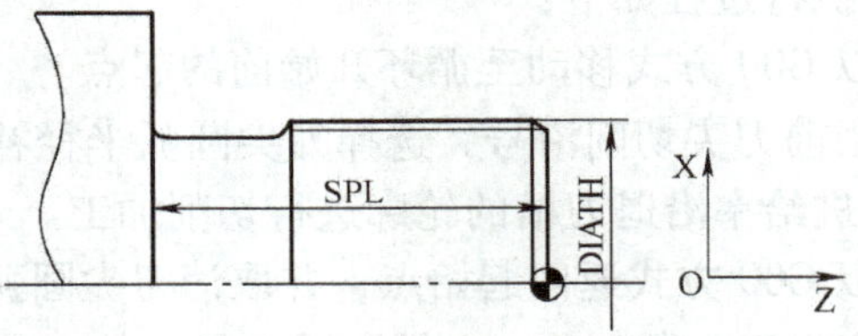

图 5-21　螺纹退刀槽

该循环的执行过程与 CYCLE96 的执行过程相同。在调用 CY-CLE96 循环前，必须激活刀具补偿，而且定义的刀具切削沿号必须为 1～4，否则会在执行过程中出现程序出错报警。

3. 加工示例

例 加工如图 5-21 所示 A 型螺纹退刀槽（SPL = -40，DIATH = 36），试编写其加工程序。

AA334. MPF

……

T1D3　M03　S400　G94　F100;

G00　X50　Z2;

CYCLE96（36，-40，"A"）;

……

第四节　螺纹切削与螺纹切削固定循环

一、螺纹切削指令（G33）

1. 指令格式

G33　Z _　K _　SF _ ;	圆柱螺纹
G33　X _　Z _　K _ ;	圆锥螺纹，锥角小于 45°
G33　X _　Z _　I _ ;	圆锥螺纹，锥角大于 45°

其中，X _ Z _ 为螺纹的终点坐标。如果螺纹在 X 轴上尺寸没有变化，则该螺纹为圆柱螺纹，相同的坐标可省略；如果螺纹起点与终点的 X 坐标不同则为圆锥螺纹。K _ 为圆柱螺纹的导程，如果是单线螺纹，则为螺距。当加工圆柱螺纹时，K 为圆锥螺纹 Z 向螺距，其锥角小于 45°，即 Z 轴位移较大。I _ 为圆锥螺纹 X 向螺距，其锥角大于 45°，即 X 轴位移较大。SF _ 为螺纹起始角。该值为不带小数点的非模态值，其单位为 0.001°。如果是单线螺纹，则该值不用指定并为 0。

> 由起点和终点来确定圆锥螺纹的锥角

2. 指令说明

G33 圆柱螺纹的运动轨迹如图 5-22a 所示。G33 指令相似于 G01 指令，刀具从 B 点以每转进给 1 个导程/螺距的速度切削至 C 点。该指令切削前的进刀和切削后的退刀都要通过其他移动指令来实现，如图中的 AB、CD、DA 三段轨迹。

G33 圆锥螺纹的运动轨迹与 G33 圆柱螺纹的运动轨迹相似，如图 5-22b 所示。

3. 编程示例

在后置刀架式数控车床上，试用 G33 指令编写如图 5-22a 所示工件的螺纹加工程序。

示例分析：在螺纹加工前，其外圆已车至 φ19.8mm，以保证大径的公差要求（取其中值）。螺纹切削导入距离 δ_1 取 3mm，导出距离 δ_2 取 2mm。螺纹的总切深量为 1.3mm（即编程小径为 18.7mm），

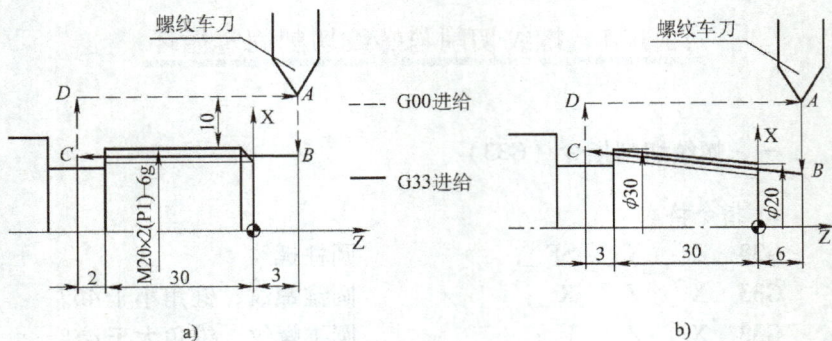

图 5-22　G33 螺纹切削的运动轨迹

> G33指令仅表示图中的*B*点到*C*点的程序段

分三次切削，背吃刀量依次为 0.8mm、0.4mm 和 0.1mm。先加工其中一条螺旋线后，再加工另一条螺旋线。其加工程序如下：

```
AA318. MPF
G90   G94   G40   G71；
T1D1；                          车刀反装，前刀面向下
M04   S600；
G00   X40   Z3；                螺纹导入量 δ₁ = 3
G91   X - 20.8；
G33   Z - 35   K1   SF = 0；    第一刀切削，背吃刀量为 0.8mm
G00   X20.8；
      Z35；
      X - 21.2；
G33   Z - 35   K1   SF = 0；    背吃刀量为 0.3mm
G00   X21.2；
      Z34；
      X - 21.3；
G33   Z - 35   K1   SF = 0；    背吃刀量为 0.1mm
G00   X21.3；
```

> 注意G33指令前后的进刀和退刀指令不可省

```
        Z35 ;                          完成第一条螺旋线的切削
        X – 20. 8 ;
 G33    Z – 35    K1    SF = 180 ;  开始第二条螺旋线的切削，起始
                                      角为 180°
 G00    X20. 8 ;                      分多刀重复切削，程序与上相似
 ……
 G90    G00    X100    Z100 ;
 M30 ;
```

4. 其他螺纹切削指令

除 G33 指令外，SIEMENS 802D 车床数控系统还可采用以下指令来加工一些特殊螺纹。

（1）指令格式

```
G34    Z _ K _ F _;               增螺距圆柱螺纹
G35    X _ I _ F _;               减螺距端面螺纹
G35    X _ Z _ K _ F _;           减螺距圆锥螺纹
```

其中，G34 增螺距螺纹；G35 减螺距螺纹；I、K 为起始处螺距；F 为主轴每转螺距的增量或减量；其余参数同于 G33 参数。

例　G34 Z – 30　K4　F0. 1

（2）指令说明　除每转螺距有增量外，其余动作和轨迹与 G33 指令相同。

5. 使用螺纹切削指令（G33、G34、G35）时的注意事项

1）在螺纹切削过程中，进给速度倍率无效。

2）在螺纹切削过程中，循环暂停功能无效，如果在螺纹切削过程中按下了循环暂停按钮，刀具将在执行了非螺纹切削的程序段后停止。

3）在螺纹切削过程中，主轴速度倍率功能无效。

4）在螺纹切削过程中，不要使用恒线速度控制，而应采用合适的恒转速控制。

5）与 FNANUC 系统的 G32 指令类似，运用 SIEMENS 系统的 G33 还可以加工圆锥螺纹、多线螺纹、端面螺纹、连续螺纹等特殊螺纹的切削。

231

二、螺纹切削循环指令（CYCLE97）

螺纹切削循环可以方便地车出各种圆柱或圆锥内、外螺纹，并且既能加工单线螺纹也能加工多线螺纹。在切削过程中，其每一刀的背吃刀量可由系统自动设定。

1. 指令格式

CYCLE97（PIT，MPIT，SPL，FPL，DM1，DM2，APP，ROP，TDEP，FAL，IANG，NSP，NRC，NID，VARI，NUMT）；

螺纹切削循环的参数如图 5-23 所示，具体含义见表 5-8。

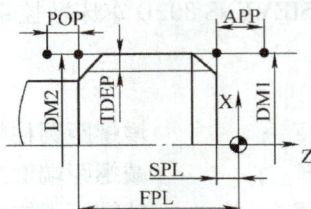

图 5-23　螺纹切削循环的参数

表 5-8　802D 系统规定的 CYCLE97 参数

参数	功能、含义及规定
PIT	螺距作为数值，无符号输入
MPIT	螺纹尺寸来表示螺距（如 M10 的螺距为 1.5），M3 ~ M60
SPL	螺纹起始点的纵坐标
FPL	螺纹终点的纵坐标
DM1	起始点的螺纹直径
DM2	终点的螺纹直径
APP	空刀导入量，无符号输入
ROP	空刀导出量，无符号输入
TDEP	螺纹深度，无符号输入
FAL	精加工余量，半径量并为无符号输入

（续）

参数	功能、含义及规定
IANG	切入进给角 "＋"表示沿侧面进给，"－"表示交错进给
NSP	首牙螺纹的起始点偏移，无符号角度值
NRC	粗加工切削数量，无符号输入
NID	停顿时间，无符号输入
VARI	螺纹加工类型：数值 1～4
NUMT	螺纹线数，无符号输入

例　CYCLE97（6，，0，－36，35.7，35.7，6，6，3.5，0.05，－15，0，20，1，3，1）

> 每个数字表示的意义可与指令格式中的代号一一对应，如果格式中的"，"前无数值，则表示该数值可省略，但注意不能省略"，"

2. 指令说明

（1）螺纹切削循环的动作　执行螺纹切削循环时，刀具切削的动作如图 5-24 所示，说明如下：

1）刀具以 G00 方式定位至第一条螺纹线空刀导入量的起始处，即循环起点（A 点）处。

2）按照参数 VARI 确定的加工方式，根据系统计算出的背吃刀量沿深度方向进刀至 B 点处。

3）以 G33 方式切削加工至空刀退出终点 C 处。

4）退刀（图中轨迹 CD、DA）至循环起点。

5）根据指令的粗切削次数，重复以上动作，分多刀粗车螺纹。

6）以 G33 方式精车螺纹。

（2）加工方式　CYCLE97 的加工方式用参数 VARI 表示，该参数不仅确定了螺纹的加工类型，还确定了螺纹背吃刀量的定义方法。

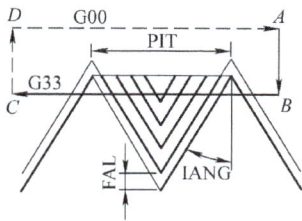

图 5-24　螺纹切削循环的动作

233

参数 VARI 的值为 1~4，其值的含义见表 5-9。

表 5-9　802D 系统规定的螺纹加工类型

加 工 类 型	外部/内部	进 给 方 式
1	外部	恒定背吃刀量进给
2	内部	恒定背吃刀量进给
3	外部	恒定切除截面积进给
4	内部	恒定切除截面积进给

1）内部与外部方式 。内部方式即指内螺纹的加工，外部方式即指外螺纹的加工。

2）恒定背吃刀量进给和恒定切削截面积进给。恒定背吃刀量进给方式如图 5-25a 所示，此时螺纹切入角用参数 IANG 的值为 0，刀具以直进法进刀。螺纹粗加工时，每次背吃刀量相等，其值由参数 TDEP、FAL 和 NRC 确定，计算式如下

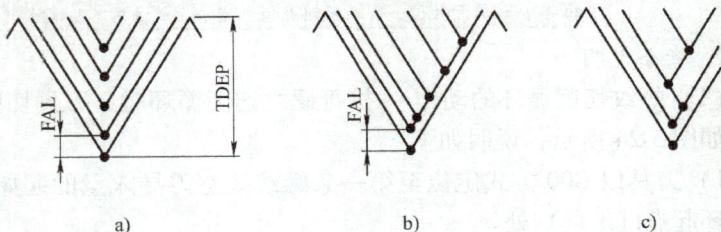

图 5-25　螺纹切削循环的背吃刀量

$$a_p = (TDEP - FAL)/NRC$$

式中　a_p——粗加工每次背吃刀量；

　　TDEP——螺纹总切深量；

　　FAL——螺纹精加工余量；

　　NRC——螺纹粗切削次数。

尽可能采用恒定切削截面积方式来加工螺纹

恒定切削截面积进给方式如图 5-25b 及 5-25c 所示，螺纹切入角参数 IANG 的值不为零 0 时，刀具的进刀方式有两种：一种是当参数 IANG 值为正值时，刀具始终沿牙型同一侧面（即斜向）进刀，如图

5-25b 所示；另一种是当参数 IANG 值为负值时，刀具分别沿牙型两侧交错进刀，如图 5-25c 所示。采用恒定切削截面积进给方式进行螺纹粗加工时，背吃刀量按递减规律自动分配，并使每次切除表面的截面积近似相等。

（3）螺纹加工空刀导入量和空刀导出量　空刀导入量用参数 APP 表示，该值一般取 2~3P（螺距）。空刀导出量用参数 ROP 表示，该值一般取 1~2P。

（4）螺距的确定　螺纹的螺距可用两种方法表示，即用参数 PIT 表示实际螺距数值的大小或用参数 MPIT 表示螺纹公称直径的大小，其螺距的大小则由普通粗牙螺纹的尺寸确定（如当 MPIT = 10 时，虽在 PIT 中不能输入数据，但其实际值为 1.5）。在实际设定时，只能设定其中的一个参数。

> 粗牙螺纹的螺距均为标准螺距

（5）使用 CYCLE97 编程时的注意事项

1）螺纹切削循环的进刀方式如采用直进法进刀，因在螺纹切削循环中，每次的背吃刀量均相等，随着切削深度的增加，切削面积将越来越大，切削力也越来越大，容易产生扎刀现象。所以应根据实际选择适当的 VARI 参数。

2）对于循环开始时刀具所到达的位置，可以是任意位置，但应保证刀具在螺纹切削完成后退回到该位置时，不发生任何碰撞。

3）在使用 G33、G34、G35 编程时的注意事项在这里仍然有效。

4）使用 CYCLE97 编程时，应注意 DM 参数与 TDEP 是相互关联的。以加工普通外螺纹为例，当 DM 取其基本直径时，则 TDEP 取推荐值 1.3P。

3. 编程示例

例1　在前置刀架式数控车床上，试用螺纹加工循环指令编写图 5-26 所示内螺纹的加工程序。

AA390. MPF

G90　G95　G40　G71；

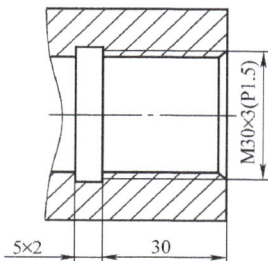

图 5-26　螺纹切削循环编程示例

T1 D1；

M03 S600；

G00 X25 Z6；

CYCLE97（1.5，，0，－30，28.5，28.5，3，2，0.75，0.05，30，0，6，1，4，2）；

G74 X0 Z0；

M30；

螺纹切削循环说明：螺纹的螺距为1.5mm，螺纹纵向起点为Z0，终点为Z－30，起、终点直径为X28.5mm，导入量为3mm，导出量为2mm，螺纹深度为0.75mm（半径量），精车余量为0.05mm，采用沿牙型同一侧面进刀，切入进给角为30°（即牙型角为60°），螺纹起点无偏移，粗车6刀，停顿时间为1s，加工类型为内部并进行恒定切除截面积进给，螺纹为双线螺纹。

例2 试用螺纹切削循环指令编写图5-27所示内梯形螺纹和外三角形螺纹的数控车加工程序。

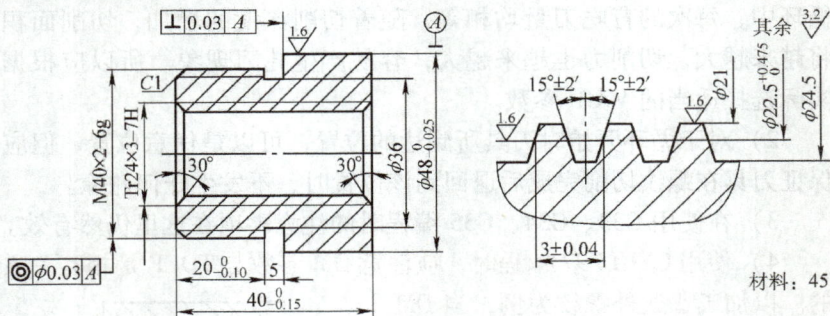

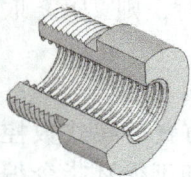

图 5-27　螺纹切削编程实例

表 5-10　加工参考程序

刀　具	1 号刀具，外圆槽刀；2 号刀具，端面槽刀	
程序段号	SIEMENS 802D 系统程序	程序说明
	AA123. MPF；	加工外螺纹程序
N10	G90　G95　G40　G71；	程序初始化
N20	T1D1；	换外三角形螺纹车刀
N30	M03　S600；	快速点定位至循环起点
N40	G00　X42　Z3；	
N50	CYCLE97（2，，0，－20，40，40，3，2，1.3，0.05，30，0，6，1，3）；	螺纹切削循环
N60	G74　X0　Z0；	程序结束部分
N70	M30；	
	AA124. MPF；	加工内梯形螺纹程序
N10	G90　G95　G40　G71；	程序初始化
N20	T2D1；	换内梯形螺纹车刀
N30	M03　S400；	快速点定位至循环起点
N40	G00　X25　Z6；	
N50	CYCLE97（3，，0，－45，21，21，6，3，1.75，0.05，15，0，20，1，4）；	梯形螺纹切削循环
N60	G74　X0　Z0；	退刀时注意顶尖的位置
N70	M30；	程序结束

237

为了便于梯形螺纹加工后的调整，梯形螺纹加工宜选用单独的程序

第五节　孔加工固定循环

固定循环主要用于孔加工（钻孔、镗孔、攻螺纹等）。使用一个程序段可以完成一个孔加工的全部动作（钻孔进给、退刀、孔底暂停等），从而达到简化程序，减少编程工作量的目的。

孔加工时，要注意刀具安装要准确

1. 孔加工固定循环概述

（1）固定循环的调用　孔加工固定循环的非模态调用格式如下所示：

CYCLE81～89（RTP, RFP, SDIS, DP, DPR, …）；

例　N10　G00　Z20；

　　N20　CYCLE81（RTP, RFP, SDIS, DP, DPR）；

　　N30　G00　X100　Y100；

采用这种格式时，该循环指令为非模态指令，只有在指定的程序段内才能执行循环动作。

（2）固定循环的平面　孔加工固定循环的平面如图5-28所示，主要有返回平面、加工开始平面、参考平面和孔底平面4种。

1）返回平面（RTP）。返回平面是为安全下刀而规定的一个平面。返回平面可以设定在任意一个安全高度上，刀具在返回平面内任意移动将不会与夹具、工件凸台等发生干涉。

2）加工开始平面（RFP + SDIS）。该平面是刀具下刀时，自快进转为工进的高度平面。该平面距工件表面的距离一般取2～5mm。

3）参考平面（RFP）。参考平面是指孔深在Z轴方向工件表面的起始测量位置平面，该平面一般设在工件的右端表面。参考平面等于加工开始平面减安全间隙。

4）孔底平面（DP 或 DPR）。

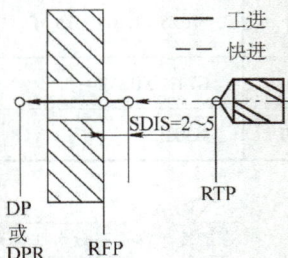

图5-28　孔加工固定循环平面

孔底平面是指刀具所要到达的 Z 向位置。

> 如果是通孔，要考虑钻孔加工的超越量

（3）孔加工循环中参数的赋值

1）直接赋值。在编写孔加工固定循环时，参数直接用数字编写，如下所示：

例　CYCLE81（30，0，3，-30）

2）变量赋值。在编写孔加工固定循环时，先对变量赋值，然后在程序中直接调用变量。如下例所示：

DEF REAL RTP，RFP，SDIS，DP，DPR；

N10 RTP＝30 RFP＝0 SDIS＝3 DP＝-30 DPR＝30；

　　……

> 采用直接赋值的方法编程较为方便

N50 CYCLE81（RTP，RFP，SDIS，DP，DPR）；

2. 孔加工固定循环指令

（1）钻孔循环（CYCLE81 与 CYCLE82）

1）指令格式：

CYCLE81（RTP，RFP，SDIS，DP，DPR）；`

CYCLE82（RTP，RFP，SDIS，DP，DPR，DTB）；

例　CYCLE81（10，0，3，-30）；

　　　CYCLE82（10，0，3，，30，2）；

其中，RTP 为返回平面，用绝对值进行编程；RFP 为参考平面，用绝对值进行编程；SDIS 为安全距离，无符号编程，其值为参考平面到加工开始平面的距离；DP 为最终的孔加工深度，用绝对值进行编程；DPR 为孔的相对深度，无符号编程，其值为最终孔加工深度与参考平面的距离。程序中参数 DP 与 DPR 只用指定一个就可以了，如果两个参数同时指定，则以参数 DP 为准；DTB 为孔底暂停时间，单位为 s。

2）动作说明。CYCLE81 孔加工动作如图 5-29 所示，执行该循环，刀具从加工开始平面切削进给执行到孔底，然后刀具从孔底快速退回至返回平面。

239

CYCLE82 动作（图 5-30）类似于 CYCLE81，只是在孔底增加了进给后的暂停动作，因此，在盲孔加工中，提高了孔底的精度。该指令常用于锪孔或阶台孔的加工。

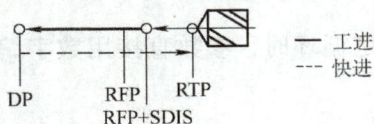

图 5-29　CYCLE81 动作图　　　　图 5-30　CYCLE82 动作图

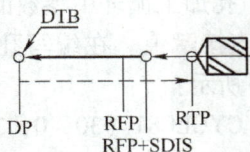

3）加工示例。

例　加工如图 5-31 所示孔，试用 CYCLE81 或 CYCLE82 指令进行编程。

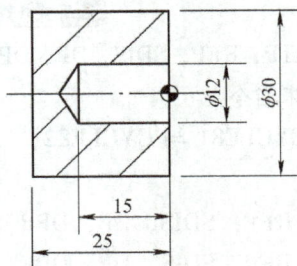

图 5-31　钻孔编程示例

AA530. MPF

G90 G94 G40 G71 F100；　　　　　　　程序初始化

T1 D1；

M03 S400；

G00 X0 Z100；　　　　　　　　　　　数控车床上一定要定位到
　　　　　　　　　　　　　　　　　　工件中心

CYCLE81（20，0，3，-17.887）；　固定循环

G00 X100 Z100；

M05；　　　　　　　　　　　　　　　　值"-17.887"中包括了钻尖高度

M30；

（2）深孔往复排屑钻循环 CYCLE83

1）指令格式：

CYCLE83（RTP，RFP，SDIS，DP，DPR，FDEP，FDPR，DAM，DTB，DTS，FRF，VARI）；

例　CYCLE83（30，0，3，-30，，-5，5，2，1，1，1，0）

其中，参数 RTP，RFP，SDIS，DP，DPR，DTB 说明参照 CYCLE82；FDEP 为起始钻孔深度，用绝对值表示；FDPR 为相对于参考平面的起始孔深度，无符号；DAM 为相对于上次钻孔深度的 Z 向退回量，无符号；DTS 为起始点处用于排屑的停顿时间（VARI = 1 时有效）；FRF 为钻孔深度上的进给率系数（系数不大于1，由于在固定循环中没有指定进给速度，所以将前面程序中的进给速度用于固定循环，并通过该系数来调整进给速度的大小）；VARI 为排屑与断屑类型的选择（VARI = 0 为断屑，表示钻头在每次到达钻孔深度后返回 DAM 进行断屑；VARI = 1 为排屑，表示钻头在每次到达钻孔深度后返回加工开始平面进行排屑）。

2）动作说明。CYCLE83 孔加工动作如图 5-32 所示，该循环指令通过 Z 轴方向的间歇进给来实现断屑与排屑的目的。刀具从加工开始平面 Z 向进给 FDPR 后暂停断屑，然后快速回退到加工开始平面；暂停排屑后再次快速进给到 Z 向距上次切削孔底平面 DAM 处，从该点处，快进变成工进，工进距离为 FDPR + DAM。如此循环直到加工至孔深。刀具回退到返回平面完成孔的加工。此类孔加工方式多用于深孔加工。

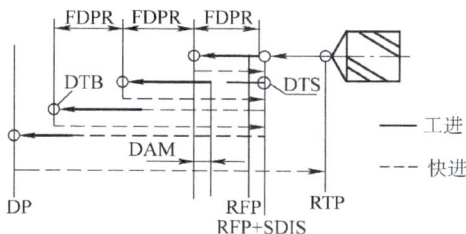

图 5-32　CYCLE83 动作图

（3）刚性攻螺纹（CYCLE84）与柔性攻螺纹（CYCLE840）

1）指令格式：

CYCLE84（RTP，RFP，SDIS，DP，DPR，DTB，SDAC，MPIT，PIT，POSS，SST，SST1）；

CYCLE840（RTP，RFP，SDIS，DP，DPR，DTB，SDR，SDAC，ENC，MPIT，PIT）；

例 CYCLE84（30，0，2，-20，，0，3，10，，0，50，50）；

CYCLE840（30，0，2，-20，，0，4，3，0，，2）；

其中，RTP，RFP，SDIS，DP，DPR，DTB 说明参照 CYCLE82；SDAC 为循环结束后的旋转方向，取 3，4，5，分别代表 M03，M04，M05；MPIT 为标准螺距，螺距由螺纹尺寸决定，取值范围为 3～48，分别表示 M03～M48，符号代表旋转方向；PIT 为螺距由数值决定，符号代表旋转方向；POSS 为主轴的准停角度；SST 为攻螺纹进给速度；SST1 为退回速度；SDR 为返回时的主轴旋转方向，取值 0，3，4。SDR＝0 时，主轴返回时的旋转方向自动颠倒；3，4 分别代表 M03，M04；ENC 为是否带编码器攻螺纹，ENC＝0 为带编码器，ENC＝1 为不带编码器。

242

攻螺纹时，常采用专用的攻丝夹头

2）动作说明。刚性攻螺纹与柔性攻螺纹动作如图 5-33 所示，其中 CYCLE84 循环为刚性攻螺纹循环。执行该循环时，根据螺纹的旋向选择主轴的旋转方向；刀具以 G00 方式快速移动到加工开始平面；执行攻螺纹到达孔底，攻螺纹速度由参数 SST 指定；主轴以攻螺纹的相反旋转方向退回到加工开始平面，退回速度由参数 SST 指定；再以 G00 方式退到返回平面，完成攻螺纹动作；主轴旋转方向回到 SDAC 状态。

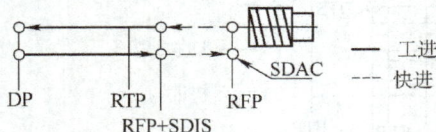

图 5-33　CYCLE84 动作图　　图 5-34　CYCLE840 动作图

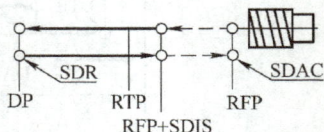

CYCLE840 的执行过程（图 5-34）与 CYCLE84 基本类似，只是 CYCLE840 在刀具到达最后钻孔深度后回退时的主轴旋转方向由 SDR 决定。

在 CYCLE84 与 CYCLE840 攻螺纹期间，进给倍率、进给保持均被忽略。

3）加工示例：

例　试用攻螺纹循环编写如图 5-35 所示螺纹孔的加工程序（底孔已加工好）。

AA531. MPF

G90 G94 G40 G71 F100；　　　　　　　　　　（程序初始化）

T1D1；

G00 X0 Z100；

M03 S200；

CYCLE840 (10，0，2，−15，，0，4，3，0，，1.5)；

G00 X100 Z100；

M05；

M30；

注意各数值与参数的一一对应关系

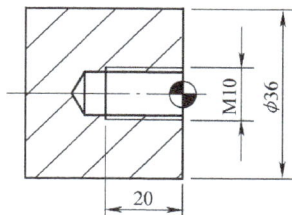

243

图 5-35　钻孔编程示例

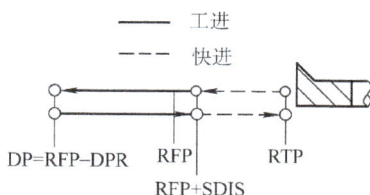

图 5-36　CYCLE85 动作图

（4）铰孔或镗孔循环（CYCLE85）

1）指令格式：

CYCLE85 (RTP，RFP，SDIS，DP，DPR，DTB，FFR，RFF)；

例　CYCLE85 (10，0，2，−30，，0，100，200)；

其中，RTP，RFP，SDIS，DP，DPR，DTB 与 CYCLE82 中一样；FFR 为刀具切削进给时的进给速率；RFF 为刀具从最后加工深度退回加工开始平面时的进给速率。

2）指令说明。该循环的孔加工过程如图 5-36 所示。当执行 CYCLE85 循环时，刀具以切削进给方式加工到孔底，然后以切削进给方式返回到加工开始平面，再以快速进给方式回到返回平面。因此该指令除可用于较精密的镗孔外，还可用于铰孔、扩孔的加工。

（5）其他用于镗孔的循环指令（CYCLE86、CYCLE87 CY-CLE88、CYCLE89）

1）指令格式：

CYCLE86（RTP, RFP, SDIS, DP, DPR, DTB, SDIR, RPA, RPO, RPAP, POSS）；

CYCLE87（RTP, RFP, SDIS, DP, DPR, SDIR）；

CYCLE88（RTP, RFP, SDIS, DP, DPR, DTB, SDIR）；

CYCLE89（RTP, RFP, SDIS, DP, DPR, DTB）；

例　CYCLE86（30, 0, 2, −30, , 0, 3, 3, 0, 2, 0）；

　　CYCLE87（10, 0, 3, −20, , 3）；

　　CYCLE88（10, 0, 3, −20, , 2, 3）；

　　CYCLE89（10, 0, 2, −30, , 2）；

其中，RTP, RFP, SDIS, DP, DPR, DTB 参数说明参照 CY-CLE82；SDIR 为刀具切削进给时的主轴旋转方向，取 3、4，分别代表 M03、M04；RPA 为平面中第一轴方向的让刀量，该值用带符号增量值表示；RPO 为平面中第二轴方向的让刀量，该值用带符号增量值表示；RPAP 为镗孔轴上的返回路径，该值用带符号增量值表示；POSS 为固定循环中用于规定主轴的准停位置，其单位为度。

2）指令说明。镗孔指令在车铣加工中心或镗铣加工中心上运用较多，在数控车床上加工内孔时，采用内孔车刀车孔的加工方式较为合适。因此，对于这些镗孔指令此处将不再赘述。

3）编程实例。

例　试用孔加工固定循环指令编写如图 5-37 所示工件的数控车加工程序。

本例编程与加工思路：加工本例时，由于孔径较小，无法用螺纹车刀车削加工内螺纹，须用攻丝的方法加工内螺纹。

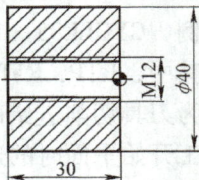

图 5-37　钻孔与攻螺纹

表 5-11 加工参考程序

刀 具	1 号刀具，外圆槽刀；2 号刀具，端面槽刀	
程序段号	SIEMENS 802D 系统程序	程序说明
	AA533. MPF；	加工外螺纹程序
N10	G90 G95 G40 G71 F100；	程序初始化
N20	T1 D1；	钻头直径为 10.5mm
N30	M03 S600；	快速点定位至循环起点
N40	G00 X0 Z100；	
N50	CYCLE81 (20，0，3，−35)；	钻孔加工循环
N60	G74 X0 Z0；	退刀至换刀点
N70	T2 D1；	换 M12 丝锥
N80	M03 S200；	快速点定位至循环起点
N90	G00 X0 Z100；	
N100	CYCLE840 (10，0，2，−15，，0，4，3，0，，1.75)；	攻螺纹加工循环
N110	G74 X0 Z0；	程序结束
N120	M30；	

第六节 子程序编程

一、子程序

1. SIEMENS 系统子程序命名规则

SIEMENS 数控系统规定程序名由文件名和文件扩展名组成。文件名可以由字母或字母 + 数字组成。文件扩展名有两种，即

".MPF"和".SPF"。其中".MPF"表示主程序，如"AA123.MPF"；".SPF"表示子程序，如"L123.SPF"。文件名命名规则如下：

1）以字母、数字或下划线来命名文件名，字符间不能有分隔符，且最多不能超过 8 个字符。另外，程序名开始的两个符号必须是字母，如"SHENG123"、"AA12"等。该命名规则同时适用主程序和子程序文件名的命名，如省略其后缀，则默认为".MPF"。

2）以地址"L"加数字来命名程序名，L 后的值可有 7 位，且 L 后的每个零都有具体意义，不能省略，如 L123 不同于 L00123。该命名规则亦同时适用主程序和子程序文件名的命名，如省略其后缀，则默认为".SPF"。

2. 子程序的嵌套

当主程序调用子程序时，该子程序被认为是一级子程序。在 SIEMENS 802C/S/D 系统中，子程序可有 4 级程序界面即 3 级嵌套。

3. 子程序的调用

（1）子程序的格式　在 SIEMENS 系统中，子程序除程序后缀名和程序结束指令与主程序略有不同外，在内容和结构上与主程序并无本质区别。

子程序的结束标记通常使用辅助功能指令 M17 表示。在 SIEMENS 数控系统（如：802D/C/S、810D、840D）中，子程序的结束标记除可采用 M17 外，还可以使用 M02、RET 等指令进行表示。子程序的格式如下：

L456；　　　　　　子程序名

……

RET；　　　　　　子程序结束并返回主程序

RET 要求单独占用一程序段。另外，当使用 RET 指令结束子程序并返回主程序时，不会中断 G64 连续路径运行方式；而用 M02 指令时，则会中断 G64 运行方式，并进入停止状态。

（2）子程序的调用　子程序调用格式如下：

L××××P×××；或××××P×××

例 N10 L785 P2

例 SS11 P5

其中，L 为给定子程序名，P 为指定循环次数。例 1 表示调用子程序"L785"两次，而例 2 表示调用子程序"SS11"5 次。

> 注意调用格式中"L××××"与"P×××"的空格一定不能省略

二、编程实例

例 试用子程序的编程方式编写图 5-38 所示手柄外形槽的数控车加工程序（设切槽刀刀宽为 2mm，左刀尖为刀位点）。

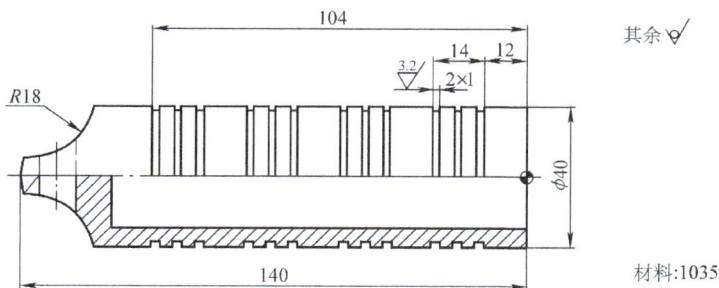

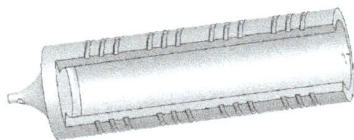

图 5-38 子程序编程实例

本例编程与加工思路：在编写本课题的加工程序时，由于工件轮廓有许多形状相同的槽组成。因此，采用子程序方式进行编程可实现简化编程的目的。其参考程序见表 5-12。

表 5-12 加工参考程序

刀 具	1 号刀具，93°硬质合金外圆车刀；2 号刀具，定制切槽刀	
程序段号	SIEMENS 802D 系统程序	程序说明
	AA301. MPF	主程序
N10	G90 G94 G40 G71；	程序开始部分
N20	T1D1；	
N30	M03 S500 F100；	
N40	G00 X41 Z－104；	
N50	BB302 P4；	调用子程序 4 次
N60	G90 G00 X100 Z100；	程序结束部分
N70	M30；	
	BB302. SPF	一级子程序
N10	BB303 P3；	子程序一级嵌套
N20	G01 Z8；	
N30	RET；	
	BB303. SPF	二级子程序
N10	G91 G01 X－3；	子程序内容
N20	X3；	
N30	Z6；	
N40	RET；	

第七节 参数编程与坐标变换编程

一、参数编程

SIEMENS 系统中的参数编程与 FANUC 系统中的"用户宏程序"编程功能相似，SIEMENS 中的 R 参数就相当于用户宏程序中的变量。同样，在 SIEMENS 系统中，可以通过对 R 参数进行赋值、运算等处理，从而使程序实现一些有规律变化的动作，从而提高编程的灵活性和适用性。

1. 参数

（1）R 参数的表示　R 参数由地址符 R 与若干位（通常为 3 位）数字组成。

例　R1，R10，R105。

（2）R 参数的引用　除地址符 N、G、L 外，R 参数可以用来代替其他任何地址符后面的数值。但是使用参数编程时，地址符与参数间必须通过" = "连接，这一点与 FANUC 中的宏程序编写格式有所不同。

例 1　G01 X = R10 Y = − R11 F = 100 − R12；

当 R10 = 100、R11 = 50、R12 = 20 时，上式即表示为：G01 X100 Y − 50 F80。

参数可以在主程序和子程序中进行定义（赋值），也可以与其他指令编在同一程序段中。

例 2　……
N30 R1 = 10 R2 = 20 R3 = − 5 S500 M03；
N40 G01 X = R1 Z = R3 F100；
……

在参数赋值过程中，数值取整数时可省略小数点，正号可以省略不写。

（3）R 参数的种类　R 参数分成 3 类，即自由参数、加工循环传递参数和加工循环内部计算参数。

1）R0 ~ R99 为自由参数，可以在程序中自由使用。

2）R100 ~ R249 为加工循环传递参数。对于这部分参数，如果在程序中没有使用固定循环，则这部分参数也可以自由使用。

3）R250 ~ R299 为加工循环内部计算参数。同样，对于这部分参数，如果在程序中没有使用固定循环，则这部分参数也可以自由使用。

用户进行参数编程时，应尽量使用自由参数

2. 参数的运算格式

（1）参数运算格式　R 参数的运算与 FANUC 中的 B 类宏变量运

249

算相同，都是直接使用"运算表达式"进行编写的。参数常用的运算格式见表 5-13。

表 5-13　R 参数的运算格式

功　能	格　式	备注与示例
定义、转换	$Ri = Rj$	$R1 = R2$；$R1 = 30$
加法	$Ri = Rj + Rk$	$R1 = R1 + R2$
减法	$Ri = Rj - Rk$	$R1 = 100 - R2$
乘法	$Ri = Rj * Rk$	$R1 = R1 * R2$
除法	$Ri = Rj/Rk$	$R1 = R1/30$
正弦	$Ri = SIN（Rj）$	$R10 = SIN（R1）$
余弦	$Ri = COS（Rj）$	$R10 = COS（36.3 + R2）$
正切	$Ri = TAN（Rj）$	
平方根	$Ri = SQRT（Rj）$	$R10 = SQRT（R1 * R1 - 100）$

在参数运算过程中，函数 SIN、COS 等的角度单位是°，′和″要换算成°。如 90°30′换算成 90.5°，而 30°18′换算成 30.3°。

（2）参数运算的次序　R 参数的运算次序依次为：函数运算（SIN、COS、TAN 等），乘和除运算（*、/、AND 等），加和减运算（+、-、OR、XOR 等）。

例 1　$R1 = R2 + R3 * SIN（R4）$ 的运算次序为：

① 函数 SIN（R4）。

② 乘和除运算 R3 * SIN（R4）。

③ 加和减运算 R2 + R3 * SIN（R4）。

在 R 参数的运算过程中，允许使用括号，以改变运算次序，且括号允许嵌套使用。

例 2　$R1 = SIN（（（R2 + R3）* 4 + R5）/ R6）$

3. 跳转指令

SIEMENS 中的跳转指令与 FANUC 中的转移指令的含义相同，都是在程序中起到控制程序流向的作用。

（1）无条件跳转　无条件跳转又称为绝对跳转。其指令格式为：

GOTOB LABEL；

GOTOF LABEL；

> 注意辨别跳转的前后方向

其中，GOTOB 为带有向后（朝程序开始的方向跳转）跳转目的的跳转指令；GOTOF 为带有向前（朝程序结束的方向跳转）跳转目的的跳转指令；LABEL 为跳转目的（程序内标记符）。如在某程序段中将 LABEL 写成了"LABEL："时，则可跳转到其他程序名中去。

例　……

N20 GOTOF MARK2；　　　　　　向前跳转到 MARK2

N30 MARK1：R1 = R1 + R2；

……

> 注意标记"MARK1：" 后的冒号"："

N60 MARK2：R5 = R5-R2；

……

N100 GOTOB MARK1；　　　　　　向后跳转到 MARK1

……

本例中的跳转指令均为无条件跳转指令。当程序执行到 N20 段时，无条件向前跳转到标记符"MARK2"（即程序段 N60）处执行，当执行到 N100 段时，又无条件向后跳转到标记符"MARK1"（即程序段 N30）处执行。

（2）有条件跳转　其指令格式为：

IF"条件"GOTOB LABEL；

IF"条件"GOTOF LABEL；

其中，IF 为跳转条件的导入符。

跳转的"条件"（当条件写入后，格式中不能有""）既可以是任何单一比较运算，也可以是逻辑操作，即判断结果为 TRUE（真）或 FALSE（假），如果结果是 TRUE，则实行跳转。

常用的运算比较符书写格式见表5-14。

表 5-14　比较运算符的书写格式

运算符	书写格式	运算符	书写格式
等于	= =	大于	>
不等于	< >	小于等于	< =
小于	<	大于等于	> =

注意程序中运算比较符的书写符号

跳转条件的书写格式有多种，通过以下各例说明。

例 1　IF R1 > R2 GOTOB MA1；

该"条件"为单一比较式，意为如果 R1 大于 R2，那么就跳转到 MA1。

例 2　IF R1 > = R2 + R3 ∗ 31 GOTOF MA2；

该"条件"为复合形式，即如果 R1 大于或等于 R2 + R3 ∗ 31 时，均跳转到 MA2。

例 3　IF R1 < >0 GOTOF MA3；

该例意为在"条件"中，允许只确定一个变量（INT、CHAR 等），如果变量值为 0（= FALSE），则条件不满足；而对于其他不等于 0 的所有值，其条件满足，则进行跳转。

例 4　IF R1 = = R2 GOTOB MA1 IF R1 = = R3 GOTOB MA2；

该例意为如果一个程序段中有多个条件跳转命令时，当其第一个条件被满足后就执行跳转。

4. 编程示例

例　试用参数编程的方法编写如图 5-39 所示灯罩凸模的曲面精加工程序。

示例分析：加工该曲面时，先用粗加工循环指令进行去除余量加工（加工程序略）。精加工时，采用直线进行拟合，以 Z 坐标作为自变量，X 坐标作为应变量。编程时，使用以下变量进行运算：

R1——Z 坐标值变量；

R2——X 函数值变量（半径量）；

R3——X 坐标值变量（直径量）。

精加工宏程序如下：

252

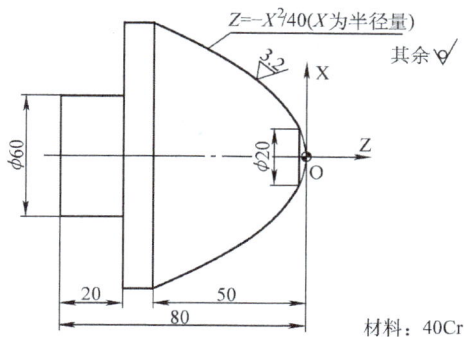

图 5-39 灯罩凸模

O0508；

    G90 G94 G40 G71；

    T1D1；

    M03 S1 000 F100；

    G00 X10 Z2；

    R1 = 0.0；

MA1：R2 = SQRT（ − R1 ∗ 40.0）；

    R3 = R2 ∗ 2；

    G01 X = R3 Z = R1；

    R1 = R1 − 0.10

    IF R1 > = − 50 GOTOB MA1；

    G00 Z2.0；

    G00 X100.0 Z100.0；

    M30；

二、坐标变换编程

在 SIENMENS 数控系统中，为了达到简化编程的目的，除设置了常用固定循环指令外，还规定了一些特殊的坐标变换功能指令。常用的坐标变换功能指令有坐标平移、坐标旋转、坐标缩放、坐标镜像等。其中，坐标平移指令（又称为可编程零点偏置）在数控车床使用较多，故本节将只介绍坐标平移指令的格式及用法。

1. 可编程坐标平移指令格式

指令格式如下：

TRANS X _ Z _ ;   可编程坐标平移

ATRANS X _ Z _ ;   可编程附加坐标平移

TRANS；或 ATRANS；   取消坐标平移

其中，X _ Z _ 为 X、Z 坐标轴的偏置（平移）量，X 以直径量表示。

例 1   TRANS X10 Z0；

例 2   TRANS；

2. 指令说明

坐标平移指令的编程示例如图 5-40 所示。通过将工件坐标系偏移一个距离，从而给程序选择一个新的坐标系。

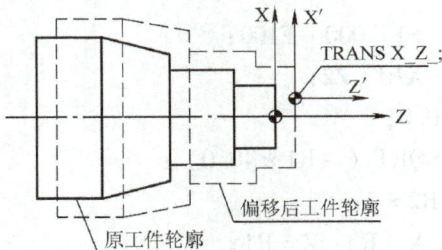

图 5-40   可编程零点偏置

TRANS 为可编程零点偏置，它的参考基准是当前设定的有效工件坐标系原点，即使用 G54～G57 而设定的工件坐标系。

ATRANS 为附加可编程零位偏置，它的参考基准为当前设定的或最后编程的有效工件零位，该零位也可是通过指令 TRANS 偏置的零位。

TRANS 或 ATRANS 指令后面如果没有轴移动参数而单独使用，则表示取消所有框架指令（包括坐标平移指令），保留原工件坐标系。

所谓框架（FRAME），是 SIEMENS 系统中用来描述坐标系平移或旋转等几何运算的术语。框架用于描述从当前工件坐标系开始到下一个目标坐标间的直线坐标或角度坐标的变化。常用于车床数控系统的框架指令有坐标平移 G158 （802C/S 系统坐标平移指令）、TRANS 及 ATRANS、坐标缩放 SCALE、ASCALE 等。

所有的框架指令在程序中必须单独占一行。

3. 坐标平移指令在编程中的运用

例　AA330. MPF　　　　　　　主程序

……

TRANS　X0. 3　Z0. 05；

用坐标平移来保证精加工余量

G00　X18 Z2；

CYCLE95（"BB502",1,0.05,0, ,150,80,80,11, , ,0.5）；

TRANS；　　　　　　　　　　取消坐标平移

G74　X0　Z0；

M30；

执行以上程序，工件加工后的轮廓在 X 方向留出了 0.3mm 的精加工余量（直径量），而在 Z 方向则留出了 0.05mm 的精加工余量。

4. 其他可设定的零点偏置指令

在 SIEMENS 802C/S 系统中，可设定的零点偏置指令 G54 ~ G59 表示。对于这些指令的含义及用法请参阅本书第三章。

255

三、综合编程实例

例　试采用参数编程的方式编写如图 5-41 所示木质小榔头（不考虑切断工步并忽略其表面粗糙度）的加工程序。

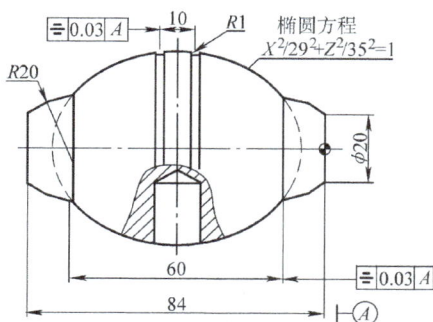

图 5-41　参数编程实例

1. 编程思路

本例中粗、精加工均采用 35°棱形车刀加工。粗加工采用坐标平移的方法使用同一个子程序进行编程与加工。当采用这种方法编程时，会出现空行程较多的现象，为解决这类问题，可先采用毛坯切削循环切去部分余量后再采用这种方法进行编程。

使用参数编程时，以 Z 值为自变量，每次变化 0.1mm，X 值为应变量，通过参数运算计算出相应的 X 坐标值，即 $X = SQRT × (35^2 - Z^2) × (29/35)$。编程中使用以下 R 参数进行运算：

R1——长轴之半；

R2——短轴之半；

R3——椭圆方程中的 Z 坐标（起点 Z = 30）；

R4——椭圆方程中的 X 坐标（起点半径值 X = 14.937）；

R5——工件坐标系中的 Z 坐标，R5 = R3 - 42；

R6——工件坐标系中的 X 坐标，R6 = R4 * 2；

R11——总的平移量。

2. 参考程序（表 5-15）

表 5-15　加工参考程序

刀 具	1 号刀具：硬质合金菱形刀片机夹车刀	
程序段号	SIEMENS 802D 系统程序	程序说明
	AA301. MPF	主程序
N10	G90　G94　G40　G71；	程序初始化
N20	T1D1；	换菱形刀片机夹车刀
N30	M03 S600 F200；	粗加工转速
N40	G00 X62 Z2；	快速定位
N50	R10 = 37；	X 向总偏移量为 40mm（37 + 3）
N60	MA1：TRANS X = R10 Z0；	坐标系 X 向平移 40mm（直径）
N70	BB333；	轮廓子程序，背吃刀量为 3mm
N80	TRANS；	取消坐标平移
N90	R10 = R10 - 3；	总平移量在每次切深后减少 3mm
N100	IF R10 > = 1 GOTOB MA1；	条件判断后跳转

（续）

程序段号	SIEMENS 802D 系统程序	程序说明
N110	M03 S1 200 F80；	选择精加工转速及进给速度
N120	BB333；	精加工轮廓
N130	G74 X0 Z0；	程序结束
N140	M30；	
	BB333. SPF	轮廓加工子程序
N10	G01 X20 Z0；	加工 R20 圆弧
N20	G03 X29. 874 Z – 12 CR = 20；	
N30	R1 = 35 R2 = 29 R3 = 30 R4 = 14. 937 R5 = – 12 R6 = 29. 874；	参数赋初值
N40	MA2: G01 X = R6 Z = R5；	跳转目标位置
N50	R3 = R3 – 0. 1；	函数中的 Z 坐标每次减 0.1mm
N60	R4 = R2/R1 ∗ SQRT（R1 ∗ R1 – R3 ∗ R3）；	变量计算函数中的 X 坐标
N70	R5 = R3 – 42；	计算工件坐标系中的 Z 坐标
N80	R6 = R4 ∗ 2；	计算工件坐标系中的 X 坐标
N90	IF R3 > = – 30 GOTOB MA2；	条件判断后跳转
N100	G03 X20 Z – 84 CR = 20；	加工左端圆弧
N110	G00 X62；	退刀至轮廓加工起始位置
N120	Z2；	
N130	RET；	返回主程序

第八节　SIEMENS 系统数控车床的操作

在 SIEMENS 系统中，因其系列、型号、规格各有不同，在使用功能、操作方法和面板设置上，也不尽相同。本节以 SIEMENS 802D 为例进行叙述。该系统机床总面板如图 5- 42 所示。为了便于读者使用，本书中将面板上的按钮分成以下三组。

258

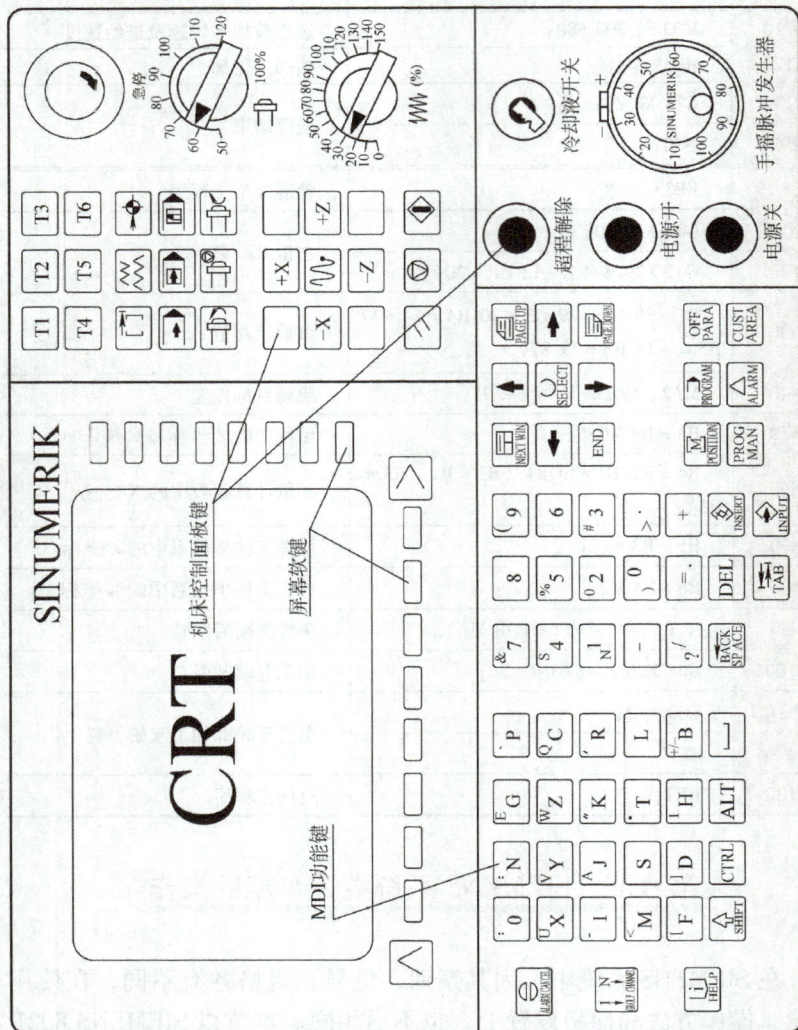

图 5 - 42　SIEMENS 802D数控车床面板图

● 机床控制面板上的按钮用加“　”的字母或文字表示，如“电源开”等。

● 系统操作面板上的 MDI 功能键用加□的字母或文字表示，如 SELECT 等。

● CRT 屏幕相对应的软键用加 [　] 的文字表示，如 [程序] 等。

一、SIEMENS 802D 数控系统控制面板及功能介绍

1. 机床控制面板按钮功能介绍（表 5-16）

表 5-16　SIEMENS 802D 机床控制面板按钮功能

名　称	功能键图	功　能
机床总电源开关	OFF ON	机床总电源开关一般位于机床的背面。置于“ON”时为主电源开
系统电源开关	电源开　电源关	按下按钮“电源开”，向机床润滑、冷却等机械部分及数控系统供电
紧急停止	急停	当出现紧急情况而按下急停按钮时，在屏幕上出现“EMG”字样，机床报警指示灯亮
超程解除	超程解除	当机床出现超程报警时，按下“超程解除”按钮不要松开，可使超程轴的限位挡块松开，然后用手摇脉冲发生器反向移动该轴，从而解除超程报警
模式选择按钮	VAR JOG REF AUTO SBK MDI	“VAR”模式：点动进给操作，反复按该键，使机床在“手动”与“点动”之间切换　“JOG”模式：在该模式下可进行手动切削进给、手动快速进给、程序编辑、对刀等操作　“REF”模式：该模式下可进行回参考点操作　“AUTO”模式：自动运行加工操作　“SBK”模式：自动运行模式下的单段运行　“MDI”模式：手动数据（如参数）输入的操作　注：以上模式按钮除“SBK”与“AUTO”可复选外，其余按钮均为单选按钮，只能选择其中的一个

259

（续）

名　称	功能键图	功　　能
主轴功能	 CW　STOP　CCW	CW：主轴正转按钮 CCW：主轴反转按钮 STOP：主轴停转按钮 注：以上按钮仅在"JOG"或"REF"模式下有效
"JOG"进给及其进给方向	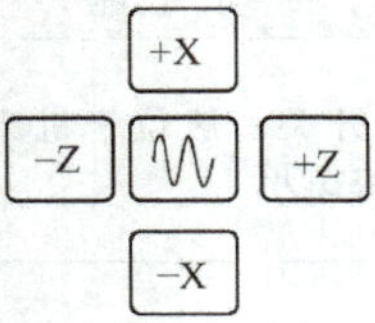 +X −Z　〰　+Z −X	"JOG"模式下，按下指定轴的方向键不松开，即可指定刀具沿指定的方向进行手动连续慢速进给。进给速率可通进给速度倍率旋钮进行调节 按下中间位置的快速移动按钮"RAP-ID"，再按下指定轴的方向键不松开，即可实现该方向上的快速进给
自动运行控制键	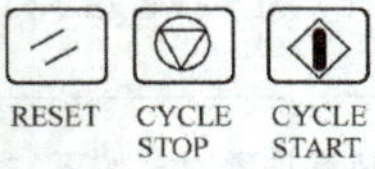 RESET　CYCLE STOP　CYCLE START	"RESET"键用于系统复位，使系统返回初始状态 "CYCLE START"为循环启动键 "CYCLE STOP"为循环暂停键，又称进给保持键
其他	厂家自定义	除以上列出的功能键外，有些机床还具有"手动转刀"键、"冷却开关"键、"换挡确认"键等功能键

2. 数控系统 MDI 功能键

数控系统 MDI 功能键位于机床面板 CRT 显示器的下方，其功能含义见表 5-17。

表 5-17　MDI 按键功能

名　称	功能键图例	功　　能
数字键		用于数字 1~9 及运算符 " + "、" - "、" * "、
运算键		"/"、"（" 等字符的输入
字母键		用于 A、B、C、X、Y、Z、I、J、K 等字母的输入
退格键		BACK SPACE 键用于删除光标前的一个字符
删除键		DEL 键用于删除光标当前位置的一个字符
插入键		INSERT 键用于程序编辑过程中程序字的插入
制表键		TAB 键用于在当前光标位置前插入 5 个空格
确认键		INPUT 键用于确认输入内容。编程时按该键，光标另起一行
上挡键		SHIFT 用于输入上挡功能键
替代键		ALT 用于程序编辑过程中程序字的替代
控制键		CTRL 为控制键
空格键		按 ⎵ 键，则在光标处插入一个空格
下个窗口		NEXT WIN 该键未使用
结束		按下 END 键，使光标移动至该程序段的结尾处
选择键		SELECT 键用于机床模式的选择与转换
翻页键		PAGE UP 用于向程序开始的方向翻页
		PAGE DOWN 用于向程序结束的方向翻页
光标移动		CORSOR 光标移动键共 4 个，使光标上下或前后移动
位置显示		POSITION 按该键后，显示当前加工位置的机床坐标值/工件坐标值
程序		PROGRAM 键用于显示正在执行或编辑的程序内容
参数设置		OFF PARA 键用于设置刀具、刀具偏置、R 等参数
程序管理		PROG MAN 键用于显示内存中的所有程序号列表
报警		ALARM 键用于显示各种系统报警信息
自定义键		CUST AREA 键用于厂家自定义

（续）

名　称	功能键图例	功　能
报警取消		ALARM CANCEL 键用于消除数控系统（包括机床）的一些报警信号
通道转换	(图标)	GROUP CHANNEL 为通道转换键
帮助		HELP 为帮助功能键，为操作者提供报警信息与帮助

3. 屏幕划分与屏幕软键

屏幕与屏幕软键如图 5-43 所示，它分状态区、应用区域、说明和软键区域三部分。SIEMENS 802D 系统的屏幕软键较为复杂，本书将在介绍具体操作过程中再详细介绍其软键功能。

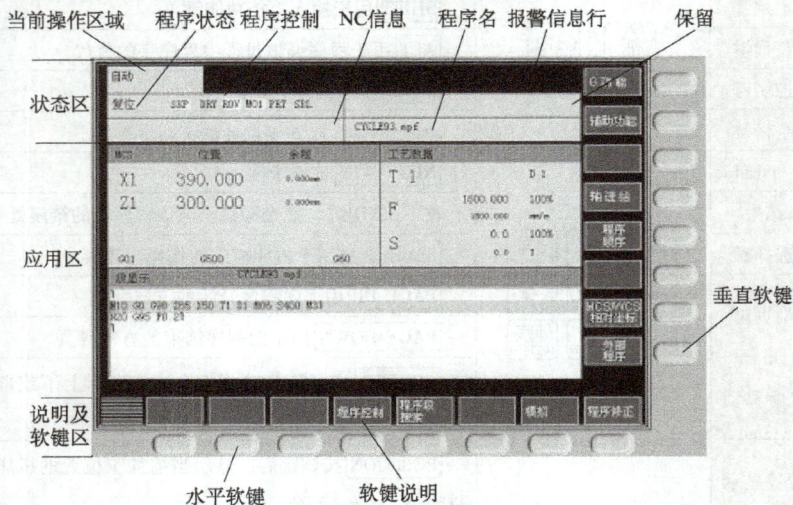

图 5-43　SIEMENS 802D 屏幕划分与屏幕软键

二、SIEMENS 802D 系统数控车床操作

1. 开机流程

1）检查机床和 CNC 系统各部分初始状态是否正常。

2）将机床侧面电器柜上的电源开关向上扳到"ON"位置，接通机床电源。

3）按下机床面板上的绿色"电源开"按钮，数控系统开始启动，系统引导内容完成后，显示如图 5-44 所示开机画面。

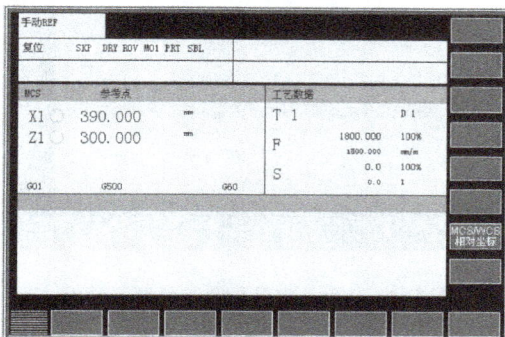

图 5-44　机床开机画面

4）如屏幕右上角闪烁 003000 报警信号，应按住"复位"键数秒，003000 报警信号取消，系统复位。

注：按下"复位"键如无反应，则应检查一下"急停"按钮是否被按下，如被按下，只需顺时针转动急停按钮，使按钮向上弹起，然后执行 4）、5）项操作即可。

2. 关机流程

1）按"加工显示"键，回到主界面。

2）卸下工件和刀具。

3）在"JOG"运行方式下，将刀架移动到安全位置后按下急停键。

4）按下"电源关"按钮，关机床面板上的系统电源。

5）关机床侧面的机床电器柜电源。

3. 返回参考点（简称"回零"）

1）先将"进给速度修调倍率"旋钮上的箭头指向 100%。

2）按下"回参考点"键，进入"回参考点"窗口（图 5-45），在该窗口中，画面上"○"表示坐标轴未回到参考点，"◕"则表示坐标轴已经返回参考点。

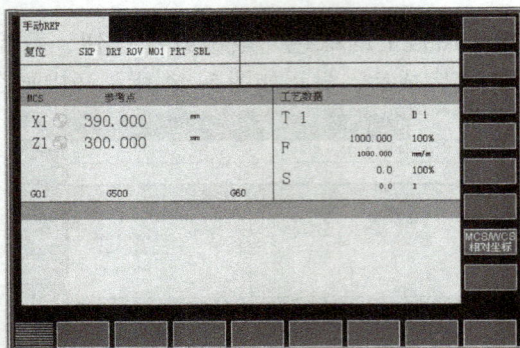

图 5-45　机床返回参考点后显示画面

3）一直按住"＋X"键，使刀架向 X 轴正向移动，当机床减速开关被压下后，刀架减速并向相反方向运动直至停止。这时，屏幕上的 X 轴图标由"○"变成"●"，表示 X 轴已经回到参考点。

4）按照同样的方法，使 Z 轴返回参考点。

5）选择"JOG"（即手动）运行方式，结束回参考点状态，并按住"－X"、"－Z"键，使刀架回移一段距离以离开机床的极限位置。

X 和 Z 轴回参考点后，屏幕显示如图 3-45 所示画面。

有些机床，如要进行 SP 轴（主轴）回参考点操作，此时可采用人工方式或手动运行方式转动卡盘，使 SP 轴回参考点（如机床无角度测量功能，SP 轴可不回参考点）。

6）回参考点注意事项：

① 开机后，首先应进行"机床回参考点"操作，机床坐标系的建立必须通过该操作来完成。

② 即使机床已经回过参考点，如出现下列三种情况时，必须重新进行"回参考点"操作：

a. 机床断电后重新接通电源。

b. 机床解除急停状态后。

c. 机床超程报警解除后。

③ 在回参考点操作之前，刀架通常应位于减速开关和负限位开关之间，以使机床在返回参考点过程中找到减速开关。

④ 在 X、Z 轴回参考点过程中，如果选择了错误的回参考点方向，刀架则不会移动。

⑤ 在 X、Z 轴回参考点过程中，注意不要发生任何碰撞。

⑥ 在回参考点过程中，若松开了 X 轴或 Z 轴正向"点动"键，机床则会停止动作。这时，若改变运行方式（JOG、MDI 或 Auto），系统将显示 016907 报警。按"复位"键或"报警应答"键，即可消除其报警信号。

⑦ 当刀架已减速并向相反方向运动时，松开 X 轴或 Z 轴正向"点动"键，则机床停止运动，并显示 020005 报警，表示回参考点失败。按"复位"键即可消除其报警。然后再按住 X 轴或 Z 轴正向点动键，直到刀架运动完全停止。

4. JOG（手动）运行方式

按"JOG"键进入手动运行方式后，屏幕显示如图 5- 46 所示窗口。

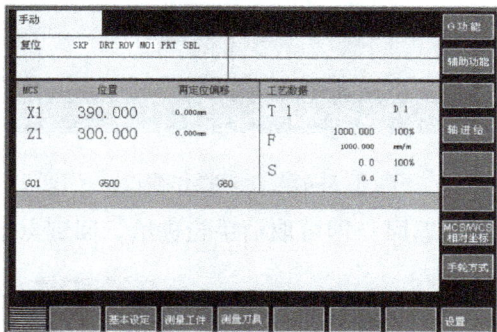

图 5-46　JOG 运动方式显示窗口

在这种方式下，主要可以进行以下几种操作：

（1）慢速工进　按下任一"点动"键可以使刀架沿相应的轴向移动；刀架移动速度可以通过"进给速度修调倍率"旋钮随时调节。

（2）快速进给　按住某轴"点动"键不松开，同时按"快速运行"键，可以使刀架沿该轴快速移动。

注意进给方向不能搞错

（3）增量进给　按"增量选择"（VAR）键，进入增量模式并选择增量步长（1INC、10INC、100INC、1000INC）后，每按一次"点动"键，刀架向相应方向移动一个步进增量，这种方式对精确调节坐标位置有较大帮助。按"JOG"键结束增量模式，返回手动运行方式。

（4）**手轮进给** 在 JOG 窗口中，按下垂直软键［手轮方式］进入图 5-47 所示手轮操作窗口，使用"光标/翻页"键定位到所选号，然后按［X］或［Z］软键，则在相应位置出现"√"符号。这时，摇动手轮即可使刀具沿相应轴进给。

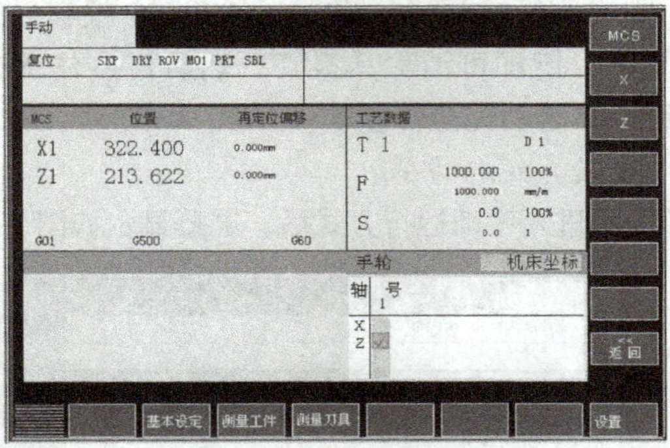

图 5-47　手轮操作窗口

按垂直软键［返回］即可取消手轮进给，回到点动状态。

> 手轮操作时，增量步长要选择正确

5. MDI（手动数据输入）运行方式

在这种方式下，可以输入程序段并执行其内容。先按"MDI"键进入手动数据输入运行方式，然后按"加工显示"键进入如图 5-48 所示窗口。

如在 MDI 窗口的命令行中输入"T2；M03 S600"并按"循环启动"键，刀架将自动转到 2 号刀位，系统同时自动调用相应的刀具参数，屏幕上的刀具显示也改成了 T2D1 及 S600。该程序段执行完毕后，命令行中的内容仍然保留，并可重复执行，直至输入新的内容替换它。

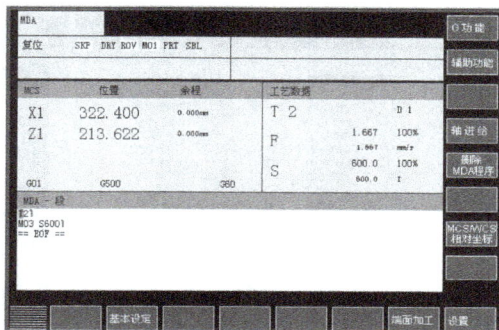

图 5-48 MDI 显示窗口

注：在 MDI 方式下，不能加工由多个程序段描述的轮廓（如固定循环及倒圆、倒角等）。

6. 对刀操作与零点偏置的设定

对刀操作如图 5-49 所示，该机床的机床原点设在卡盘中心，当使用刀具长度补偿（即刀具偏移）作为设定工件坐标系的方法时，首先应将工件坐标系原点偏置设定为 0（工件原点偏置的设定方法及过程见下述），然后再进行对刀操作。

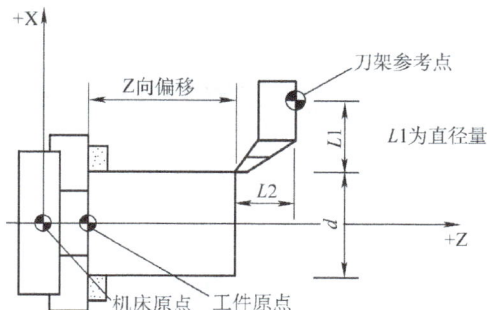

图 5-49 对刀操作

（1）机床原点偏置（即零点偏移）的设定

1）在"JOG 模式下，按下 OFF PARA 键返回主菜单。

2）按水平软键［参数］功能键进入 R 参数设置窗口，如图 5-50 所示。

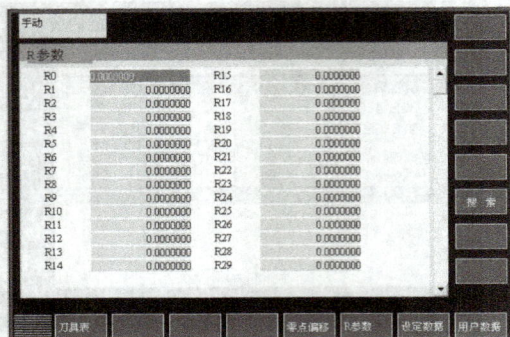

图 5-50　R 参数设置窗口

3）选择［零点偏移］，进入零点偏移窗口，如图 5-51 所示。

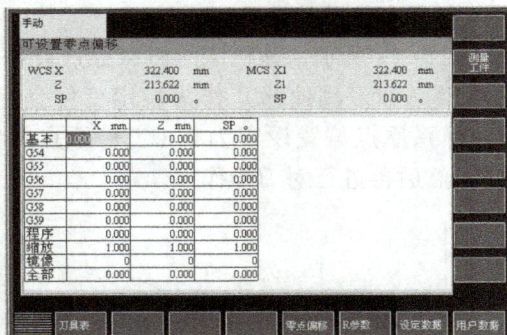

图 5-51　零点偏置窗口

4）把光标移到待修改的输入区。

5）输入数值"0"，按 |INPUT| 键确认。

6）用同样方法，在零点偏置窗口将 G56 或 G57 等值设置为零。

（2）建立用于刀具补偿的刀具号、切削沿号、刀沿号

1）在"JOG"模式下，选择水平软键［刀具表］，出现如图 5-52 所示窗口。

2）依次按垂直软键［新刀具］、［车削刀具］出现如图 5-53 所示窗口。

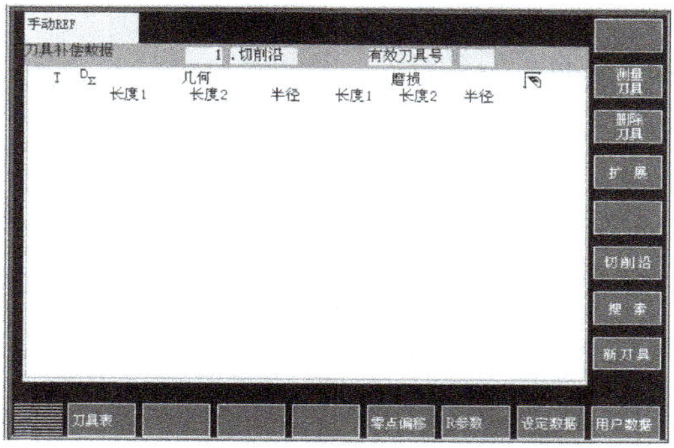

图 5-52　刀具表窗口

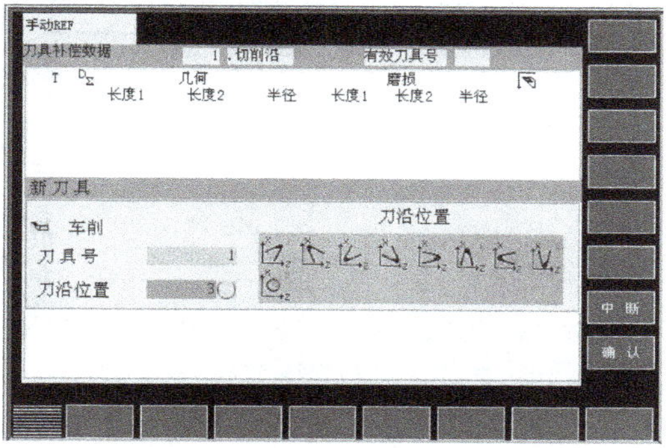

图 5-53　新刀具设定窗口

3）用光标移动键移动至刀具号处，输入"1"。

4）用光标移动键移动至刀沿位置处，用 SELECT 键选择 3 号刀沿，按垂直软键［确定］。建立刀具号为 1、切削沿为 1、刀沿号为 3 的数控车刀具。

5）依次建立其他 3 把刀的刀具号、切削沿号和刀沿号。

假设刀架上装有 4 把刀，分别是 1 号外圆车刀，2 号螺纹车刀，3 号切断刀和 4 号内孔车刀。其对刀操作与刀具补偿参数设置过程如下（3）～（7）的步骤进行。

（3）在"MDI"运行方式下开主轴及换 1 号刀　在"MDI"运行方式下，输入"T01；M03 S500"，接着按"循环启动"键，1 号刀转为当前刀具，主轴正转。

（4）第一把刀的对刀操作

1）Z方向的对刀：

① 在"JOG"运行方式下，车工件端面，车完端面后保持 Z 轴不动，刀架沿 +X 方向退出。

② 按 OFF PARA 键，按下水平软键［刀具表］，按垂直软键［测量刀具］，按垂直软键［手动测量］，按垂直软键［长度2］，出现如图 5-54 所示的窗口。

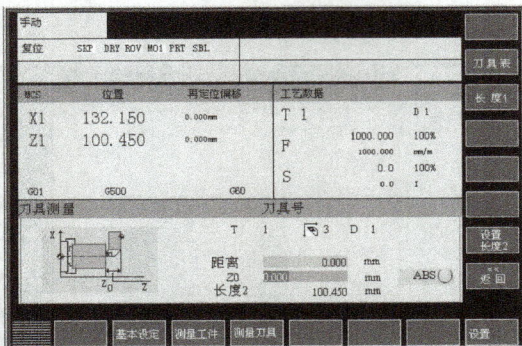

图 5-54　Z 向刀具长度补偿设置窗口

③ 向上或向下移动光标，在距离后的空格中输入"0"，在 Z0 后的空格中输入"0"。

④ 按垂直软键［设置长度2］，系统自动计算出 Z 向刀具长度补偿值，并存入相应的刀补寄存器中，从而完成该刀具 Z 向对刀。

2）X 方向对刀：

① 在"JOG"运行方式下，车工件外圆，长度为 5～10mm，然后保持 X 轴不动，刀架沿 +Z 方向退出。

② 主轴停转，测量出刚车出的外圆表面的直径。

③ 按 OFF PARA 键，按下水平软键［刀具表］，按垂直软键［测量刀具］，按垂直软键［手动测量］，按垂直软键［长度1］，出现如图 5-55 所示的窗口。

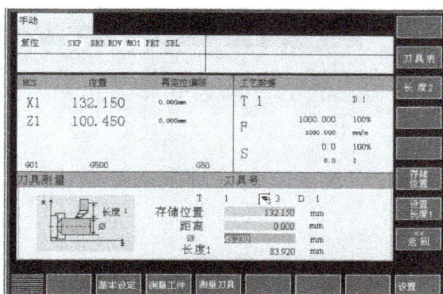

图 5-55　X 向刀具长度补偿设置窗口

④ 向上或向下移动光标，在距离后的空格中输入 "0"，在 φ 后的空格中输入刚才测量出的直径值。

⑤ 按垂直软键［存储位置］，再按垂直软键［设置长度 1］，系统自动计算出 X 向刀具长度补偿值，并存入相应的刀补寄存器中，从而完成该刀具 X 向对刀。

（5）其余刀具的对刀操作　其余刀具的对刀方法与第一把刀基本相同，不同之处在于第①步不再切削工件表面，而是将刀尖逐渐接近并分别接触到端面及外圆表面后，即进行余下步骤的操作。

（6）设置刀尖圆弧半径补偿值

1）在如图 5-55 所示的窗口下按垂直软键［刀具表］，出现如图 5-56 所示的窗口（4 把刀均已对刀完成）。

2）左右或上下移动光标，将光标移动至形状的刀具半径处，输入相应刀具半径，按下 INPUT 键确认。

3）同样，在该窗口下，也可进行刀沿号的修改。

（7）对刀正确性校验　对刀结束后，为保证对刀的正确性，要进行对刀正确性的校验工作，具体步骤如下：

在 MDI 方式下选刀，并调用刀具偏置补偿，在 POS 画面下，手动移动刀具靠近工件，观察刀具与工件间的实际相对位置，对照屏幕显示的绝对坐标，判断刀具偏置参数设定是否正确。

该步操作不能省略

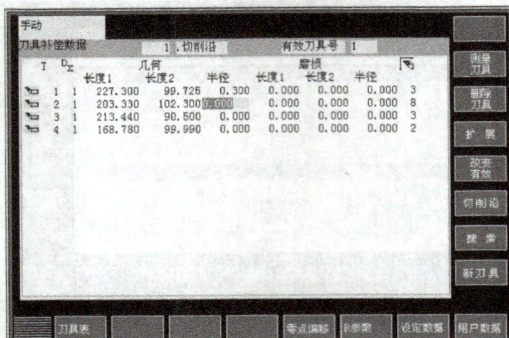

图 5-56 刀具补偿参数设定窗口

7. 有关程序的操作

（1）建立新程序

1）按 $\boxed{\text{PROG MAN}}$ 键，进入如图 5-57 所示的程序管理窗口。

2）按垂直软键［新程序］，屏幕中出现建立新程序对话窗口，在该窗口中输入新程序名，如"LWM01"。

3）按［确认］键，生成新程序名为"LWM01"的主程序文件，自动转入程序编辑页面，即可进行程序的编辑操作。

> 建立的新程序号不能与系统中的程序号重复

（2）打开或删除原程序

1）按 $\boxed{\text{PROG MAN}}$ 键，返回如图 5-57 所示的程序管理窗口。

2）移动光标键，移动到要打开或删除的程序名上。

3）按垂直软键［打开］或［删除］，即可完成该程序打开或删除操作。

（3）程序的输入与编辑 程序的输入窗口如图 5-58 所示，程序的编辑操作过程如下：

1）程序的输入。程序输入方法如下：

例 G90 G54 G94 $\boxed{\text{回车}}$；

　　T1D1；

　　G00 X100 Z100 $\boxed{\text{回车}}$；

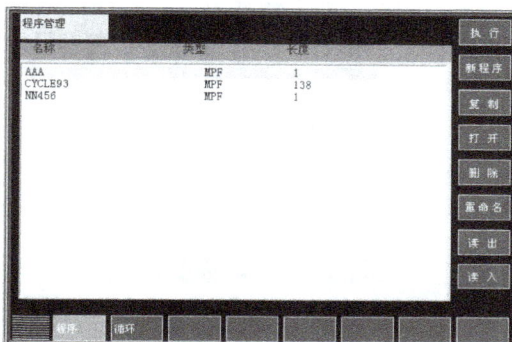

图 5-57　程序操作区画面

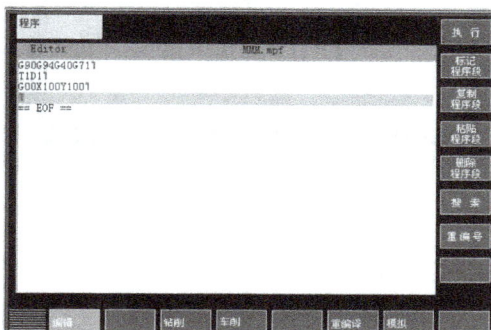

图 5-58　程序编辑窗口

273

......

2）程序的编辑。如果发现程序中有个别字符错误，只需把光标定位到该字符的右侧，然后用 删除 键删除错误，再重新输入即可。

在［编辑］的垂直软键子菜单中，可以使用程序段的［标记］、［删除］、［拷贝］和［粘贴］功能。在［搜索］子菜单中，可以对指定的文本或行号进行搜索定位。

3）程序编辑时的注意事项。

① 零件程序未处于执行状态时，方可进行编辑。

② 如果要对原有程序进行编辑，可以在"程序页面"用光标选择待编辑的程序，然后选择［打开］，就可以进行编辑了。

③ 零件程序中进行的任何修改，均立即被存储。

（4）固定循环的编辑　加工循环可以在程序编辑窗口进行手动输入，但通过"屏幕格式"输入更直观、方便，也更容易保证其准确性。

1）在图 5-58 所示的程序编辑窗口中，按水平软键［车削］。此时，在垂直软键处出现［切削］、［螺纹］、［凹槽］和［退刀槽］4个选择软键。本处以切削循环为例来说明固定循环的编辑方法。

2）按垂直软键［切削］，出现如图 5-59 所示窗口。

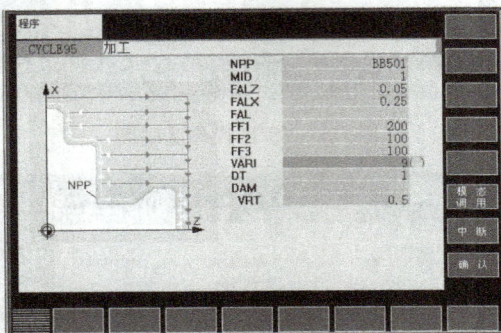

图 5-59　切削循环的屏幕格式

3）在对应的参数表格中输入相应的数值后按［确认］键，返回程序编辑窗口，完成固定循环的输入与编辑。

8. Auto（自动）运行方式

在保证安全的情况下才能进行自动运行操作

（1）自动运行前的检查　使用自动运行功能之前，一定要先做好以下各项检查工作：

1）机床刀架必须回参考点。

2）待加工零件的加工程序已经输入，并调试确认无误。

3）加工前的其他准备工作均已就绪，如参数设置、对刀及刀补。

4）必要的安全锁定装置已经启动。

（2）自动加工的操作过程

1）打开需要自动运行的程序，按垂直软键［执行］。

2）按"Auto"键进入自动运行方式，此时屏幕出现如图 5-60 所示的窗口。

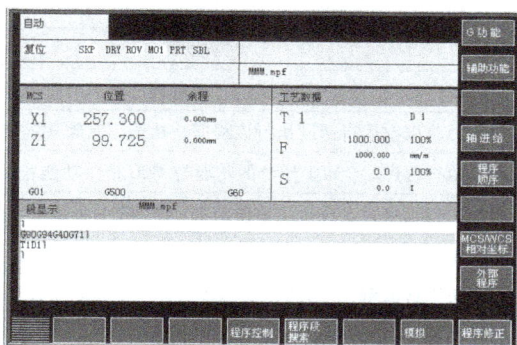

图 5-60　自动运行加工窗口

3）按"循环启动"键，进入自动加工。

在加工过程中，可以通过 Auto 窗口观察到当前刀尖的坐标位置（机床/工件）以及剩余行程、当前进给速度、主轴转速和当前刀具；还可以观察正在执行及待执行的程序段。

（3）自动加工工过程中的程序控制

1）在如图 5-60 所示的窗口下，按水平软键［程序控制］键，进入如图 5-61 所示的程序控制窗口。

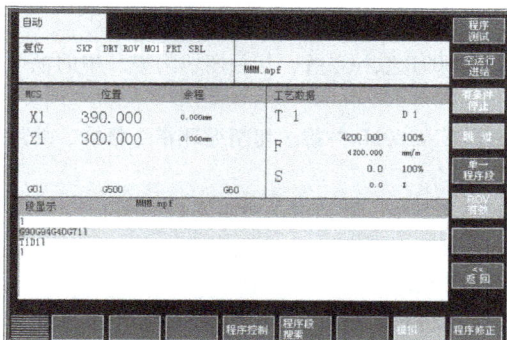

图 5-61　程序控制窗口

2）按下该窗口下的垂直软键，即可实现不同的程序控制。不同程序控制的含义见表 5-18。

表 5-18　自动运行状态下程序控制的含义

垂直软键	功　　能
程序测试	程序运行，但刀具不运动，测量程序格式的正确性
空运行进给	刀具以空运行速度执行该程序，检测刀具轨迹的正确性
有条件停止	执行程序时，M01 指令的功能与 M00 指令功能相同
跳过	执行程序时，跳过程序段前加"/"符号的程序段
单一程序段	单段运行方式，每个程序段逐段解码，每段结束时有一暂停
ROV 有效	按下该软键，"进给速度修调倍率"旋钮对于快速运行也有效

9. 其他操作

在 SIEMENS 802D 系统的屏幕操作中，除了上述操作外，还能进行 [报警]、[维修信息]、[调试]、[机床数据]、[口令]、[语言转换] 等操作。具体的操作过程请参阅机床配套的操作说明书。

复习思考题

1. 试写出 SIEMENS 802D 系统的毛坯切削循环指令格式，并用图示方式说明其动作。

2. SIEMENS 802D 与 SIEMENS 802C 毛坯切削循环指令对切削轮廓的要求有何不同？

3. 对 SIEMENS 802D 数控系统，其毛坯切削循环中的纵向加工和横向加工如何区别？

4. 试写出 SIEMENS 802D 的螺纹切削循环指令格式，并用图示方式说明其动作。

5. 在 SIEMENS 系统中，程序名的命名规则是什么？

6. 子程序如何调用？

7. R 参数分为哪几种，各有何特点？

8. 常用的程序跳转有哪几种？其跳转功能是如何实现的？

9. G54 与 TRANS 均为零点偏置指令，它们的主要区别是什么？如何正确选用？

10. 采用子程序及 TRANS 指令编写图 5-5 所示工件的加工程序。

11. 简要说明模式选择按钮的种类及其作用。

12. 怎样进行系统电源的开/关操作？

13. 如何进行程序及程序段的检索？

14. 怎样进行机床的手动回参考点操作？在什么情况下刀架必须回参考点？加工程序中的回参考点程序段是如何编写的？

15. 如何消除机床的急停状态？

16. 在 JOG 和 MDI 状态下进行转刀的效果有哪些不同？

17. 如何进行 G54 的参数设定？

18. 假如工件粗加工结束后，测得其直径大 0.1mm，如何通过刀补值在精加工时修正该偏差？

19. 刀尖圆弧半径补偿如何输入？

20. 在数控机床的编程与操作过程中，为什么要进行空运行操作？如何进行加工程序的空运行？

第六章

自动编程与数控仿真

培训学习目标 了解自动编程的基本知识；了解常用的 CAD/CAM 软件；掌握 Mastercam 自动编程的方法；掌握数控铣床/加工中心仿真操作的方法。

第一节 自动编程概述

一、自动编程的定义与特点

自动编程又称为计算机辅助编程，其定义是：利用计算机（含外围设备）和相应的前置、后置处理程序对零件源程序或几何造型进行处理，以得到加工程序和数控工艺文件的一种编程方法。

自动编程即用计算机编制数控加工程序的过程。编程人员只需根据图样的要求，使用语言编程或图形编程的方法编写出零件加工源程序，送入计算机，由主计算机自动地进行数值计算、后置处理，编写出零件加工程序单，直至自动生成加工代码。自动编程的出现使得一些计算繁琐、手工编程困难或无法编出的程序能够实现。因此，自动编程的前景是非常广阔的。

二、自动编程的分类

自动编程根据编程信息的输入与计算机对信息的处理方式不同，可分为以语言处理为基础的语言编程方式（ATP）、以计算机绘图为基础的图形交互编程方法（CAD/CAM）和以人机对话为基础的会话编程方式（WOP）等，其中图形交互编程方式和会话编程方式是当今数控编程发展的方向，而语言编程方式在当今数控编程中已很少使用了。

1. 语言式自动编程

以语言为基础的自动编程方法称为语言式自动编程，在编程时，编程人员是依据所用数控语言的编程手册以及零件图样，以语言的形式表达出加工的全部内容，然后再把这些内容全部输入到计算机中进行处理，制作出可以直接用于数控机床的 NC 加工程序。以 APT（Auto matically Programmed Tools）语言自动编程系统为例，其处理过程可分成编写零件源程序、计算机编译处理、生成加工代码（后置处理）三个部分组成。

2. 图形交互式自动编程

图形交互式自动编程是建立在 CAD/CAM 软件的基础上的。通常利用 CAD/CAM 软件先将零件的几何图形绘制到计算机上，形成图形文件，然后调用数控编程模块，采用人机交互方式输入相应的加工工艺参数后，计算机即可自动生成加工程序。与语言式自动编程相比，图形交互自动编程系统是一种直观性好、使用简便、速度快、精度高的自动编程方式，图形交互式自动编程方式很好地解决了语言式自动编程过程中编程方法直观性差、编程过程复杂、编程过程中不便于程序阶段性检查等缺点。随着计算机图形处理能力的不断提高，各类 CAD/CAM 软件的不断优化、升级，图形交互式自动编程已成为自动编程的主流方式。

三、图形交互式自动编程的操作步骤

作为当前自动编程的主要方式，图形交互式自动编程可分为零件图及加工工艺分析、几何造型、生成刀具路径轨迹、路径校验、后置处理、程序传输。

1. 零件图及加工工艺分析

零件图及加工工艺分析是数控编程的基础。所以，图形交互自动编程与手工编程一样也首先要进行这项工作。由于目前的 CAD/

279

CAM 软件在零件图及加工工艺分析方面的功能不是很完善，所以，这项工作仍需由编程人员来完成。这项工作的主要任务有：核准零件的几何尺寸、公差及精度要求；确定零件相对机床坐标系的装夹位置以及被加工部位所处的坐标平面；选择刀具并准确测定刀具的有关尺寸；确定工件坐标系、编程零点、找正基准面及对刀点；确定加工路线；选择合理的工艺参数。

2. 几何造型

几何造型就是利用 CAD/CAM 软件中的二、三维绘图功能将零件所需加工部位的几何图形准确地绘制出来，并在计算机中形成相应的零件图形数控文件。这些图形文件是下一步刀具轨迹计算的依据。自动编程过程中，软件将根据加工要求提取这些数据，进行必要的分析判断和数学处理，以形成加工的刀具位置数据。

> 几何造型是自动编程的关键

3. 形成刀具路径轨迹

图形交互自动编程的刀具路径轨迹的生成是编程人员面向计算机屏幕上的图形交互进行的。其基本过程是这样的：首先进入生成刀位轨迹功能模块，然后根据实际加工需要用光标选择相应的图形目标，输入加工所需的各种参数。软件将自动从图形文件中提取所需的信息，进行分析判断，计算出节点数据，并将其转换成刀位数据，存入指定的刀位文件夹中或直接进行后置处理生成数控加工程序。同时在屏幕上显示出刀位轨迹图形。

4. 后置处理

后置处理的目的是形成数控指令文件。由于各种机床所用的系统不一样，所以所用的数控指令文件的代码及格式也有所不同。为解决这一问题，软件通常设置一个后置处理文件。在进行后置处理前，编程人员需对该文件进行编辑，按文件规定的格式定义数控指令文件所需使用的代码、程序格式、圆整计算方式等内容。软件在执行后置处理命令时将自动按设计文件定义的内容，输出所需的数控指令文件。

> 后置处理是自动编程的最终环节

5. 程序校验

图形交互自动编程方式生成的程序可调用 CAD/CAM 软件所提供的加工仿真模块进行程序的校验，编程人员可根据具体要求选择相应的或全部的刀位轨迹进行检查，编程人员可观察到实体加工仿真，从而检查实际加工情况以及是否发生刀具干涉现象。

6. 程序传输

由于图形交互自动编程软件在编程过程中可在计算机内自动造成刀位轨迹图形文件和数控指令文件，所以程序的输出也可通过计算机的各种外部设备进行。对于有标准通信接口的机床，可用通信线与计算机直接相连，实现计算机与机床控制系统的程序相互传输。

四、数控车削加工自动编程软件介绍

自动编程软件的种类很多，而且地区不同，使用的 CAD/CAM 软件也不尽相同。当前，我国数控车削加工中常用的自动编程软件主要有 CAXA 数控车和 Mastercam 数控车。

1. CAXA 数控车

CAXA 软件是我国北航海尔软件有限公司自行研制开发的面向数控车床、数控铣床及加工中心的三维 CAD/CAM 软件，它既具有线框造型、曲面造型和实体造型的设计功能，又具有生成二至五轴的加工代码的数控加工功能，可用于加工具有复杂三维曲面的零件。

CAXA 数控车软件是专为数控车床设计的自动化编程软件，能根据不同的数控系统生成各种数控车床的复合循环编程指令。该软件为全中文界面，操作简单方便，其操作界面如图 6-1 所示。

2. Mastercam 数控车软件

Mastercam 软件是由美国 CNC Software 公司开发的基于 PC 平台集二维绘图、三维曲面设计、体素拼合、数控编程、刀具路径模拟及真实模拟功能于一身的 CAD/CAM 软件，该软件尤其对于复杂曲面的生成与加工具有独到的优势，但其对零件的设计、模具的设计功能不强。

281

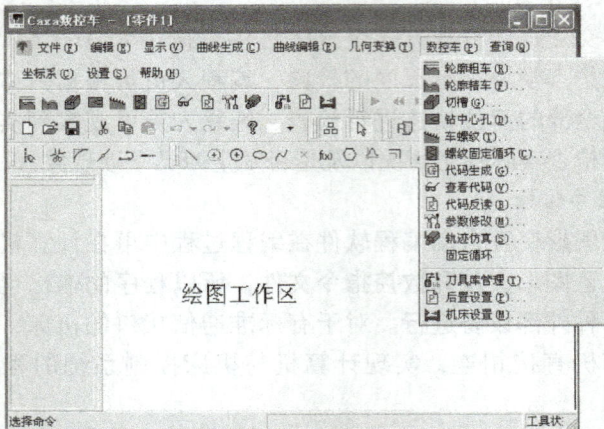

图 6-1　CAXA 数控车床自动编程界面

　　Mastercam 数控车也是专为数控车床设计的自动化编程软件，具有各种车床数控系统的自动化编程能力，能生成粗车、精车、切槽、螺纹加工等各种复合循环指令。该软件具有英文及汉化的中文界面，操作简单方便，其操作界面如图 6-2 所示。

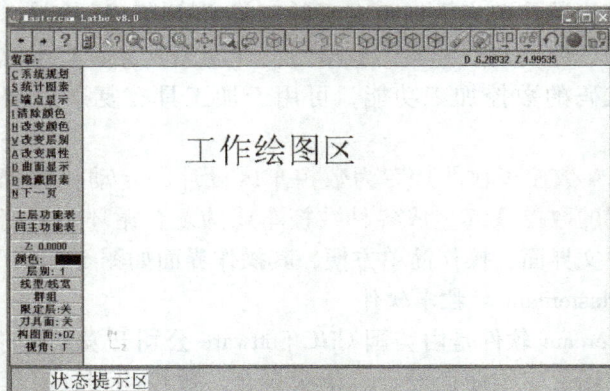

图 6-2　Mastercam 数控车床自动编程界面

第二节 Mastercam 自动编程软件介绍

一、启动 Mastercam Lathe

以从开始菜单中启动 Mastercam8.0 为例，步骤依次为：依次点击开始→所有程序→Mastercam8→Lathe8 进入。也可在桌面上双击 Lathe v8.0 图标直接进入。启动 Mastercam Lathe v8.0 后，出现如图 6-3 所示的欢迎画面。Mastercam Lathe v8.0 的窗口界面如图 6-4 所示，其窗口界面主要由标题栏、工具栏、主功能列表区、子功能列表区、工作区和系统提示区组成。

图 6-3 欢迎画面

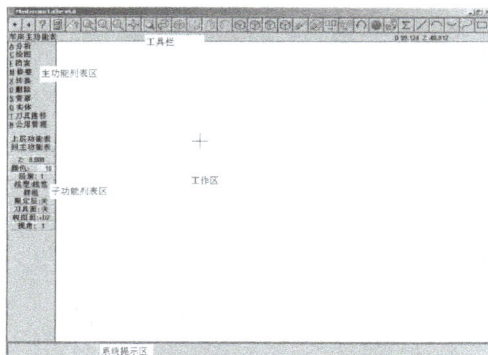

图 6-4 Mastercam Lathe v8.0 的窗口界面

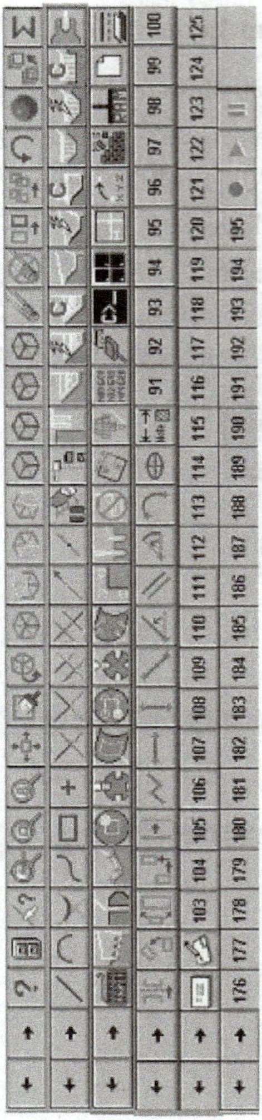

图 6-5　Mastercam Lathe v 8.0的工具栏

二、工具栏

Mastercam Lathe v8.0 的主功能工具栏位于主窗口的上方。通常情况下，该工具只显示其中的一行，这时，点击工件栏上的左侧的"向左"或"向右"按钮，可以显示上一页或下一页的主功能工具列表，完整的主功能工具栏列表如图 6-5 所示。当光标移动到每个按钮上并作适当停顿时，Mastercam Lathe v8.0 会自动显示其对应的功能解释。

三、主功能列表区和子功能列表区

主功能列表区中显示可供用户选择的命令列表，如图 6-6a 所示。在主功能列表区下面有两个按钮，分别是"上层功能表"和"回主功能表"。利用这两个按钮就可以在命令列表之间寻找需要的命令，并可以方便地返回到上一层命令列表或主功能列表。

单击主功能列表区中的任一按钮，则主功能区变为该按钮的子功能列表，图 6-6b 所示为单击"档案"命令后的子命令列表；再单击"档案转换"命令，进入如图 6-6c 所示的档案转换命令列表；采用这种方法可将子功能层层展开。在子功能状态下，单击"回主功能表"按钮，就回到如图 6-6a 所示的主功能列表区。

285

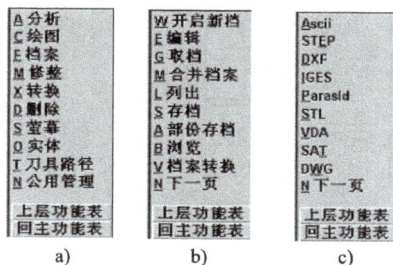

图 6-6　主功能和子功能列表

四、系统提示区

在屏幕的下方有一个专门向用户提供信息其区域，叫做系统提示区，如图 6-7 所示，系统提示区在适当的时候会提供相应的信息，以帮助用户完成所需的操作。

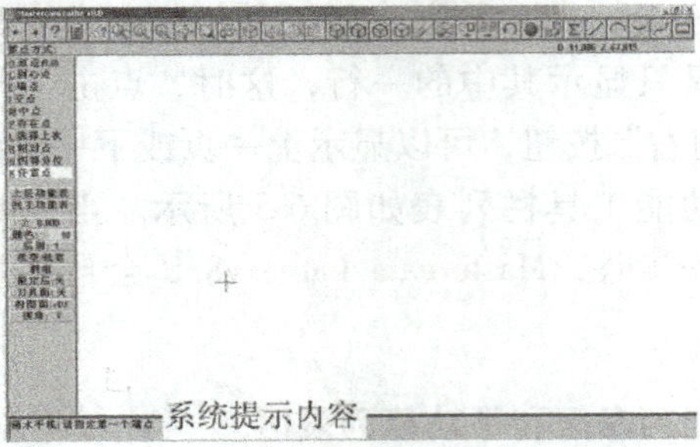

图 6-7　屏幕提示区

第三节　Mastercam 编程实例

一、编程实例

例　试用 Mastercam 软件对如图 6-8 所示的轴类零件进行自动编程并生成 FANUC 系统数控车程序。

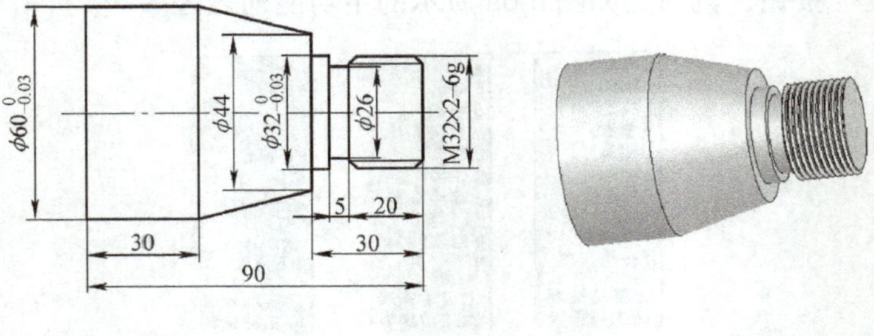

图 6-8　Mastercam 编程实例

二、实例分析

（1）加工思路　本实例数控车的加工步骤为：

1）车削端面。

2）外圆精加工，并留出 0.5mm 的精加工余量。

3）外圆精加工。

4）切槽加工（加工螺纹退刀槽）。

5）螺纹加工。

（2）自动编程思路　本实例的自动编程步骤为：

1）画出二维零件轮廓图。

2）设定工件毛坯。

3）选择加工用刀具。

4）选择切削用量参数。

5）生成刀具轨迹。

6）实体切削验证。

7）后置处理生成数控车加工程序。

三、Mastercam Lathe 自动编程

说明：在 Mastercam Lathe 自动编程的讲解过程中，由于篇幅的原因，本书将着重介绍自动编程的过程，即上述自动编程步骤 2）~7）。而对于二维图的绘制及修整只作简要的介绍，如要对这些内容作深入了解，请参阅相关专业书籍。

为了便于读者理解，本书中的有关功能按钮用带［］的文字表示，如［文件］、［下一页］等。对话框上的按钮则用带【】的文字表示，如图 6-9 所示的对话框中的【是（Y）】、【否（N）】等。

1. Mastercam Lathe 软件中绘制并修整二维图

（1）新建文件　在 Mastercam Lathe 软件左侧的主功能列表区单击［文件］，在弹出的子菜单中单击［开启新档］可创建一个新档案，此时系统会出现如图 6-9 所示的对话框，提示你是否要初始化系统。

（2）绘制二维图形垂直线与水平线　按下列步骤绘制如图 6-10 所示的零件外轮轮廓草图：

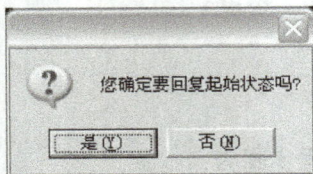

图 6-9　软件系统初始化

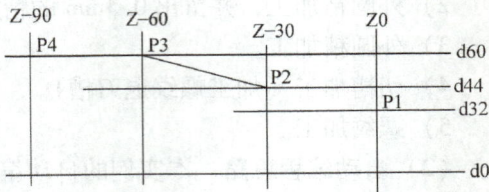

图 6-10　零件外轮廓草图

1）［回主功能］ → ［绘图］ → ［直线］ → ［水平线］，工具栏如图 6-11 所示。

2）系统提示区提示"画水平线，请指定起始位置"（图 6-12），点击屏幕任意位置并拖出一条水平线点鼠标左键，系统提示区提示"请输入 d 值（直径值）"（图 6-13），采用键盘输入"32"后回车确认。

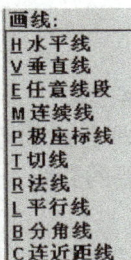

图 6-11　画直线工具栏

图 6-12　系统提示输入起点坐标

3）用同样方法画出 d44、d60 和 d0 的水平线并注意线段的长短及左右位置。

4）点击［回主功能］ → ［绘图］ → ［直线］ → ［垂直线］。

5）系统提示区提示"画垂直线，请指定起始位置"，点击屏幕任意位置并拖出一条垂直线后点鼠标左键，系统提示区提示"请输入 Z 坐标值"（图 6-14），采用键盘输入"0"后按回车确认；画出一条过 Z0 的垂直线。

图 6-13　系统提示输入 d 值

图 6-14　系统提示输入 Z 坐标值

6）用同样方法画出过 Z－30、Z－60、Z－90 的垂直线并注意线段的长短。

7）连接交点 P1 与 P2：点击［回主功能］→［绘图］→［直线］→［任意线段］，依次单击图 6-10 中的点 P2，P3，将两点连接成直线；完成后的草图如图 6-10 所示。

除采用以上方法画直线外，还有多种方法来画直线

合理利用图形修整功能是快速画零件草图的关键

（3）**图形修整**　按下列步骤将如图 6-10 所示图形修整为如图 6-15所示零件外轮廓。

1）点击［回主功能］→［修整］→［修剪延升］→［单一物体］。

2）系统提示"请选择要修整的图素"，选择要修剪线段的保留位置，点击如图 6-10 中 d32 水平线的左端。

3）系统提示"修整到某一图素"，单击 Z0 垂直线，d32 水平线升出 Z0 外的部分被去除。

4）用同样的方法对图中轮廓线进行修整，完成后的图形如图6-16所示。

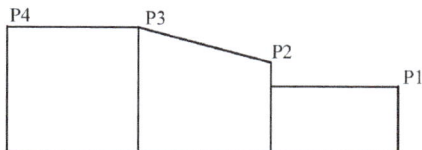

图 6-15　图形修整后的轮廓　　图 6-16　进一步修整后的外形轮廓

（4）**绘制切槽线并作进一步修整**　按下列步骤对图 6-15 所示外形轮廓作进一步修整至图 6-16 所示轮廓。

1）点击［回主功能］→［转换］→［单体补正］，出现如图6-17所示对话框，在该对话框中选中【复制】，【补正之距离】填入"20.0"，其余参数不变，然后点击【确定】。

2）在屏幕中单击 Z0 垂直线，然后在该直线左侧任意位置单击鼠标左键，完成槽侧线绘制。

289

3）用同样方法完成槽底线和另一条槽侧线的绘制。

4）采用图形修整的方法修整出图 6-16 所示外圆槽轮廓。

5）删除多余线段：点击［回主功能］→［删除］，单击要删除的图素，即完成该图素的删除。

（5）**生成完整轮廓**　将图 6-16 所示图形，经下列操作后生成如图 6-18 所示的完整零件外轮廓。

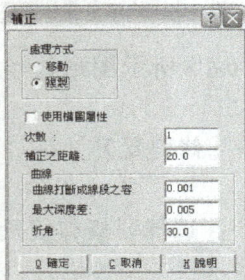

图 6-17　单体补正对话框　　　图 6-18　工件完整轮廓

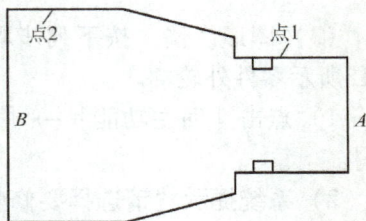

点击［回主功能］→［转换］→［镜像］→［所有的］→［图素］→［执行］→［两点］，选择图 6-16 中的端点 A 和 B，在弹出的对话框中选择【复制】，生成图 6-18 所示工件完整轮廓。

2. 设置工件毛坯

设置工件毛坯的操作过程如下：

1）点击［回主功能］→［刀具路径］→［工作设定］，弹出如图 6-19 所示"车床工作设定"对话框。

2）在对框中选【素材】中的【左主轴】，并选择对话框中的【矩形】。

3）选择［两点］，这时，系统提示"请选择左下角位置"，输入"0，-110"后确定。

4）系统提示"请选择右上角位置"，输入"65，5"后确定。

5）完成毛坯设置，如图 6-20 所示。

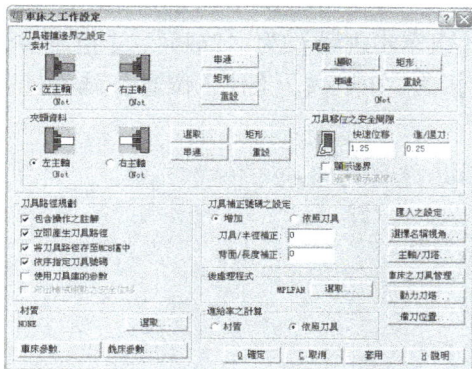

图 6-19　"车床工作设定"对话框　　图 6-20　工作设定后的毛坯图

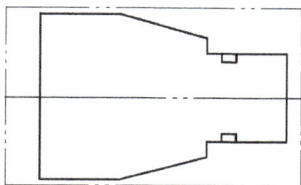

3. 生成刀具轨迹

（1）生成车端面刀具轨迹　生成车端面刀具轨迹的操作步骤如下：

> 生成刀具轨迹时，刀具和切削用量要选择正确

1）点击［回主功能］→［刀具路径］→［车端面］。

2）系统提示"Face：Select first boundary point"，此时输入"0，0"回车确认。

3）系统提示"Enter the second boundary point"，此时输入"67，7"回车确认。

4）弹出如图 6-21 所示对话框，点击【刀具参数】，设置【切削进给率】为 100mm/min，【主轴转速】为 1000r/min。

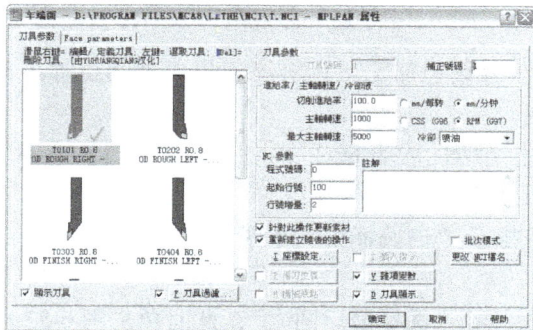

图 6-21　端面加工刀具参数对话框

5）点击【Face parameters】，出现如图 6-22 所示对话框，设置【进刀延升量】为"2mm"，【粗车步进量】为"2mm"，【精车步进量】为"1mm"，【精车次数】为"1"次，【补正位置】选择"左补正"。

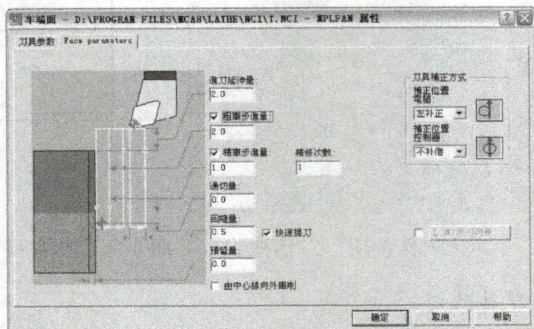

图 6-22　端面加工切削参数对话框

6）点击【确定】，生成如图 6-23 所示端面加工运动轨迹。

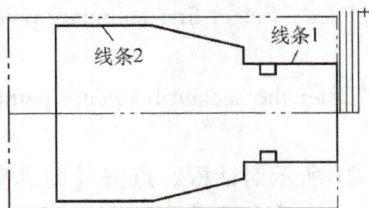

图 6-23　端面加工运动轨迹

（2）生成外圆粗加工刀具轨迹　生成外圆粗加工刀具轨迹的操作步骤如下：

1）点击［回主功能］→［刀具路径］→［粗车］→［串连］→［部分串连］。

2）系统提示"请选择第一个图素"，此时单击图 6-23 中的线条 1。

3）系统提示"选择最后图素"，此时单击图 6-23 中的线条 2。

4）按下［执行］后，弹出类似于图 6-21 所示的刀具参数画面，进行刀具参数设定。

5）在刀具参数画面下，选择【粗车参数】，弹出如图 6-24 所示粗车外圆切削参数对话框，设置【粗车步进】为"2mm"，【X 向预留量】为"0.2mm"，【Z 向预留量】为"0.05mm"，【补正位置】选择"右补正"。

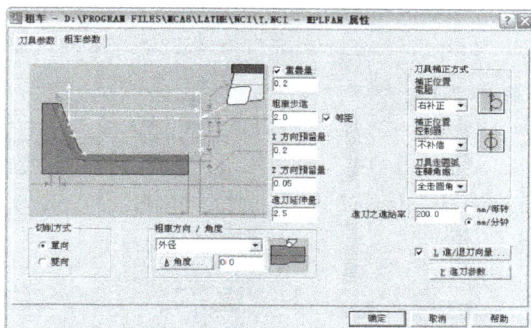

图 6-24　粗车外圆切削参数对话框

6）设置好以上参数后，选择【确定】，生成如图 6-25 所示外圆粗加工刀具轨迹。

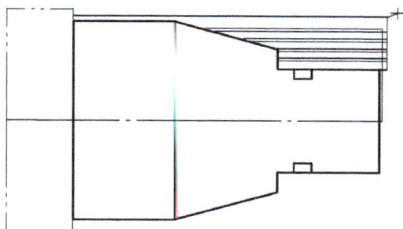

图 6-25　外圆粗加工刀具轨迹

（3）生成外圆精加工刀具轨迹　生成外圆精加工刀具轨迹的操作步骤如下：

1）点击［回主功能］→［刀具路径］→［精车］。

2）系统提示"选择切入点或串连外形 1"，此时单击图 6-23 中的线条 1。

293

3）系统提示"选择最后图素"，此时单击图 6-23 中的线条 2。

4）系统提示"选择切入点或串连外形 2"，此时不再选择线条。

5）按下主功能菜单 [执行]；弹出如图 6-26 所示的刀具参数画面，选择图中的精车刀具并进行刀具切削用量参数的设定。双击该精车刀具图标，弹出图 6-27 所示精车刀具刀片参数对话框，选择相应的刀片参数、夹紧方式等。

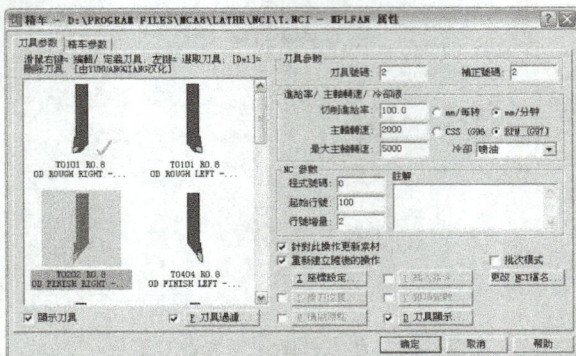

图 6-26　精加工刀具参数对话框

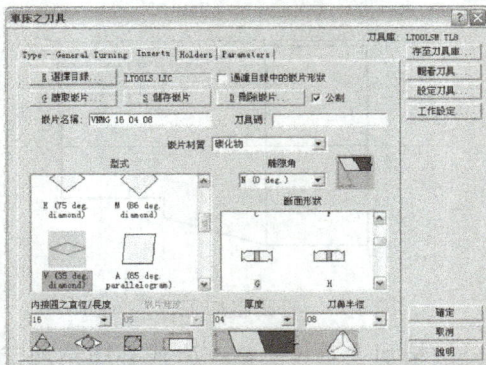

图 6-27　精车刀具刀片参数对话框

6）设置好以上参数后，选择【确定】，生成如图 6-28 所示外圆精加工刀具轨迹。

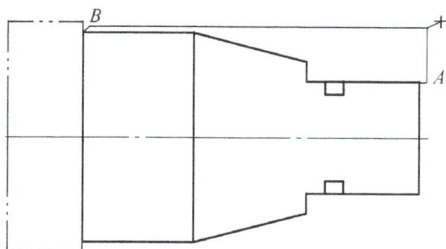

图 6-28 外圆精加工刀具轨迹

（4）生成切槽加工刀具轨迹 生成切槽加工刀具轨迹的操作步骤如下：

1）点击［回主功能］→［刀具路径］→［径向车削］。

2）弹出如图 6-29 所示对话框，选中【2 点】后按【确定】。

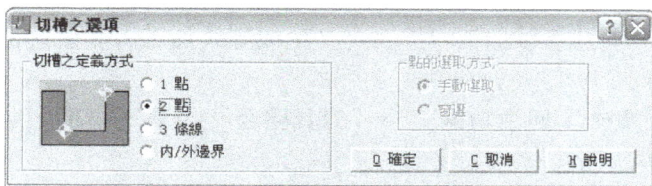

图 6-29 切槽选项对话框

3）依次点击图 6-28 中 A、B 两点，弹出图 6-30 所示径向车削对话框，该对话框共有四个部分，即【刀具参数】、【Groove shape

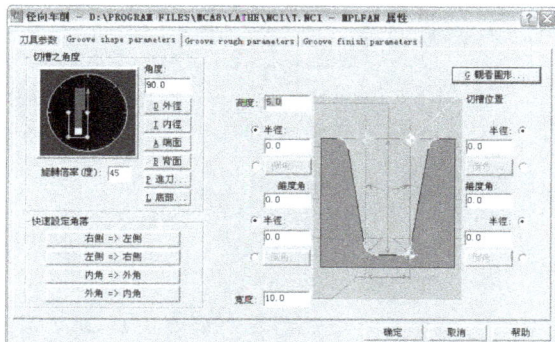

图 6-30 径向切削对话框

parameters】、【Groove rough parameters】和【Groove finish parame-
ters】。分别打开各相关对话框，进行槽形状参数、切削用量参数、
刀片参数、粗切削参数和精切削参数等选项的设定。

4）设定好各项参数后，按【确定】，生成如图 6-31 所示切槽加
工轨迹。

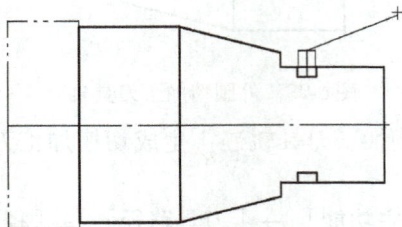

图 6-31　径向切削对话框

（5）生成螺纹加工刀具轨迹　生成螺纹加工刀具轨迹的操作步
骤如下：

1）点击［回主功能］→［刀具路径］→［下一页］→［车螺
纹］。

2）弹出如图 6-32 所示"车螺纹"对话框，该对话框共有三部
分组成，即【刀具参数】、【Thread shape parameters】和【Thread cut
parameters】。分别打开各相关对话框，进行螺纹形状参数、切削用
量参数、刀片参数和切削参数等选项的设定。

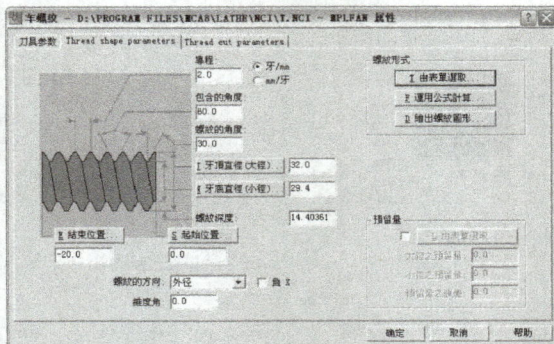

图 6-32　"车螺纹"对话框

3）设定好各项参数后，按【确定】，生成如图 6-33 所示车螺纹加工轨迹。

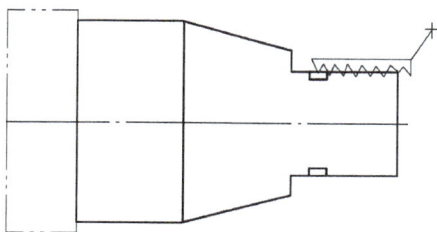

图 6-33　车螺纹加工轨迹

4. 实体切削验证

进行实体验证的操作步骤如下：

1）点击［回主功能］→［刀具路径］→［操作管理］。

2）弹出如图 6-34 所示"操作管理员"对话框，在该对话框中选择【全选】，此时在每一项操作前均打"√"表示选中该操作选项。

图 6-34　"操作管理员"对话框

3）选择【实体切削验证】，弹出如图 6-35a 所示实体加工模拟播放对话框，在对话框中单击【▶】，即可执行该实体加工模拟，其模拟结果如图 6-35b 所示。

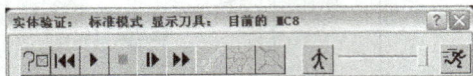

a)

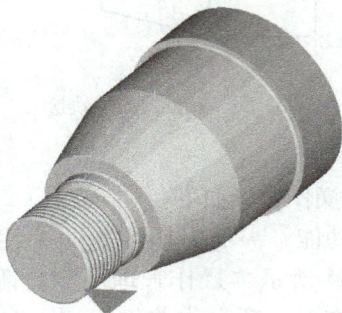

b)

图 6-35　实体切削验证

4）关闭模拟播放对话框，结束实体切削验证。

5. 后置处理

进行后置处理的操作步骤如下：

1）点击［回主功能］→［刀具路径］→［操作管理］。

2）在弹出的如图 6-34 所示操作管理对话框中选择要进行后置处理的操作，该处以粗车外圆为例进行说明。此时在粗车操作前打"√"表示选中该操作选项。

3）选择【执行后处理】按钮，弹出如图 6-36 所示"后处理程式"对话框，选择好存储 NC 程序的位置后点击【确定】。

4）打开刚才生成的 NC 程式（如图 6-37），对程序作适当的修改后保存。在保存该文件时，也可另存为".TXT"后缀名文件。

后置处理后的程序通常要略作修改后才能使用

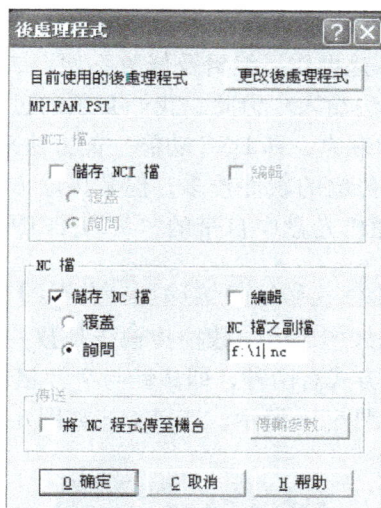

图 6-36 "后处理程式"对话框

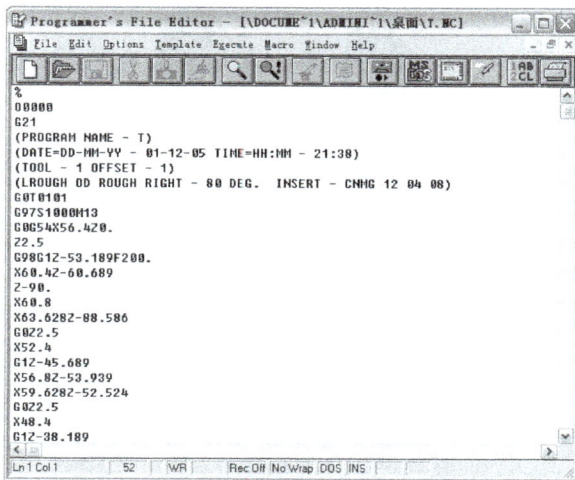

299

图 6-37 后处理程序编辑器

6. 程序传输

在数控车床的程序输入操作中，如果采用手动数据输入的方法向 CNC 中输入，一是操作、编辑及修改不便；二是 CNC 内存较小，程序比较大时就无法输入。为此，我们必须通过传输（计算机与数控 CNC 之间的串口联系，即 DNC 功能）的方法来完成。

虽然用于数控传输的软件较多，但其传输方法却大同小异。现以 SIEMENS 系统随机光盘中自带的"WIN PCIN"软件为例来说明传输的方法。

> FANUC 系统机床也能使用该软件进行传输

（1）数控传输线的连接 数控传输线是数控机床与计算机之间的通信线，其连接方式有两种，即 9 针与 9 针相连和 9 针与 25 针相连。其连接插件如图 6-38 所示，连接方式如图 6-39 所示。

图 6-38　传输连接接插件

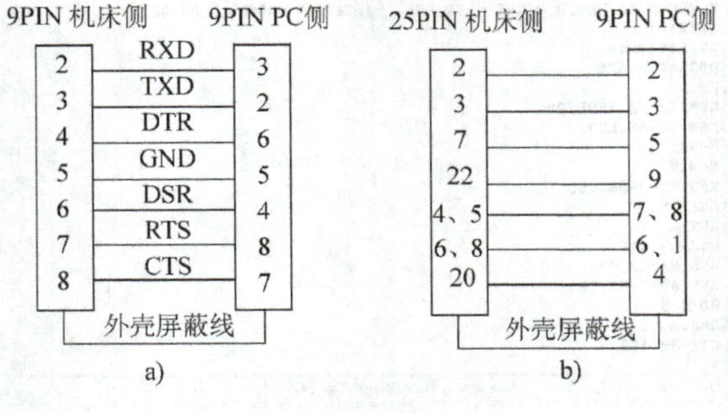

9PIN 机床侧		9PIN PC侧
2	RXD	3
3	TXD	2
4	DTR	6
5	GND	5
6	DSR	4
7	RTS	8
8	CTS	7
外壳屏蔽线		

a)

25PIN 机床侧	9PIN PC侧
2	2
3	3
7	5
22	9
4、5	7、8
6、8	6、1
20	4
外壳屏蔽线	

b)

图 6-39　传输线连接

图 6-39b 中，25 针机床侧的 4 脚与 5 脚短接，6、8、20 脚短接，而 9 针 PC 侧中的 7、8 脚短接，6、1、4 脚短接。

（2）传输软件参数的设定

1）在电脑上打开 SIEMENS 系统传输软件"WIN PCIN"，出现图 6-40 所示操作主界面。

图 6-40　传输软件"WIN PCIN"操作主界面

2）点击"RS232 Config"进入图 6-41 所示的传输参数设置界面。

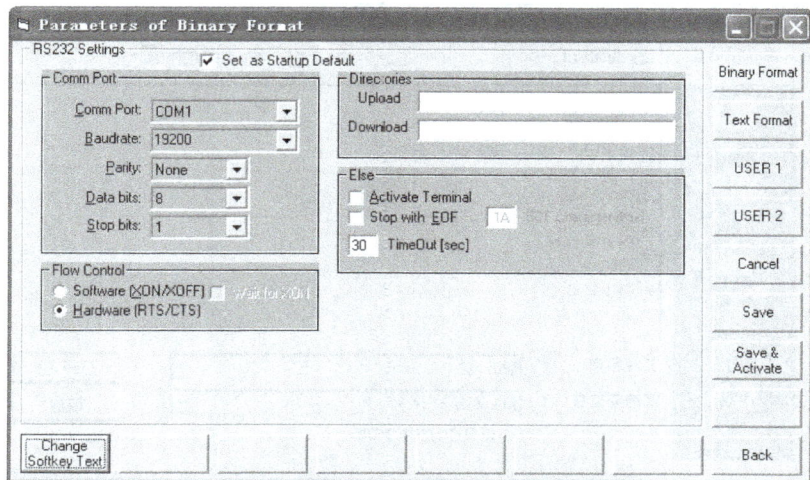

图 6-41　传输参数设置画面

3）根据机床中所设置的参数，在程序中设置如下所示的传输参数值并保存。

① 传输端口（Comm Port）：根据计算机的接线口选择 COM1 或 COM2。

② 波特率（Baudrate）选择 9600 或 4800。

③ 数据位（Data bits）选择 7。

④ 停止位（Stop bits）选择 2。

⑤ 奇偶校验（Parity）选择 EVEN。

⑥ 代码类别为 ISO。

> 要进行正确的程序传输，参数设置是关键

（3）FANUC 数控车床程序的输入　在程序传输的过程中，一般是哪一侧要输入则哪一侧先操作，具体操作过程如下：

1）按下机床操作面板的"EDIT"按钮，按下 MDI 功能按钮 PROG 。

2）输入地址 O 及赋值给程序的程序号，按下显示屏软键 [OPRT]。

3）按下屏幕软键 [READ] 和 [EXEC]，程序被输入。

4）在电脑传输软件主界面上按"Send Data"进入发送界面，找到要传输的程序（图 6-42）并打开，即开始传输程序。

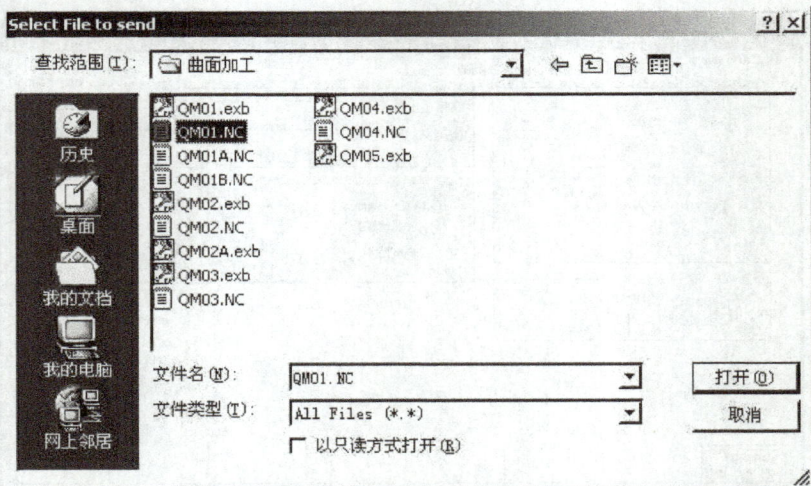

图 6-42　加工程序的传输界面

5）传输完成后，注意比较一下电脑和机床两端的数据，如果数据大小一致则表明传输成功。

（4）程序的输出　FANUC 程序的输出操作及 SIEMENS 程序的输入、输出操作与 FANUC 程序的输入操作相似，操作过程略。

第四节　数控仿真加工

一、数控仿真系统概述

目前，随着计算机技术的发展，在数控培训中普遍采用了仿真加工技术。这样做可使受培训者在人手一机的基础上接受培训，既可以迅速提高操作者的素质，而且培训安全可靠、费用低。

当前，在数控培训中使用的仿真软件较多，现以上海宇龙软件公司开发的"数控仿真系统 V3.8 版"来说明仿真加工的方法。该仿真软件含有多种数控系统的数控车、数控铣和加工中心的仿真操作，具有较大的适用性。

二、宇龙数控仿真系统软件简介

宇龙数控车仿真系统（FANUC 0i 系统）操作界面如图 6-43 所示。

（1）主菜单　主菜单为下拉式菜单，其展开图如图 6-44 所示，可根据需要选择其中的一个。本书中的下拉菜单以带"［ ］"的文字表示，如［文件］、［打开项目］等。

（2）工具栏　宇龙数控车仿真系统的工具栏及其功能如图 6-45 所示。

（3）机床操作面板　宇龙数控车仿真系统的机床操作面板是根据相应系统数控车床的实际操作面板定制而成，请参阅本书第四章（FANUC 系统）和第五章（SIEMENS 系统）相应的面板进行操作。

数控仿真系统的机床操作界面与实际机床面板无大的差异

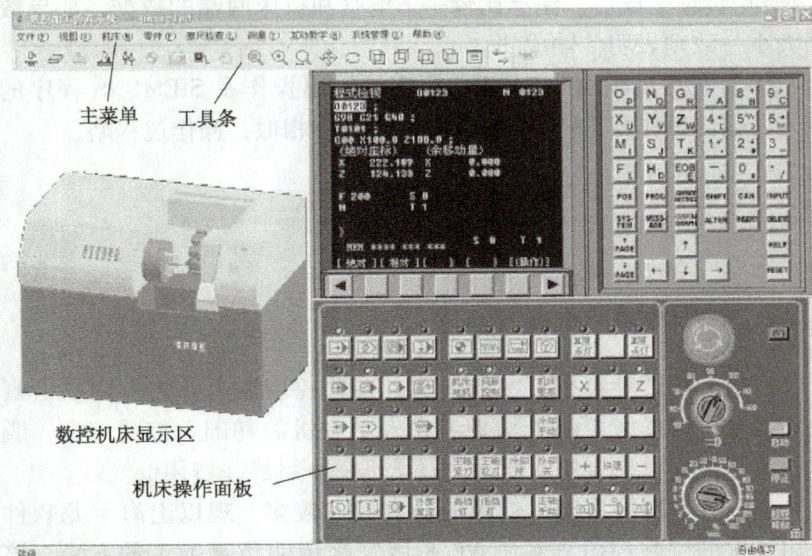

主菜单　工具条

数控机床显示区

机床操作面板

图 6-43　宇龙数控车仿真系统（FANUC 系统）操作界面

| 文件 (F) | 视图 (V) | 机床 (M) | 零件 (P) | 塞尺检查 (L) | 测量 (T) | 互动教学 (R) | 系统管理 (S) | 帮助 (H) |

文件 (F)		机床 (M)	视图 (V)	零件 (P)	互动教学 (R)
新建项目 (N)	Ctrl+N	选择机床...	复位	定义毛坯...	自由练习 (F)
打开项目 (O)...	Ctrl+O	选择刀具...	动态平移	安装夹具...	结束自由练习 (U)
保存项目 (S)	Ctrl+S	基准工具...	动态旋转	放置零件...	观察学生当前操作 (C)
另存项目 (A)...		拆除工具	动态放缩	移动零件...	结束观察当前操作 (E)
		调整刀具高度...	局部放大	拆除零件	
导入零件模型... (I)					读取操作记录 (A)
导出零件模型... (E)		DNC传送...	前视图	安装压板	查询
			俯视图	移动压板	
开始记录 (R)		检查NC程序	左侧视图	拆除压板	评分标准
结束记录 (T)			右侧视图		交卷 (L)
演示... (S)		移动尾座			
			✓ 控制面板切换		导出程序
退出 (X)		移动刀塔	手脉		
					✓ 鼠标同步 (M)
测量 (T)		轨迹显示	触摸屏工具		
					系统管理 (S)
剖面图测量...		开门	选项...		系统设置...

图 6-44　主菜单展开图

图 6-45　工具栏及其功能

（4）机床显示　根据所选择的不同类型的机床，在机床显示区域将显示不同类型的数控机床。

三、宇龙数控仿真软件操作实例（FANUC 系统）

利用仿真系统加工如图 6-46 所示工件（毛坯尺寸为 $\phi50\text{mm} \times 85\text{mm}$，材料为 45 钢）的右端轮廓，其加工程序输入计算机后以".TXT"文本格式保存于"D:\数控仿真加工\综合练习 1"中，加工过程中采用 DNC 传输的方式输入仿真系统。

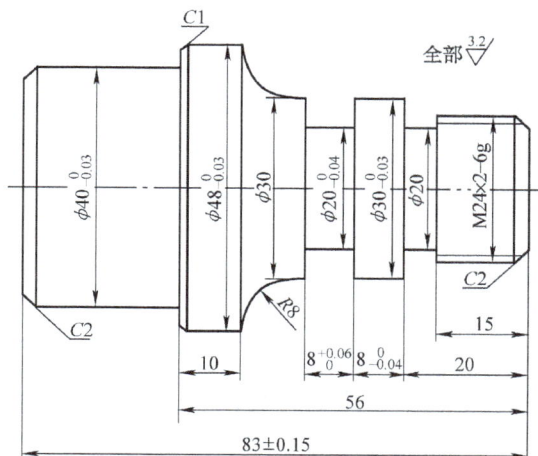

图 6-46　数控仿真加工实例

本例加工过程中共使用三把刀具，其中 1 号刀为 90°外圆车刀，2 号刀为外切槽刀，3 号刀为外螺纹车刀。其右端轮廓的加工程序如下：

```
O0001；
G98 G40 G21；
T0101；
G00 X100.0 Z100.0；
M03 S1000；
G00 X52.0 Z2.0；
G71 U1.0 R0.5；
G71 P100 Q200 U0.5 W0.0 F100；
N100 G01 X20.0 F50 S1500；
        Z0.0；
        X24.0 Z-2.0；
        Z-20.0；
        X30.0；
        Z-38.0；
     G02 X46.0 Z-46.0 R8.0；
N200 G01 X52.0；
     G00 X100.0 Z100.0；
     G70 P100 Q200；
     G00 X100.0 Z100.0；
     T0202；
     M03 S600；
     G00 X32.0 Z-18.0；
     G75 R0.5；
     G75 X20.0 Z-20.0 P1000 Q1000 F50；
     G00 Z-31.0；
     G75 R0.5；
     G75 X20.0 Z-36.0 P1000 Q1000 F50；
     G00 X100.0 Z100.0；
     T0303；
     G00 X26.0 Z3.0；
     G76 P021060 Q50 R0.08；
```

目前的仿真操作能进行除宏程序外的所有程序的仿真

G76 X21.4 Z－18.0 P1300 Q300 F2.0；

G00 X100.0 Z100.0；

M05；

M30；

> 一定要启动"加密锁管理程序"后才能启动用户界面

（1）启动宇龙数控仿真系统

1）点击［开始］→［所有程序］→［数控加工仿真系统］→［加密锁管理程序］打开宇龙数控仿真系统加密锁管理程序，此时在教师机右下角出现"☎"图标。

2）再次点击［开始］→［所有程序］→［数控加工仿真系统］→［数控加工仿真系统］，出现如图6-47所示的"用户登录"界面，此时无须填写【用户名】和【密码】，直接点击【快速登录】，即可登录数控仿真系统，操作界面如图6-43所示。

图6-47　"用户登录"界面

（2）选择机床和数控系统

1）点击下拉菜单［机床］→［选择机床…］或直接点击工具栏图标"🖥"，弹出如图6-48所示的选择机床界面。

2）如图6-48所示界面，在"控制系统"中选中 FANUC 系统"⊙ FANUC"，再在次菜单中选中 FANUC 0I 系统；"机床类型"选中车床"⊙ 车床"，再在次菜单中选中标准（斜床身后置刀架）。然后点击【确定】（注：对话框中的按钮用带"【】"的文字表示），

307

完成机床和数控系统的选择。

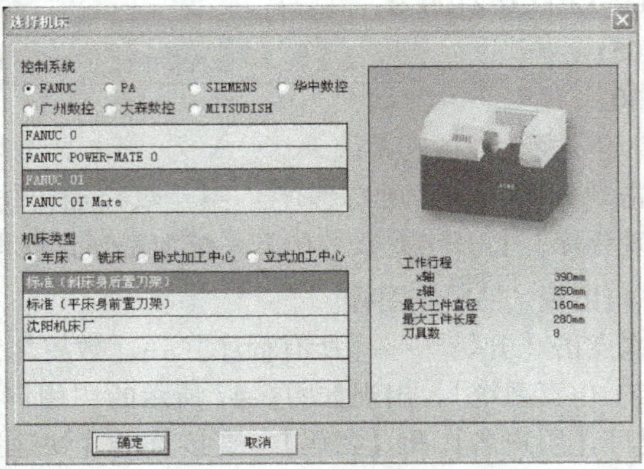

图 6-48　选择机床界面

（3）机床开机回参考点

1）解除急停报警。在如图 6-43 所示机床操作面板中点击红色急停按钮""，此时机床报警指示灯""熄灭。

2）启动数控装置。在机床操作面板中点击""，此时，""指示灯变亮。

3）回参考点。点击回参考点图标""，其指示灯变亮；选择""轴，使其指示灯变亮；再选择图标""中的"＋"，使 X 轴返回参考点。用同样的方法使 Z 轴返回参考点。

4）回参考点后，仿真系统的显示屏显示如图 6-49 所示界面。

（4）安装零件

1）点击下拉菜单［零件］→［定义毛坯…］或直接点击工具栏图标""，弹出如图 6-50 所示的"定义毛坯"对话框。在该对话框中设定直径为"50mm"，长度为"85mm"。

2）点击下拉菜单［零件］→［放置零件…］或直接点击工具栏图标""，弹出如图 6-51 所示的"选择零件"对话框，选中上一步定义的毛坯后选择【安装零件】，弹出如图 6-52 所示的零件位置调整对话框。

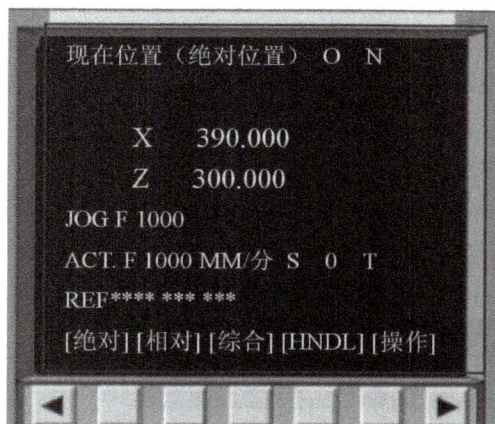

图 6-49　回参考点后的显示

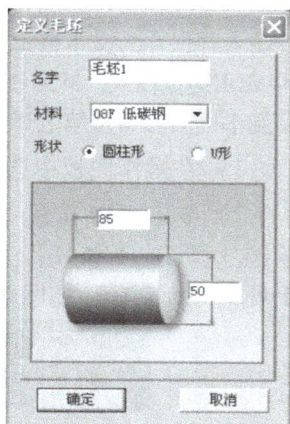

图 6-50　"定义毛坯"对话框

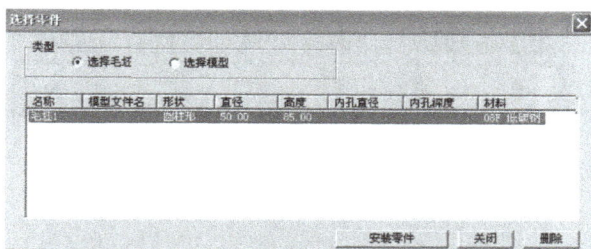

图 6-51　"选择零件"对话框

3）调整零件的伸出量后，单击【退出】，完成零件安装，零件安装完成后，单击工具栏中的局部放大" 🔍 "图标，框选三爪自定心卡盘局部，放大后的工件位置如图 6-53 所示。

图 6-52　零件位置调整

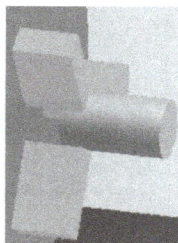

图 6-53　零件安装后

（5）**输入 NC 程序**　数控程序可通过记事本或写字板等文字编辑软件输入并保存为文本格式文件，通过传输的方式输入仿真系统，也可采用 MDI 键盘输入。MDI 键盘输入与编辑方法与实际机床的操作相同，请参阅本书第四章及第五章进行操作。仿真传输输入的步骤如下：

1）在操作面板中选择编辑 " ▨ "，使其指示灯变亮。

2）单击 MDI 按钮 " PROG "，在如图 6-54a 所示的 CRT 界面下按软键［操作］（本书中软键用 "软键［ ］" 表示），再按软键［ ▶ ］，出现下一级菜单，如图 6-54b 所示。

a)

b)

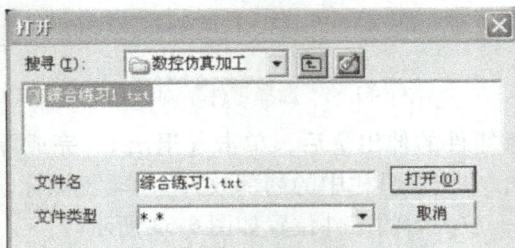

c)

d)

图 6-54　数控程序的传输输入

3）单击软键［F检索］，弹出如图6-54c所示的"打开"对话框，选择先前保存的文件"综合练习1.txt"，单击【打开】。按图6-54b中的软键［READ］，弹出如图6-54d所示的下一级子菜单。

4）点击MDI键盘上的数字和字母键，输入"O0001"，再次按下按图6-54d中的软键［EXEC］，即可完成数控程序的输入，屏幕中出现所要输入的程序。

（6）装刀具

1）单击下拉菜单［机床］→［选择刀具…］或直接点击工具栏图标""，弹出如图6-55所示的"刀具安装"对话框。

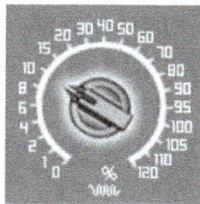

2）在该对话框中首先选择刀位，再选择刀片，然后选择刀具角度、刀长和刀尖半径等参数，最后选择刀柄。

3）在1号刀位上安装外圆车刀，2号刀位安装外切槽刀，3号刀位安装外螺纹车刀。

注意选择合适的刀具和刀片

（7）对刀与对刀参数的设置

1）点击手动按钮""，使其指示灯变亮；单击俯视图按钮""，使视图变为俯视图显示。

2）分别选择X轴或Z轴"x ｜z"，再分别按下正向或负向轴移动按钮"＋快速－"，将刀具移动至工件附近。在刀具移动过程中，可调节如图6-56所示的进给倍率旋钮进行进给速度调节，对准

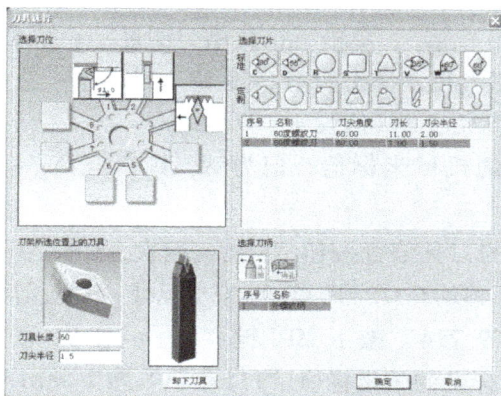

图6-55　"刀具安装"对话框　　图6-56　进给倍率调节旋钮

311

该旋钮左击使该旋钮左旋，对准该旋钮右击使该旋钮右旋。

3）点击操作面板上的主轴正转或反转按钮"▣ ▣"，使主轴转动。

4）选择 Z 轴，试切端面，并沿 X 轴方向退刀（Z 轴不动），如图 6-57 所示。再选择 MDI 按钮"POS"，再选择屏幕软键［综合］，记录下机械坐标中的 Z 坐标，记为 Z（假设 Z = 111. 245）

5）选择 X 轴，试切外面，并沿 Z 轴方向退刀（X 轴不动），如图 6-58 所示。记录下机械坐标中的 X 坐标，记为 X_1（假设 X_1 = 217. 070）。

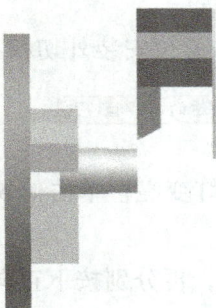

图 6-57　试切端面　　　　图 6-58　试切外圆

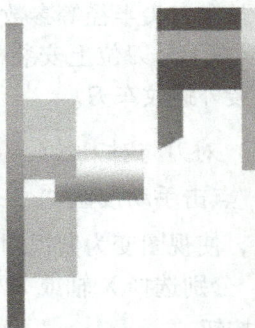

6）按下主轴停转按钮"▣"，单击下拉菜单"测量"／"剖面图测量…"，忽略刀尖圆弧半径，弹出如图 6-59 所示对话框，选择刚加工的外圆表面，记下直径值 ϕ（假设 ϕ = 47. 356）。

7）计算出工件中心的机械坐标值，记为 X，则 $X = X_1 - \phi$（X = 169. 714）。

8）单击 MDI 面板中的刀具偏置按钮"OFFSET SETTING"两次，CRT 显示屏如图 6-60 所示，将光标移动至 01 号刀具的 X 坐标处，输入前面计算得出的 X 坐标值"169. 714"按下 MDI 键"INPUT"；在 01 号刀具的 Z 坐标处，输入前面记录的 Z 坐标值"111. 245"按下 MDI 键"INPUT"。

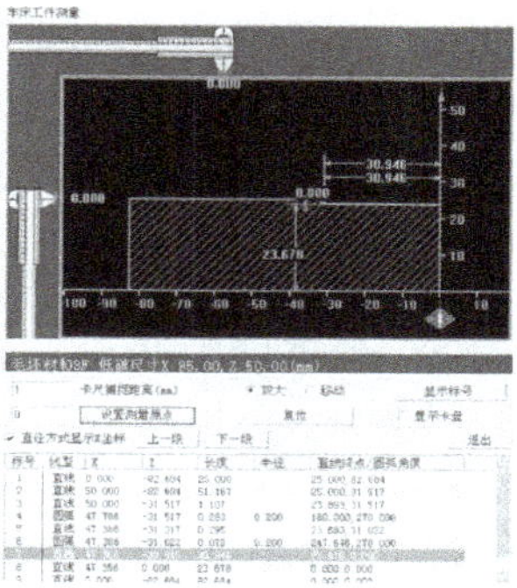

图 6-59　测量外圆 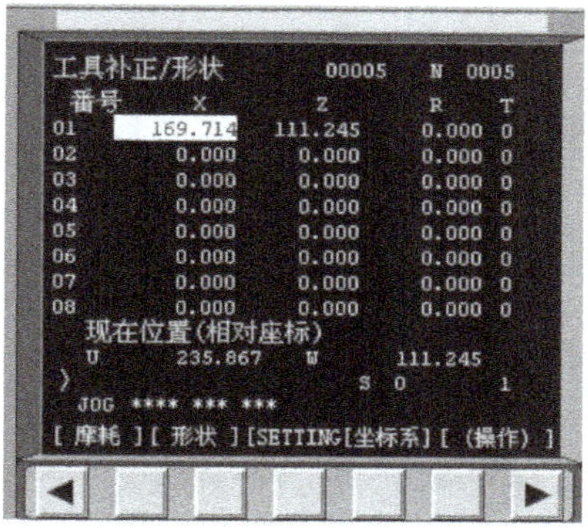　　　　　　图 6-60　对刀参数的设置

9）用同样的方法完成切槽刀和螺纹刀的对刀（对刀时，不再进行试切，而用刀尖碰到相应表面即可），并设定相应的参数。

要牢记以上对刀操作和参数设定操作的步骤啊

（8）**自动加工**　完成对刀和对刀参数的设置后，即可进行自动加工操作，其操作步骤如下：

1）机床再次返回参考点，在编辑状态下选择要自动运行的程序。

2）操作面板上按下自动操作按钮" ➡️ "，使其指示灯变亮。

3）点击循环启动按钮" 🔲 "，进行自动运行加工，加工完成后的工件形状如图 6-61 所示。

4）在自动运行或自动运行前，还可按下单步运行按钮" ➡️| "，执行单步运行操作。

（9）**保存与打开项目**　当完成了以上某些步骤的操作后，即可将其保存项目，其项目可以是对刀、安装工件等操作，也可以是程序、对刀参数等具体内容。保存项目的操作步骤如下：

1）单击下拉菜单［文件］→［另存项目］（第一次为［保存项止］），出现如图 6-62 所示"选择保存类型"对话框。

313

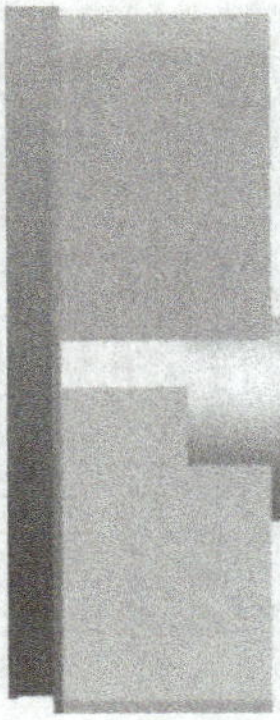

图 6-61　工件加工后的形状 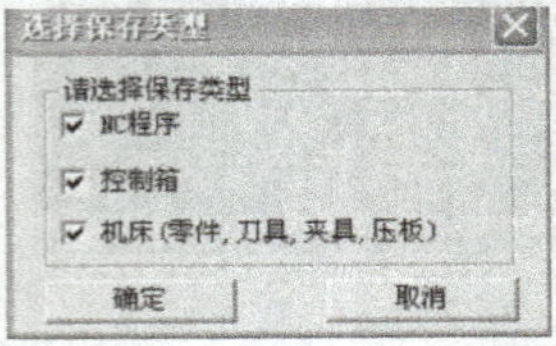　　　图 6-62　"选择保存类型"对话框

2）在该对话框中选择保存类型，然后单击【确定】，弹出如图 6-63 所示文件保存位置对话框。

3）选择相应的保存位置，输入保存的项目名称，点击【保存】，完成项目的保存。

保存的项目可以打开，只须单击下拉菜单［文件］→［打开项目］，在弹出的对话框（图 6-64）中选中所要打开的项目，单击【打开】即可。

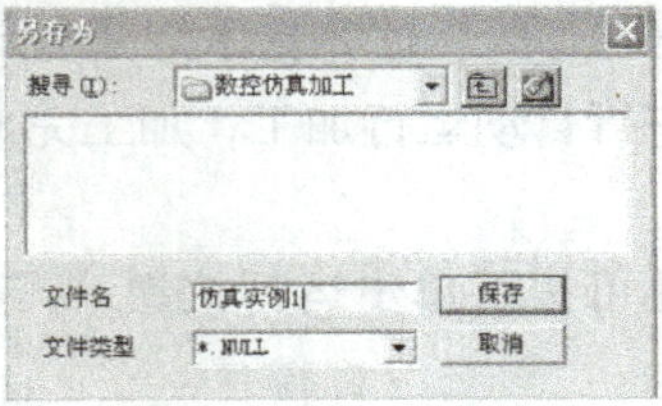

314

图 6-63　保存位置对话框 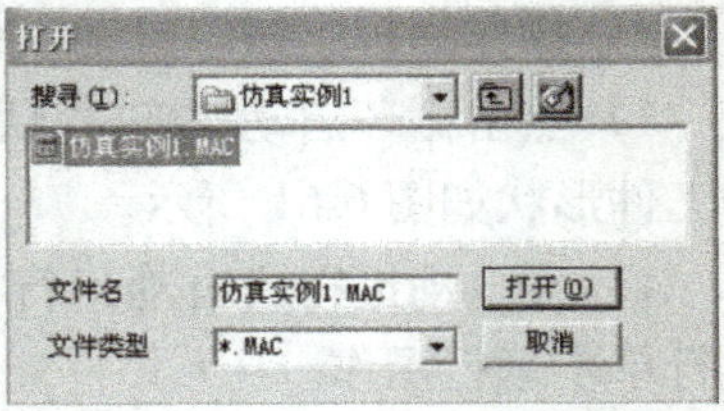　　　图 6-64　打开项目对话框

（10）导入/导出零件与零件模型安装　如果要将加工好的零件掉头进行加工，首先要导出零件，操作步骤为：单击［文件］→［导出零件模型…］，在弹出的对话框中选择保存的位置和名称，单击【保存】即完成了零件模型的导出。

导入零件的操作步骤为：单击［文件］→［导入零件模型…］，在弹出的对话框中选择所要导入的零件，单击【打开】即完成了零件模型的导入。

安装零件模型的方法和安装毛坯的方法相似，只不过零件类型时选择"⊙ 选择模型"（图6-65）。安装过程中如果方向不对可选择掉头安装（图6-66），安装好的模型零件如图6-67所示。

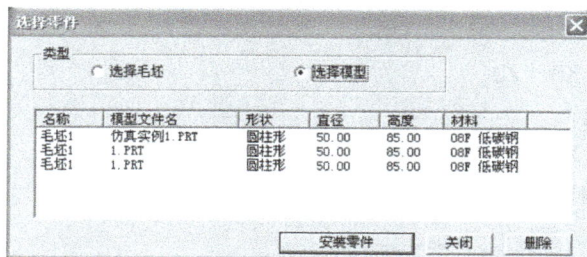

图6-65　安装零件模型

图6-66　掉头安装

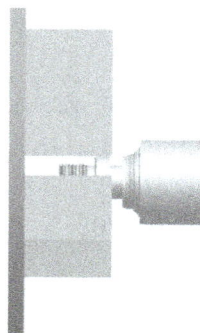

图6-67　模型安装完成

四、宇龙数控仿真软件操作实例（SIEMENS系统）

仍以图6-46所示工件为例来说明宇龙仿真软件SIEMENS系统的使用方法，其加工程序如下：

AA648. MPF

G94　G90　G40　G71　F100；

T1D1；

G00　X100.0　Z100.0；

M03　S1000；

G00　X52.0　Z2.0；

CYCLE95（"BB602"，1，0.05，0.2，，150，80，80，9，，，0.5）；

　G74　X0　Z0；

　T2D1；

　G00　X32.0　Z-18.0；

　CYCLE93（24，-15，5，2，0，0，0，0，0，0，0，，0.3，0.3，1，1，5）；

　G00　X32.0　Z-31.0；

　CYCLE93（30，-28，8，5，0，0，0，0，0，0，0，，0.3，0.3，1，1，5）；

　G74　X0　Z0；

　T3D1；

　G00　X26.0　Z2.0；

　CYCLE97（2，，0，-15，24，24，3，2，1.3，0.05，30，0，6，1，3）；

　G74　X0　Z0；

　M05；

　M30；

　BB602. SPF；

　G00　X20.0；

　G01　Z0.0；

　　　X24.0　Z-2.0；

　　　Z-20.0；

　　　X30.0；

　　　Z-38.0；

G02　X46.0　Z－46.0　R8.0；

G01　X52.0；

RET；

（1）**启动宇龙数控仿真系统**　该操作与 FANUC 系统仿真操作相同，请参阅 FANUC 系统仿真操作。

（2）**选择机床和数控系统**　该操作与 FANUC 系统仿真操作相同，请参阅 FANUC 系统仿真操作。选择机床和数控系统后，操作界面如图 6-68 所示。

（3）**机床开机回参考点**

1）解除急停报警。在图 6-43 所示机床操作面板中点击红色急停按钮"　"。

2）回参考点。点击回参考点图标"　"，其指示灯变亮；按下"　+Z"键，使 X 轴返回参考点。用同样的方法使 Z 轴返回参考点。

3）回参考点后，仿真系统的显示屏显示如图 6-69 所示界面。

（4）**安装零件**　该操作与 FANUC 系统仿真操作相同，请参阅 FANUC 系统仿真操作。

（5）**输入 NC 程序**　采用 MDI 方式输入加工程序，其操作步骤如下：

1）单击手动图标按钮"　"，再点击程序管理按钮"　"。

2）单击水平软键〔程序〕，再单击垂直软键〔新程序〕，此时，操作界面如图 6-70 所示。

3）输入新程序名"AA648"后单击垂直软键〔确认〕，完成新程序的建立。

4）采用 MDI 方式将程序内容输入，完成后的程序界面如图6-71 所示。

5）用同样的方法建立子程序"BB602. SPF"，注意后缀名不能省略。

6）采用 MDI 方式输入子程序内容。

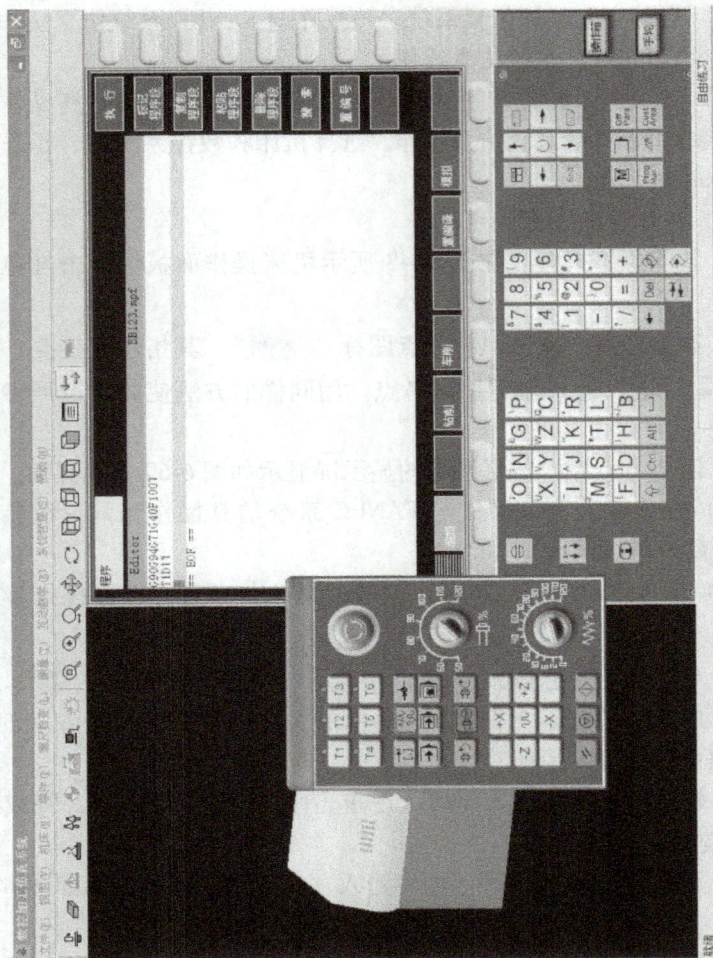

图 6-68 宇龙数控车仿真系统（SIEMENS系统）操作界面

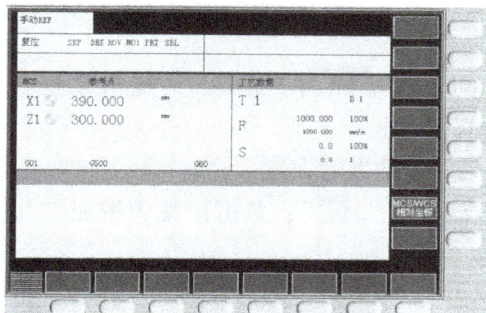

图 6-69　回参考点后的显示

图 6-70　建立新程序界面

319

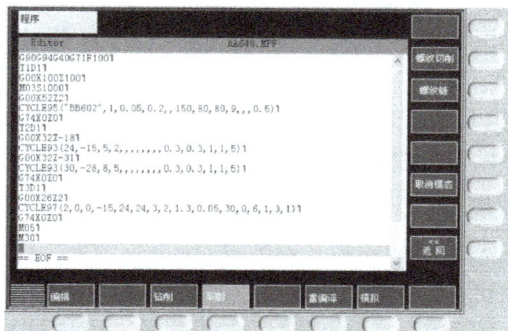

图 6-71　主程序输入完成后的显示

在程序输入过程中，对于固定循环程序的输入，可采用会话式编程方式进行。

（6）**装刀具**　该操作与 FANUC 系统仿真操作相同，请参阅 FANUC 系统仿真操作。

（7）**对刀与对刀参数的设置**

1）点击手动按钮"　"；单击俯视图按钮"　"，使视图变为俯视图显示。

2）分别按下图 6-72 所示的刀具移动按钮，将刀具移动至工件附近。

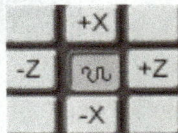

3）点击操作面板上的主轴正转或反转按钮"　"，使主轴转动。

图 6-72　刀具移动按钮

4）选择沿 Z 轴方向移动刀具，试切端面，并沿 X 轴方向退刀（Z 轴不动）。再选择按钮"　"，记录下机械坐标中的 Z 坐标，记为 Z（假设 Z = 111.245）。

5）选择沿 X 轴方向移动刀具轴，试切外面，并沿 Z 轴方向退刀（X 轴不动）。记录下机械坐标中的 X 坐标，记为 X_1（假设 X_1 = 217.070）。

6）按下主轴停转按钮"　"，单击下拉菜单"测量"/"剖面图测量…"，忽略刀尖圆弧半径，选择刚加工的外圆表面，记下直径值 ϕ（假设 ϕ = 47.356）。

7）计算出工件中心的机械坐标值，记为 X，则 X = $X_1 - \phi$（X = 169.714）。

8）单击刀具偏置按钮"　"，CRT 显示屏如图 6-73 所示，将光标移动至 T1 号刀具的""处，输入前面计算得出的 X 坐标值"169.714"后按下"　"按钮，在 T1 号刀具的"长度 2"处，输入前面记录的 Z 坐标值"111.245"后按下"　"按钮。

9）用同样的方法完成切槽刀（对刀时，不再进行试切，而用刀尖碰到相应表面即可），并设定相应的参数。设定切槽刀的参数时，要对切槽刀的两个刀尖"T2D1 和 T2D2"分别进行设定，如图 6-74

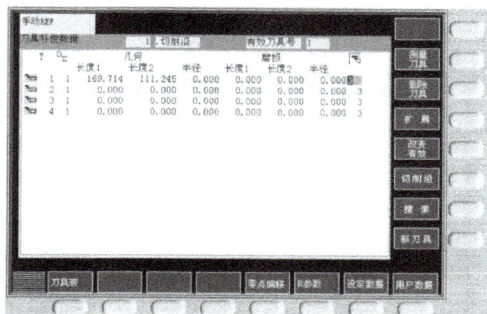

图 6-73　对刀参数的设置

所示。两个参数值仅在"长度 2"中相差一个刀宽。

图 6-74　设置切槽刀两个刀尖的对刀参数

10）用同样的方法完成螺纹刀的对刀和参数设定。

以上的对刀过程也可直接采用 SIEMENS 系统的"刀具测量"功能进行，具体请参阅本书第五章的相关内容。

（8）自动加工　完成对刀和对刀参数的设置后，即可进行自动加工操作，其操作步骤如下：

1）单击按钮" Prog Man "选择要自动运行的程序。

2）操作面板上按下自动操作按钮" → "。

3）单击垂直软键［执行］，再按下水平软键［程序控制］，出现如图 6-75 所示对话框，按下垂直软键之一可分别采用"程序测试"、"空运行"、"有条件停止"、"跳过"、"单一程序段"等方式进行操作。

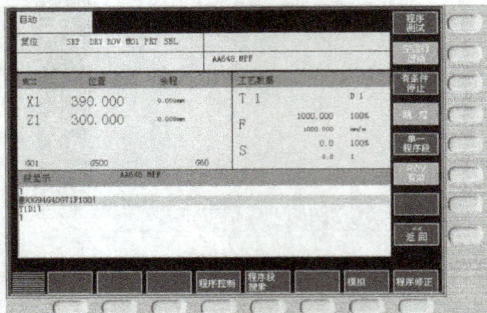

图 6-75　程序控制方式

4）按下按钮"　≠　◎　◇　"中的循环启动按钮"　◇　"，开始自动加工。

（9）**保存与打开项目**　该操作与 FANUC 系统仿真操作相同，请参阅 FANUC 系统仿真操作。

（10）**导入/导出零件与零件模型安装**　该操作与 FANUC 系统仿真操作相同，请参阅 FANUC 系统仿真操作。

复习思考题

1. 什么叫做自动编程？自动编程有何特点？

2. 自动编程分哪几类？图形交互式自动编程的操作步骤有哪些？

3. 我国数控车加工中常用的自动编程软件主要有哪些？各有何特点？

4. 如何在 Master cam 车床软件中建立新文件？

5. 试简要叙述在 Master cam 车床软件中绘制水平线和垂直线的方法。

6. 试举例说明在 Master cam 车床软件如何设定工件毛坯？

7. 试举例说明在 Master cam 车床软件中生成螺纹加工刀具轨迹的操作步骤？

8. 在 Master cam 车床软件如何进行实体切削验证。

9. 试简要叙述在 Master cam 车床软件中进行后置处理的操作步骤。

10. 数控机床传输用的传输线是如何连接的？

11. 如何进行传输软件 "WIN PCIN" 传输参数的设置？
12. 试简要说明 FANUC 数控车床程序的传输输入过程？
13. 如何选择仿真机床系统与机床？
14. 如何在仿真系统中输入程序？
15. 如何进行仿真系统零件掉头加工操作？

第七章

典型零件的工艺分析与编程

培训学习目标 掌握复杂型面工件的工艺分析与加工方法；掌握薄壁工件的工艺分析与加工方法；掌握偏心工件的工艺分析与加工方法；掌握组合工件的工艺分析与加工方法。

第一节 复杂型面加工

一、分析零件图样

1. 零件图（图7-1）

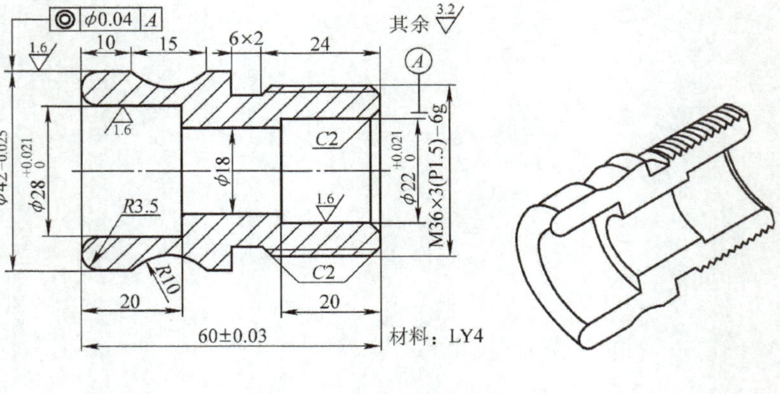

图7-1 复杂型面加工实例

2. 零件精度分析

（1）尺寸精度　本工件中精度要求较高的尺寸主要有：外圆 $\phi 42_{-0.025}^{0}$ mm，内孔 $\phi 28_{0}^{+0.021}$ mm、$\phi 22_{0}^{+0.021}$ mm，长度（60 ± 0.03）mm 和螺纹的中径等。

对于尺寸精度要求，主要通过在加工过程中的准确对刀、正确设置刀补及磨耗，以及正确制定合适的加工工艺等措施来保证。

（2）形位精度　本例中主要的形位精度有：外圆 $\phi 28$ 轴线对 $\phi 22$ 基准轴线 A 的同轴度公差为 "$\boxed{\textcircled{\circ}\ \phi 0.04\ \boxed{A}}$"。

对于形位精度要求，主要通过调整机床的机械精度、制定合理的加工工艺及工件的装夹、定位与找正等措施来保证。

（3）表面粗糙度　外圆和内孔加工后的表面粗糙度要求为 $R_a 1.6 \mu m$，螺纹、端面、切槽等表面的粗糙度为 $R_a 3.2 \mu m$。

对于表面粗糙度要求，主要通过选用合适的刀具及其几何参数，正确的粗、精加工路线，合理的切削用量及冷却等措施来保证。

> 合理的零件图样分析是高质量完成工件的前提

二、加工工艺分析

1. 编程原点的确定

由于工件在长度方向的要求较低，根据编程原点的确定原则，该工件的编程原点取在加工完成后工件的右端面与主轴轴线相交的交点上。

2. 制定加工方案及加工路线

（1）选择数控机床及数控系统　根据工件的形状及加工要求，选用 CK6132 数控车床（前置刀架）进行本工件的加工。数控系统选用 FANUC0i-TA 或 SIEMENS 802D。

（2）制定加工方案与加工路线　本例采用两次装夹后完成粗、精加工的加工方案，先加工左端内、外形，完成粗、精加工后，再调头加工另一端。

进行数控车削加工时，加工的起始点定在离工件毛坯 2mm 的位置。应尽可能采用沿轴向切削的方式进行加工，以提高加工过程中工件与刀具的刚性。

3. 工件的定位、装夹及刀具的选用

（1）工件的定位及装夹　加工工件两端时，均采用三爪自定心卡盘进行定位与装夹。

工件装夹时的夹紧力要适中，既要防止工件的变形与夹伤，又要防止工件在加工过程中产生松动。工件装夹过程中，应对工件进行找正，以保证工件轴线与主轴轴线同轴。

（2）刀具的选用　选用如图 7-2 所示的 4 种刀具，根据实际条件，可选用整体式或机夹式车刀，这 4 种刀具的刀片材料均选用硬质合金。为了保证加工精度，可分别选择不同的粗、精车刀。

> 注意选择合适的刀具、刀具材料和刀具角度参数

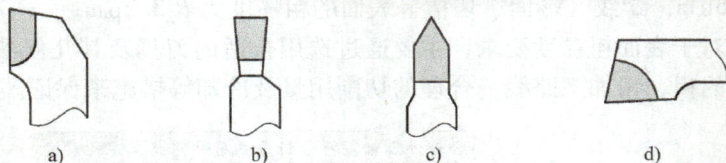

图 7-2　刀具的选用

a）T01 号 90°外圆车刀　　b）T02 号外切槽刀
c）T03 号普通螺纹车刀　　d）T04 号盲孔车刀

4. 确定加工参数

加工参数的确定取决于实际加工经验、工件的加工精度及表面质量、工件的材料性质、刀具的种类及刀具形状、刀柄的刚性等诸多因素。

（1）主轴转速（n）　硬质合金刀具材料切削钢件时，切削速度 v 取 80～220m/min，根据公式 $n = 1000v/\pi D$ 及加工经验，并根据实际情况，本课题粗加工主轴转速在 400～1000r/min 的范围内选取，精加工的主轴转速在 800～2000r/min 的范围内选取。

（2）进给速度　粗加工时，为提高生产效率，在保证工件质量的前提下，可选择较高的进给速度，一般取 100～200mm/min。当进行切槽、切断、车孔加工或采用高速钢刀具进行加工时，应选用较低的进给速度，一般在 50～100mm/min 的范围内选取。

精加工的进给速度一般取粗加工进给速度的 1/2。

刀具空行程的进给速度一般取 G00 速度，或在 G01 时选取 F800～1500mm/min。

（3）背吃刀量（a_p） 背吃刀量根据机床与刀具的刚性及加工精度来确定，粗加工的背吃刀量一般取 2～5 mm（直径量），精加工的背吃刀量等于精加工余量，精加工余量一般取 0.2～0.5mm（直径量）。

5. 制定加工工艺

通过以上分析，本实例的加工工艺列于表 7-1 中。

表 7-1　数控加工工艺卡

常州技师学院 数控实训中心		数控加工 工艺卡片		产品代号	零件名称	零件图号
工艺序号	程序编号	夹具名称	夹具编号	使用设备		车间
				CK6132		SKC-5
工步号	工步内容（加工面）		刀具号	刀具规格	主轴转速/ (r/min)	进给速度/ (mm/min)	背吃刀量/ mm
1	手动钻孔			φ22 钻头	250	50	
2	手动加工左端面（含 Z 向对刀）		T01	外圆车刀	600	100	0.5
3	粗加工左端内轮廓		T04	盲孔车刀	500	100	1.0
4	精加工左端内轮廓				1000	50	0.15
5	粗加工左端外圆轮廓				600	200	1.5
6	精加工左端外圆轮廓				1200	80	0.15
7	调头手动加工右端面（Z0）		T01	外圆车刀	600	100	0.5
8	粗加工右端外圆轮廓				600	200	1.5
9	精加工右端外圆轮廓				1200	80	0.15
10	切槽 6×2		T03	切槽刀	600	80	刀宽
11	分线加工双线普通外螺纹		T04	普通外螺纹车刀	400	1200	分层
12	粗加工右端内孔轮廓		T04	盲孔车刀	500	100	1.0
13	精加工右端内孔轮廓				1000	50	0.15
14	工件精度检测						
编制		审核		批准		共__页 第__页

三、加工参考程序

表 7-2　复杂型面加工实例参考程序

刀具及材料	T01 为 93°硬质合金外圆车刀，副偏角大于 30°；T02 为外切槽刀（刀宽为 3mm）；T03 为外螺纹车刀；T04 为不通孔车刀。毛坯直径为 φ45mm，预钻孔 φ18mm		
程序段号	FANUC 0i 系统程序	SIEMENS 802D 系统程序	程序说明
	O0020；	AA20. MPF；	右端加工程序
N10	G98　G40　G21　F200；	G90　G94　C40　G71　F200；	程序开始部分
N20	T0101；	T1D1；	
N30	G00　X100.0　Z100.0；		粗加工转速为 600r/min
N40	M03　S600；		
N50	G00　X47.0　Z2.0；		快速定位至循环起点
N60	G71　U1.0　R0.3；	CYCLE95（"BB211"，1.5，0.05，0.2,，200，80，80，9，1,，0.5）；	注：以下为 SIEMENS 程序注释 轮廓切削循环
N70	G71　P80　Q120　U0.5　W0.05；		
N80	G01　X31.8　F80　S1200；		
N90	Z0.0；	G00　X100　Z100；	退刀、换切槽车刀、换转速、快速定位至循环起点
N100	X35.8　Z-2.0；	T2D1；	
N110	Z-30.0；	M03　S600；	
N120	X47.0；	G00　X38　Z-27；	
N130	G70　P80　Q120；	CYCLE93（36，-24，6，2，，45，，，，，，0.2，0.3，1.5，1，5）；	切槽循环
N140	G00　X100.0　Z100.0；		
N150	T0202；		
N160	M03　S600；	G00　X100　Z100；	退刀、换螺纹车刀、换转速、快速定位至循环起点
N170	G00　X38.0　Z-27.0；	T3D1；	
N180	G75　R0.3；	M03　S400；	
N190	G75　X32.0　Z-30.0　P1 500　Q2 000　F80；	G00　X38　Z5；	
N200	G01　Z-24.0；	CYCLE97（3，，0，-24，36，36，5，3，0.975，0.05，30，0，6，1，3，2）；	螺纹切削循环
N210	X32.0　Z-27.0；		
N220	X38.0；		

328

（续）

程序段号	FANUC 0i 系统程序	SIEMENS 802D 系统程序	程序说明
N230	G00　X100.0　Z100.0；	G00　X100　Z100；	退刀、换内孔车刀、换转速、快速定位至循环起点
N240	T0303；	T4D1；	
N250	M03　S400；	M03　S500；	
N260	G00　X38.0　Z5.0；	G00　X16　Z2；	
N270	G76　P020060　Q50 R－0.1；	CYCLE95（"BB212"，1.5，0.05，0.2，，200，80，80，11，1，，0.5）；	内孔切削循环
N280	G76　X34.05　Z－27.0 P975　Q300　F3.0；		
N290	G01　Z3.5；	G74　X0　Z0；	程序结束
N300	G76　P020060　Q50 R－0.1；	M30；	
N310	G76　X34.05　Z－27.0 P975　Q300　F3.0；	BB211.SPF	外轮廓子程序
N320	G00　X100.0　Z100.0；	G01　X31.8　Z0；	外轮廓轨迹
N330	T0404；	X35.8　Z－2；	
N340	M03　S500；	Z－30；	
N350	G00　X16.0　Z2.0；	X47；	
N360	G71　U1.0　R0.3；	RET；	返回主程序
N370	G71　P380　Q420 U－0.5　W0.05；		
N380	G01　X26.0　F50　S1200；	BB212.SPF	内轮廓子程序
N390	Z0.0；	G01　X26　Z0；	内轮廓轨迹
N400	X22.0　Z－2.0；	X22　Z－2；	
N410	Z－20.0；	Z－20；	
N420	X16.0；	X16；	
N430	G70　P380　Q420；	RET；	返回主程序
N440	G28　U0　W0；		
N250	M30；		

注：左端加工程序与右端加工程序类似，请自行编制

第二节　薄壁工件的加工

一、分析零件图样

1. 零件图（图 7-3）

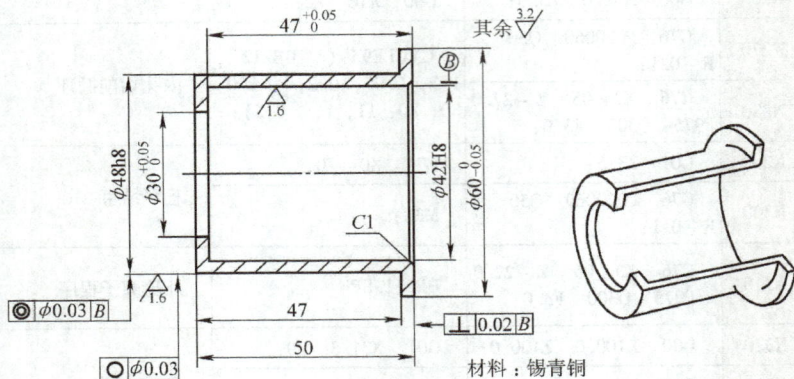

图 7-3　薄壁工件加工实例

2. 零件精度及加工工艺分析

本例中零件的尺寸精度、形位精度和表面粗糙度要求均较高。而且该工件材料为锡青铜，壁厚仅 2mm，属于薄壁工件。因此，在加工过程中极易产生工件变形，从而无法保证零件的各项加工精度。

对于薄壁工件，为了保证零件的加工精度要求，应合理按排其加工工艺，并特别注意工件装夹方法的选择。

二、薄壁工件的加工特点

车薄壁工件时，由于工件的刚性差，在车削过程中，可能产生以下现象。

1）因工件壁薄在夹紧力的作用下容易产生变形。从而影响工件的尺寸精度和形状精度。当采用如图 7-4a 所示的方式夹紧工件加工内孔时，在夹紧力的作用下，会略微变成三边形，但车孔后得到的是一个圆柱孔。当松开卡爪，取下工件后，由于弹性恢复，外圆恢复成圆柱形，而内孔则变成图 7-4b 所示的弧形三边形。若用内径千分尺测量时，各个方向直径 D 相等，但已不是内圆柱面了，这种变形称之为等直径变形。

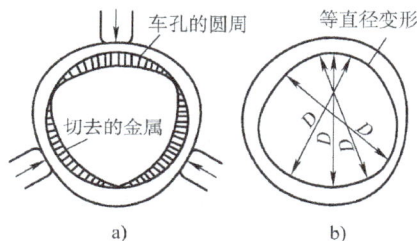

图 7-4　薄壁工件的夹紧变形

2）因工件较薄，切削热会引起工件热变形，从而使工件尺寸难于控制。对于线膨胀系数较大的金属薄壁工件，如在一次安装中连续完成半精车和精车，由切削热引起工件的热变形，会对其尺寸精度产生极大影响，有时甚至会使工件卡死在夹具上。

3）在切削力（特别是径向切削力）的作用下，容易产生振动和变形，影响工件的尺寸精度、形状、位置精度和表面粗糙度。

三、防止和减少薄壁工件变形的方法

1. 工件分粗、精车阶段

粗车时，由于切削余量较大，夹紧力稍大些，变形也相应大些；精车时，夹紧力可稍小些，一方面夹紧变形小，另一方面精车时还可以消除粗车时因切削力过大而产生的变形。

2. 合理选用刀具的几何参数

精车薄壁工件时，刀柄的刚度要求高，车刀的修光刃不易过长（一般取 0.2 ~ 0.3mm），刃口要锋利。通常情况下，车刀几何参数可参考下列要求：

（1）外圆精车刀　$\kappa_r = 90° ~ 93°$，$\kappa_r' = 15°$，$\alpha_o = 14° ~ 16°$，$\alpha_{o1} = 15°$，γ_o 适当增大。

（2）内孔精车刀　$\kappa_r = 60°$，$\kappa_r' = 30°$，$\gamma_o = 35°$，$\alpha_o = 14° - 16°$，

$\alpha_{o1} = 6° \sim 8°$，$\lambda_s = 5° \sim 6°$。

3. 增加装夹接触面

采用开缝套筒（图 7-5）或一些特制的软卡爪。使接触面增大，让夹紧力均布在工件上，从而使工件夹紧时不易产生变形。

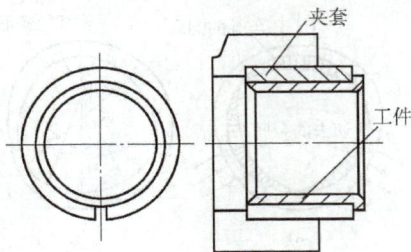

图 7-5　增大装夹接触面减少工件变形

4. 应采用轴向夹紧夹具

车薄壁工件时，尽量不使用如图 7-6a 所示的径向夹紧，而优先选用如图 7-6b 所示的轴向夹紧方法。图 7-6b 中，工件靠轴向夹紧套（螺纹套）的端面实现轴向夹紧，由于夹紧力 F 沿工件轴向分布，而工件轴向刚度大，不易产生夹紧变形。

5. 增加工艺肋

有些薄壁工件在其装夹部位特制几根工艺肋（图 7-7），以增强此处刚性，使夹紧力作用在工艺肋上，以减少工件的变形，加工完毕后，再去掉工艺肋。

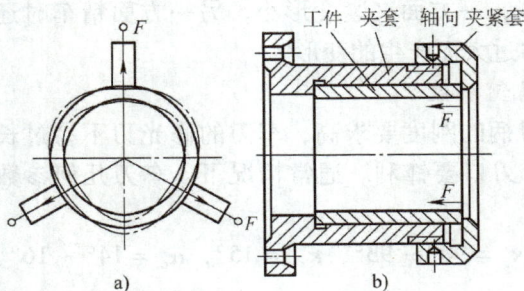

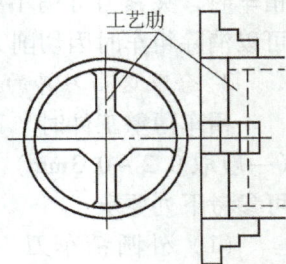

图 7-6　薄壁套的夹紧　　　　图 7-7　增大工艺肋减少变形

6. 充分浇注切削液

通过充分浇注切削液，降低切削温度，减少工件热变形。

四、车削步骤

1）粗车内、外圆表面，各留精车余量1~1.5mm，精车ϕ30mm内孔。

① 夹持外圆小头，粗车端面、内孔。

② 精车内孔$\phi 30^{+0.05}_{0}$mm至加工要求。

③ 夹持内孔，粗车外圆、端面。

2）安装在如图7-8所示的扇形软卡爪中精车内孔ϕ42H8，精车外圆达$\phi 60^{0}_{-0.03}$mm及端面A，达到图样要求。

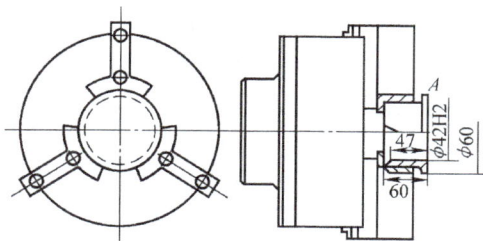

图7-8 用扇形软卡爪安装精车内、外圆及端面

3）以内孔ϕ42H8和端面A为基准，工件安装在如图7-9所示的弹性胀力心轴上，精车外圆ϕ48h8达到图样要求。

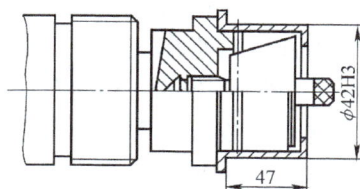

图7-9 用弹性胀力心轴安装粗车外圆

五、加工参考程序

本例的加工难点在于薄壁工件的加工工艺，而非编程。本例的数控编程比较简单，请自行编制其加工程序。

第三节　偏心轴套加工

一、分析零件图样

1. 零件图（图 7-10）

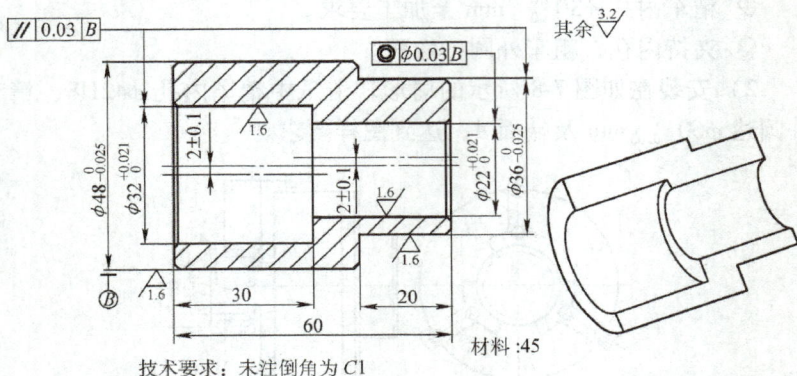

图 7-10　偏心轴套加工实例

2. 零件精度分析

精度要求较高的尺寸主要有：外圆 $\phi48_{-0.025}^{0}$ mm、$\phi36_{-0.025}^{0}$ mm，内孔 $\phi32_{0}^{+0.021}$ mm，$\phi22_{0}^{+0.021}$ mm，内孔 $\phi32$mm 和 $\phi36$mm 外圆与 $\phi48$mm 外圆的偏心距 2mm，两处偏心距无相位角要求。

主要的形位精度有：外圆 $\phi36$mm 和内孔 $\phi32$mm 的轴心线对外圆 $\phi48$mm 基准轴线 B 的平行度公差 0.03mm，内孔 $\phi22$mm 的轴心线对外圆 $\phi48$mm 基准轴线 B 的同轴度公差 0.03mm。

本例中，外圆和内孔加工后的表面粗糙度要求为 $R_a1.6\mu$m，端面、倒角等表面的粗糙度为 $R_a3.2\mu$m。

二、偏心轴、套的概念

在机械传动中，要使回转运动转变为直线运动，或由直线运动转变为回转运动，一般采用曲柄滑块（连杆）机构来实现，在实际生产中常见的偏心轴、曲柄等就是其具体应用的实例,如图 7-11 所示。外圆和外圆的轴线或内孔与外圆的轴线平行但不重合(彼此偏离一定距离)的工件叫偏心工件。外圆与外圆偏心的工件叫偏心轴(图 7-11a),内孔与外圆偏心的工件叫偏心套(图 7-11b)。两平行轴线间的距离叫偏心距。

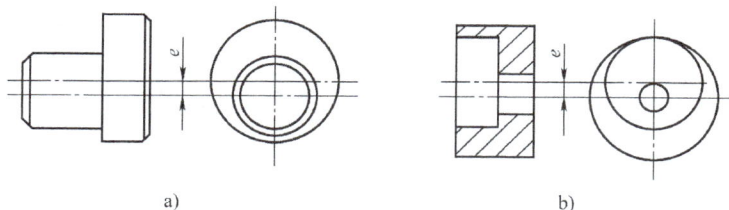

a)　　　　　　　　　　　　　　　　b)

图 7-11　偏心工件

偏心轴、偏心套一般都在车床上加工。其加工原理基本相同,都是要采取适当的安装方法,将需要加工偏心圆部分的轴线校正到与车床主轴轴线重合的位置后,再行车削。

为了保证偏心零件的工作精度。在车削偏心工件时,要特别注意控制轴线间的平行度和偏心距的精度。

三、偏心工件的划线方法

安装、车削偏心工件时,应先用划线的方法确定偏心轴(套)轴线,随后在两顶尖或四爪单动卡盘上安装。现以偏心轴为例来说明偏心工件的划线方法。其步骤如下:

1)先将工件毛坯车成一根光轴,直径为 D,长为 L,如图 7-12 所示。使两端面与轴线垂直(其误差将直接影响找正精度),表面粗糙度值为 $R_a 1.6\mu m$,然后在轴的两端面和四周外圆上涂一层蓝色显示剂,待干后将其放在平板上的 V 形架中。

2)用游标高度尺划针尖端测量光轴的最高点,如图 7-13 所示,并记下其数,再把游标高度尺的游标下移工件实际测量直径尺寸的一半,并在工件的 A 端面轻轻地画出一条水平线,然后将工件转过 180°,仍用刚才调整的高度,再在 A 端面轻划另一条水平线。检查前、后两条线是否重合，若重合，即为此工件的水平轴线；若不重合，则须将游标高度尺进行调整，游标下移量为两平行线间距离的一半。如此反复，直至使二线重合为止。

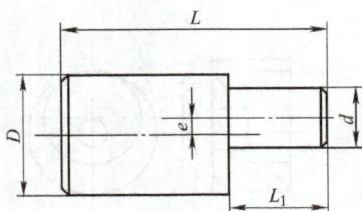

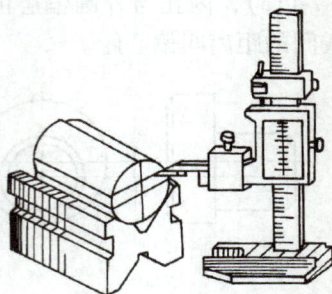

图 7-12　偏心轴　　　　　图 7-13　在 V 形架上划偏心的方法

3）找出工件的轴线后，即可在工件的端面和四周划出如图 7-13 所示圈线（即过轴线的水平剖面与工件的截交线）。

4）将工件转过 90°，用平型直角尺对齐已划好的端面线，然后用刚才调整好的游标高度尺在轴端面和四周划一道圈线，这样在工件上就得到两道互相垂直的圈线了。

5）将游标高度尺的游标上移一个偏心距尺寸，也在轴端面和四周划上一道圈线。

6）偏心距中心线划出后，在偏心距中心处两端分别打样冲眼，要求敲打样冲眼的中心位置准确无误，眼坑宜浅，且小而圆。

注：若采用两顶尖车削偏心轴，则要依此样冲眼先钻出中心孔。若采用四爪单动卡盘装夹车削时，则要依样冲眼先划出一个偏心圆，同时还须在偏心圆上均匀地、准确无误地打上几个样冲眼，以便找正。

四、常用车削偏心工件的方法

偏心工件可以用三爪自定心卡盘、四爪单动卡盘和两顶尖等夹具安装车削。

1. 用四爪单动卡盘安装车削偏心工件

数量少、偏心距小、长度较短、不便于两顶尖装夹或形状比较复杂的偏心工件，可安装在四爪单动卡盘上车削。

在四爪单动卡盘上车削偏心工件的方法有两种，即按划线找正车削偏心工件和用百分表找正车削偏心工件。

（1）按划线找正车削偏心工件　根据已划好的偏心圆来找正。由于存在划线误差和找正误差，故此法仅适用于加工精度要求不高的偏心工件。现以如图 7-12 所示工件为例来介绍其操作步骤：

1）装夹、找正工件。

① 装夹工件前，应先调整好卡盘爪，使其中两爪呈对称位置，另外两爪呈不对称位置，其偏离主轴中心的距离大致等于工件的偏心距。各对卡爪之间张开的距离稍大于工件装夹处的直径，使工件偏心圆线处于卡盘中央，然后装夹上工件，如图 7-14 所示。

② 夹持工件长 15～20mm，夹紧工件后，要使尾座顶尖接近工件，调整卡爪位置，使顶尖对准偏心圆中心（即图 7-14 中的 A 点），然后移去尾座。

③ 将划线盘置于床鞍上适当位置，使划针尖对准工件外圆上的侧素线（图 7-15），移动床鞍，检查侧素线是否水平，若不呈水平，可用木锤轻轻敲击进行调整。再将工件转过 90°，检查并校正另一条侧素线，然后将划针尖对准工件端面的偏心圆线，并校正偏心圆（图 7-16）。如此反复校正和调整，直至使两条侧素线均呈水平（此时偏心圆的轴线与基准圆轴线平行），又使偏心圆轴线与车床主轴轴线重合为止。

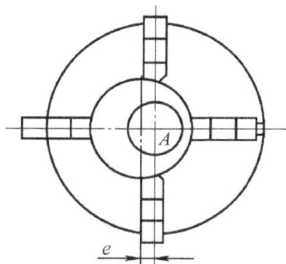

337

图 7-14　四爪单动卡盘装夹偏心工件　　图 7-15　找正侧素线

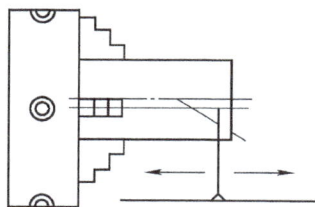

④ 将四个卡爪均匀地紧一遍，经检查确认侧素线和偏心圆线在紧固卡爪时没有位移，即可开始车削。

2）车偏心轴。

① 粗车偏心圆直径。

注：由于粗车偏心圆是在光轴的基础上进行切削的，切削余量很不均匀且又是断续切削，会产生一定的冲击和振动，所以外圆车刀取负刃倾角。

刚开始车削时，进给量和切削深度要小，待工件车圆后，再适当增加，否则容易损坏车刀或使工件发生位移。

车削的起刀点应选在车刀远离工件的位置，车刀刀尖必须从偏心的最远点开始切入工件进行车削，以免打坏刀具或损坏机床。

② 检查偏心距。当还有 0.5mm 左右精车余量时，可采用如图 7-17 所示方法检查偏心距。测量时，用分度值为 0.02mm 的游标卡尺测量两外圆间最大距离和最小距离。则偏心距就等于最大距离与最小距离值的一半，即 $e = (b - a)/2$。

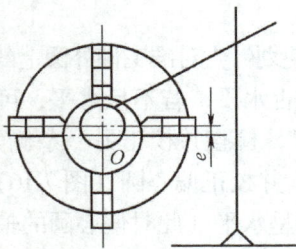

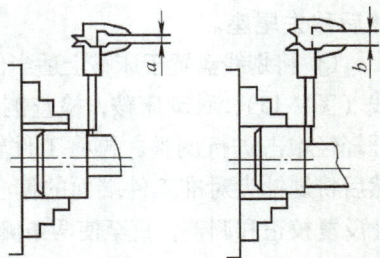

图 7-16　校正偏心圆　　　图 7-17　用游标卡尺检测偏心距

注：若实测偏心距误差较大时，可少量调节不对称的两个卡爪。

若偏心距误差不大时，则只需继续夹紧某一只卡爪（当 e 偏大时，夹紧离偏心轴线近的那只卡爪，当 e 偏小时，夹紧离偏心轴线远的那只卡爪）。

③ 精车偏心外圆。当用游标卡尺检查并调整卡爪，使其偏心距在图样允许的误差范围内之后，复检测素线，以保证偏心圆、基准两轴线平行，便可精车偏心外圆。

（2）用百分表找正　对于偏心距较小、加工精度要求较高的偏心工件，如按划线找正加工，显然是达不到精度要求的，此时须用百分表来找正，一般可使偏心距误差控制在 0.02mm 以内。由于受百分表测量范围的限制，所以它只能适于偏心距为 5mm 以下的工件的找正。仍以图 7-12 所示工件为例来说明其操作步骤：

1）先用划线初步找正工件。

2）再用百分表进一步找正，使偏心圆轴线与车床主轴轴线重合，如图 7-18 所示，找正 M 点用卡爪调整，找正 N 点用木锤或铜棒轻敲。

3）找正工件侧素线，使偏心轴两轴线平行。为此，移动床鞍，用百分表在 a、b 两点处交替进行测量、校正，并使工件两端百分表读数误差值在 0.02mm 以内。

4）校正偏心距。将百分表测杆触头垂直接触偏心工件的基准轴（即光轴）外圆上，并使百分表压缩量为 0.5~1mm 左右，用手缓慢转动卡盘，使工件转过一周，百分表指示处的最大值和最小值之差的一半即为偏心距。按此方法校正 M、N 两点处的偏心距，使 M、N 两点偏心距基本一致，并且均在图样允许误差范围内。如此综合考虑，反复调整，直至校正完成。

5）粗车偏心轴。其操作要求、注意事项与用划针找正、车削偏心工件时相同。

6）检查偏心距。当还剩 0.5mm 左右精车余量时，可按图 7-19 所示方法复检偏心距，将百分表测量杆触头与工件基准外圆接触，使卡盘缓慢转过一周，检查百分表指示的最大值和最小值之差的一半是否在图样所标偏心距允差范围内。通常复检时，偏心距误差应该是很小的，若偏心距超差，则略紧相应卡爪即可。

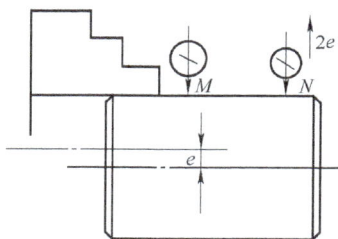

339

图 7-18 用百分表校正偏心工件　　图 7-19 用百分表复检偏心距

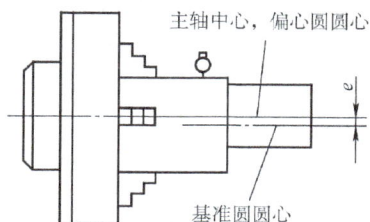

7）精车偏心圆外径，保证各项加工精度要求。

2. 用三爪自定心卡盘安装、车削偏心工件

在四爪单动卡盘上安装、车削偏心工件时装夹、找正相当麻烦。对于长度较短、形状比较简单且加工数量较多的偏心工件，也可以将其装在三爪自定心卡盘上进行车削。其方法是在三爪自定心卡盘中的任意一个卡爪与工件接触面之间，垫上一块预先选好的垫片，使工件轴线相对车床主轴轴线产生位移，并使位移距离等于工件的偏心距，如图7-20所示。

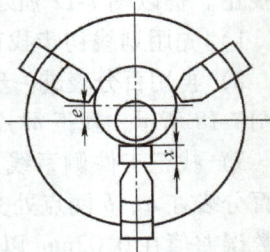

图7-20 在三爪自定心卡盘上车偏心工件

（1）垫片厚度的计算 垫片厚度 x（见图7-20）可按下列公式计算：

$$x = 1.5e \pm K \qquad K \approx 1.5\Delta e$$

式中 x——垫片厚度，单位为 mm；

e——偏心距，单位为 mm；

K——偏心距修正值，正负值可按实测结果确定，单位为 mm；

Δe——试切后，实测偏心距误差，单位为 mm。

例 如用三爪自定心卡盘加垫片的方法车削偏心距 $e = 4$mm 的偏心工件，试计算垫片厚度。

解：先暂不考虑修正值，初步计算垫片厚度：$x = 1.5e = 1.5 \times 4$mm $= 6$mm

垫入 6mm 厚的垫片进行试切削，然后检查其实际偏心距为 4.05mm，则其偏心距误差为：$\Delta e = 4.05$mm $- 4$mm $= 0.05$mm

$K = 1.5\Delta e = 1.5 \times 0.05$mm $= 0.075$mm

由于实测偏心距比工件要求的大，则垫片厚度的正确值应减去修正值，即：

$$x = 1.5e - K = (1.5 \times 4 - 0.075)\text{mm} = 5.925\text{mm}$$

用三爪自定心卡盘车偏心工件的关键是得出垫片厚度

（2）用三爪自定心卡盘车削偏心工件的注意事项

1）应选用硬度较高的材料做垫块，以防止在装夹时发生挤压变形。垫块与卡爪接触的一面应做成与卡爪圆弧相同的圆弧面，否则，接触面将会产生间隙，造成偏心距误差。

2）装夹时，工件轴线不能歪斜，否则会影响加工质量。

3）对精度要求较高的偏心工件，必须按上述计算方法，在首件加工时进行试车检验，再按实测偏心距误差求得修正值 K，从而调整垫片厚度，然后才可正式车削。

3. 用两顶尖安装、车削偏心工件

较长的偏心轴，只要轴的两端面能钻中心孔，有装夹鸡心夹头的位置，都可以安装在两顶尖间进行车削，如图 7-21 所示。

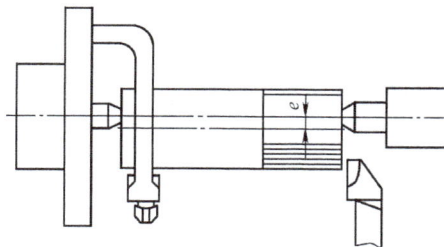

图 7-21 在两顶尖装夹车偏心

由于是用两顶尖装夹，在偏心中心孔中车削偏心圆，这与在两顶尖间车削一般外圆相类似，不同的是车偏心圆时，在一转内工件加工余量变化很大，且是断续切削，因而会产生较大的冲击和振动。其优点是不需要用很多时间去找正偏心。

用两顶尖安装、车削偏心工件时，先在工件的两个端面上根据偏心距的要求，共钻出 $2n+2$ 个中心孔（其中只有 2 个不是偏心中心孔，n 为工件上偏心轴线的个数）。然后先顶住工件基准圆中心孔车削基准外圆，再顶住偏心圆中心孔车削偏心外圆。

注：单件、小批量生产精度要求不高的偏心轴，其偏心中心孔可经划线后在钻床上钻出；偏心距精度要求较高时，偏心中心孔可在坐标镗床上钻出；成批生产时，可在专门中心孔钻床或偏心夹具上钻出。

采用两顶尖安装、车削偏心工件时，应注意以下几个方面：

1）用两顶尖安装、车削偏心工件时，关键是要保证基准圆中心孔和偏心圆中心孔的钻孔位置精度。否则偏心距精度则无法保证，所以钻中心孔时应特别注意。

2）顶尖与中心孔的接触松紧程度要适当，且应在其间经常加注润滑油，以减少彼此磨损。

3）断续车削偏心圆时，应选用较小的切削用量，初次进刀时一定要从离偏心最远处切入。

4. 其他车削偏心工件的方法

除了以上几种车偏心工件的常用方法外，其他车削偏心工件的方法有双重卡盘安装、车削偏心工件、偏心卡盘安装车削偏心工件和专用夹具安装车削偏心工件等。

五、偏心距的测量方法

常用的偏心距测量方法有以下两种：

1. 在两顶尖间检测偏心距

对于两端有中心孔、偏心距较小、不易放在 V 形架上测量的轴类零件，可放在两顶尖间测量偏心距，如图 7-22 所示。检测时，使百分表的测量头接触在偏心部位，用手均匀、缓慢地转动偏心轴，百分表上指示出的最大值与最小值之差的一半就等于偏心距。

偏心套的偏心距也可以用类似上述方法来测量，但必须将偏心套套在心轴上，再在两顶尖间检测。

2. 在 V 形架检测偏心距

将工件外圆放置在 V 形架上，转动偏心工件，通过百分表读数最大值与最小值之间差值的一半确定偏心距，如图 7-23 所示。

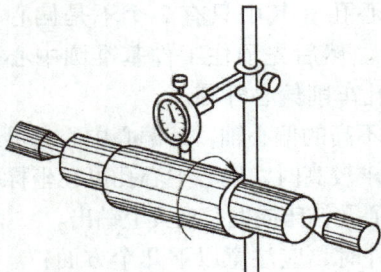

图 7-22　在两顶尖间测量偏心距　　图 7-23　在 V 形架上间接测量偏心距

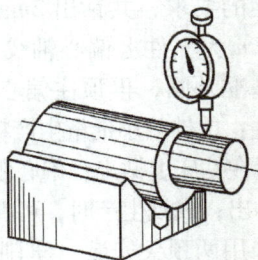

采用以上方法测量偏心距时,由于受百分表测量范围的限制,只能测量无中心孔或工件较短、偏心距 $e<5mm$ 的偏心工件。若工件的偏心距较大($e \geqslant 5mm$),则可采用 V 形架、百分表和量块等量具采用间接测量的方法进行。

六、车削步骤

1)粗、精车外圆,保证外圆 $\phi 48_{-0.025}^{0}$ mm,粗、精车内孔,保证内孔 $\phi 22_{0}^{+0.021}$ mm,且保证内孔轴线与外圆轴线的同轴度要求。

2)在 V 形架上划线(图 7-13)并划出偏心圆,打样冲眼。

3)在四爪单动卡盘上装夹后,先用划线初步找正工件,再进一步用百分表找正,找正工件侧素线并校正偏心距,使偏心圆轴线与车床主轴轴线重合。

4)粗车偏心轴,然后检查偏心距并进行调整,精车偏心圆外径,保证外圆尺寸 $\phi 36_{-0.025}^{0}$ mm、偏心距(2 ± 0.1)mm 和平行度要求。

5)掉头装夹,重复以上步骤 3)和 4),加工出偏心内孔,保证内孔尺寸 $\phi 32_{0}^{+0.021}$ mm、偏心距(2 ± 0.1)mm 和平行度要求。

本例的加工难点在于车偏心工件的加工工艺,而非编程,请自行编制加工程序

第四节 组合件加工

一、分析零件图样

1. 零件图(图 7-24)

2. 零件精度及加工方法分析

(1)组合精度分析 工件组合后,难保证的尺寸精度主要有:槽宽尺寸(17 ± 0.10)mm,间隙尺寸(1 ± 0.20)mm,长度尺寸(89 ± 0.04)mm,圆弧尺寸 R(8 ± 0.02)mm。

难保证的形位精度有:平行度 0.04。

其他难保证的组合精度有:接触面积大于 60%、圆柱面配合及

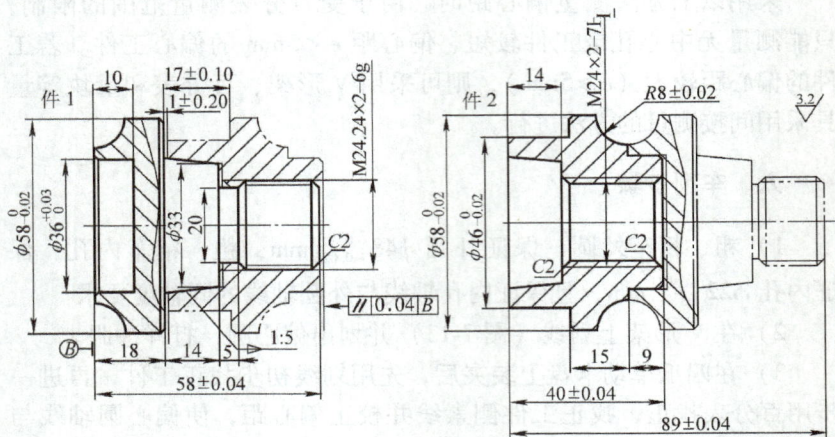

技术要求：1. 锐边去毛倒棱，未注倒角为 C1，件1右端允许打中心孔。
　　　　　2. 件2与件1相互配作，配合松紧适中，圆锥面配合接触面积大于60%。

材料：45 钢

图 7-24　组合件加工实例

螺纹配合松紧适中。

　　（2）**加工方法分析**　　本件加工的难点在于保证各项配合精度。为此，在加工过程中应注意以下几点：

　　1）在加工前要明确件1与件2各端面的加工次序。在确定加工次序时，要考虑各单件的加工精度，组合件的配合精度及工件加工过程中的装夹与校正等各方面因素。

　　2）配合件的各项配合精度要求主要受工件形位精度和尺寸精度影响。因此，在数控加工中，工件在夹具中的定位与精确找正显得尤为重要。

　　3）对于保证圆锥面的配合要求，内外圆锥面在精加工过程中应采用刀尖圆弧半径补偿进行编程与加工。

　　二、加工工艺分析

　　1. 编程原点的确定

　　由于工件在长度方向的要求较低，根据编程原点的确定原则，该工件的编程原点取在装夹后工件的右端面与主轴轴线相交的交点上。

2. 制定加工方案及加工路线

（1）选择数控机床及数控系统　根据工件的形状及加工要求，选用 CK6132 数控车床（前置式六工位刀架）进行本例工件的加工。数控系统选用 FANUC0i-TA 或 SIEMENS 802D。

（2）制定加工方案与加工路线　件1与件2均采用两次装夹后完成粗、精加工的加工方案，先加工工件其中一端的内、外形，完成粗、精加工后，调头加工另一端。

进行数控车削加工时，加工的起始点定在离工件毛坯 2mm 的位置。应尽可能采用沿轴向切削的方式进行加工，以提高加工过程中工件与刀具的刚性。

3. 工件的定位、装夹与刀具的选用

（1）工件的定位及装夹　本例均采用三爪自定心卡盘进行定位与装夹。件1调头加工另一端时，还可采用一夹一顶的装夹方式。

工件装夹时的夹紧力要适中，既要防止工件的变形与夹伤，又要防止工件在加工过程中产生松动。工件装夹过程中，应对工件进行找正，以保证工件轴线与主轴轴线同轴。

（2）刀具及其材料的选用　加工过程中选用的刀具为：T01 为 93°（主偏角）外圆粗车刀；T02 为 93°外圆精车刀，刀尖圆弧半径为 R0.3；T03 为切槽刀，刀宽为 3mm；T04 为三角形外螺纹车刀；T05 为内孔（盲孔）车刀；T06 为三角形内螺纹车刀。以上车刀均选用机夹式可换刀片，刀具的刀片材料均选用硬质合金。

4. 确定加工参数

（1）主轴转速（n）　硬质合金刀具材料切削钢件时，切削速度 v 取 $80 \sim 220\text{m/min}$，根据公式 $n = 1000v/\pi D$ 及加工经验，并根据实际情况，加工过程中的主轴转速。但应注意在内孔加工、切槽加工及螺纹加工过程中，切削速度 v 应取较小值。

（2）进给速度（F）　粗加工时，为提高生产效率，在保证工件质量的前提下，可选择较高的进给速度，一般取 $100 \sim 300\text{mm/min}$。当进行切槽、切断、车孔加工或采用高速钢刀具进行加工时，应选用较低的进给速度，一般在 50～150mm/min 的范围内选取。精加工的进给速度一般取粗加工进给速度的 1/2。

刀具空行程的进给速度一般取 G00 速度。

（3）背吃刀量（a_p）　背吃刀量根据机床与刀具的刚性及加工精度来确定，粗加工的背吃刀量一般取 2～5mm（直径量），精加工的背吃刀量等于精加工余量，精加工余量一般取 0.2～0.5mm（直径量）。

> 选择切削用量是也应考虑实际的切削条件

5. 确定加工步骤

（1）件 1 加工步骤

1）手工钻孔、扩孔、车端面，扩孔直径为 $\phi 25$mm，注意控制孔的深度。

2）采用外圆粗、精车指令加工左端外形轮廓，保证尺寸 $\phi 58_{-0.02}^{0}$mm、R（8 ± 0.02）mm，$\phi 58$mm 外圆长度方向加工至 $Z-40$ 处，以便掉头装夹钻中心孔。

3）采用粗、精车指令加工左端内轮廓，保证尺寸 $\phi 22_{0}^{+0.03}$mm 及深度尺寸。

4）掉头装夹校正，手工车端面，保证总长（58 ± 0.04）mm，钻中心孔。

5）重新采用一夹一顶的装夹方式装夹工件，注意控制工件伸出长度。

6）采用外圆粗、精车指令加工右端外形轮廓，螺纹大径处尺寸为 24.8mm，精车时，应采用刀尖圆弧半径补偿，以保证锥面的尺寸精度。

7）切槽加工螺纹退刀槽。

8）加工右端外螺纹，在拆卸工件前先松开顶尖，用止、通规检查螺纹精度。

9）拆卸工件，并对工件去毛倒棱。

（2）件 2 加工步骤

1）装夹工件并注意装夹长度。手工钻孔、扩孔、车端面，扩孔直径为 $\phi 20$mm。

2）采用外圆粗、精车循环指令加工左端外形轮廓，保证尺寸 $\phi58_{-0.02}^{0}$mm 和 $\phi46_{-0.02}^{0}$mm。

3）采用内孔粗、精车循环指令加工内轮廓，内螺纹小径加工至 $\phi22$mm。

4）加工内螺纹，并用止通规检查。

5）用件1与件2试配并修正件2内锥面，以保证各项配合精度。

6）掉头装夹于 $\phi46$ 直径处，用百分表校正 $\phi58$ 外圆表面，手工车右端面。

7）采用外圆粗、精车循环指令加工右端外形轮廓，用件1与件2试配并修正件2。

8）拆卸工件，去毛倒棱，检查各项加工精度。

三、加工参考程序

本课题以件1左端加工程序为例来说明其编程方法，参考程序见表7-3。

表7-3 组合件加工实例参考程序

刀具及材料	T01、T02 为93°外圆粗、精车刀；T03 为外切槽刀（刀宽为3mm）；T04 为外螺纹车刀；T05 为不通孔车刀；T06 为内螺纹车刀		
程序段号	FANUC 0i 系统程序	SIEMENS 802D 系统程序	件1加工程序
	O0020;	AA20.MPF;	件1左端加工程序
N10	G98 G40 G21 F200;	G90 G94 G40 G71 F200;	程序开始部分
N20	T0101;	T1D1;	
N30	G00 X100.0 Z100.0;		
N40	M03 S800;		粗加工转速为600r/min
N50	G00 X62.0 Z2.0;		快速定位至循环起点
N60	G71 U1.0 R0.3;	CYCLE95（"BB211",1.5, 0.05, 0.2, , 200, 80, 80, 1, 1, , 0.5）;	注：以下为SIEMENS程序注释
N70	G71 P80 Q120 U0.5 W0.05;		外部纵向粗加工
N80	G01 G42 X42.0 F80 S1500;		

程序段号	FANUC 0i 系统程序	SIEMENS 802D 系统程序	件1加工程序
N90	Z0.0;	G00 X100 Z100;	退刀、换切槽车刀、换转速、快速定位至循环起点
N100	G02 X58.0 Z-8.0 R8.0;	T2D1;	
N110	G01 Z-40.0;	M03 S1500;	
N120	X62.0;	G00 X62 Z2;	
N130	G00 X100.0 Z100.0;	CYCLE95（"BB211" 1.5, 0.05, 0.2,, 200, 80, 80, 5, 1,, 0.5）;	外部纵向精加工
N140	T0202;		
N150	G00 X62.0 Z2.0;		
N160	G70 P80 Q120;	G00 X100 Z100;	退刀、换螺纹车刀、换转速、快速定位至循环起点
N170	G00 X100.0 Z100.0;	T5D1;	
N180	T0505;	M03 S600;	
N190	M03 S600;	G00 X24 Z2;	
N200	G00 X24.0 Z2.0;	CYCLE95（"BB212", 1, 0.05, 0.2,, 200, 80, 80, 11, 1,, 0.5）;	内部纵向加工
N210	G71 U1.0 R0.3;		
N220	G71 P230 Q270 U-0.5 W0.05;		
N230	G01 G41 X38.0 F80 S1500;	G74 X0 Z0;	主程序结束
N240	Z0.0;	M30;	
N250	X36.0 Z-1.0;	BB211.SPF	外轮廓子程序
N260	Z-10.0;	G01 X42 Z0;	外轮廓轨迹
N270	X24.0;	G02 X58 Z-8 CR=8;	
N280	G70 P230 Q270;	G01 Z-40;	
N290	G28 U0 W0;	X62;	
N300	M30;	RET;	返回主程序
N310		BB212.SPF	内轮廓子程序

（续）

数控车工（高级）

348

（续）

程序段号	FANUC 0i 系统程序	SIEMENS 802D 系统程序	件1 加工程序
N320		G01 X38 Z0；	
N330		X36 Z−1；	内轮廓轨迹
N340		Z−10；	
N350		X24；	
N360		RET；	返回主程序

注：件1右端与件2的加工程序与件1左端加工程序类似，请自行编制

复习思考题

1. 进行工件精度分析时，主要分析哪些方面的内容？
2. 薄壁工件的加工特点有哪些？
3. 在车削薄壁工件时，防止和减少薄壁工件变形的方法有哪些？
4. 何谓偏心轴、套？如何进行偏心工件的划线？
5. 偏心轴、套的加工方法有哪些？
6. 用三爪自定心卡盘安装、车削偏心工件时，如何进行垫片厚度的计算？
7. 试简要说明偏心距的测量方法。
8. 为了保证配合件的配合精度，配合件在加工过程中应注意哪些问题？

试　题　库

知识要求试题

一、判断题（对画 √，错画 ×）

1. 目前，数控机床正朝高速度、高精度、高柔性和高智能化的方向发展。　　　　　　　　　　　　　　　　　　　　　（　　）

2. 输入输出装置不属于数控系统的一部分。　　　　　（　　）

3. 伺服系统是数控装置与机床本体间的电传动联系环节，也是数控系统的执行部分。　　　　　　　　　　　　　　　　（　　）

4. 就所加工工件的尺寸一致性而言，数控机床不及普通机床。　　　　　　　　　　　　　　　　　　　　　　　　　　　（　　）

5. 数控机床伺服系统的作用是把来自数控装置的脉冲信号转换成机床移动部件的运动。　　　　　　　　　　　　　　　（　　）

6. 点位控制的数控机床只要控制起点和终点位置，对加工过程中的轨迹没有严格要求。　　　　　　　　　　　　　　　（　　）

7. 闭环系统的反馈装置是直接安装在移动部件（如工作台）之上。　　　　　　　　　　　　　　　　　　　　　　　　　（　　）

8. 数控机床加工的加工精度比普通机床高，是因为数控机床的传动链较普通机床的传动链长。　　　　　　　　　　　　（　　）

9. 数控机床主轴轴承安装后，通过预紧可实现提高主轴部件的回转精度、刚度和抗振性的目的。　　　　　　　　　　　　（　　）

10. 实现无级调速的数控车床，在主轴运行过程中是绝对不允许改变主轴转速的。　　　　　　　　　　　　　　（　　　）

11. 数控机床的滚珠丝杠具有传动效率高、精度高，无爬行的特点。　　　　　　　　　　　　　　　　　　　　　（　　　）

12. 滚珠丝杠副由于不能自锁，故在垂直安装时需添加制动装置。　　　　　　　　　　　　　　　　　　　　　　（　　　）

13. 数控车床的换刀，需在机床主轴准停后进行。　（　　　）

14. HNC – 21T（华中数控系统）是我国自行研制开发的数控系统。　　　　　　　　　　　　　　　　　　　　　　　（　　　）

15. 数控机床的核心装置是数控装置。　　　　　（　　　）

16. 逐点比较法的四个工作节拍是偏差判别、进给控制、偏差计算、终点判别。　　　　　　　　　　　　　　　　（　　　）

17. 开环伺服系统的精度要优于闭环伺服系统。　（　　　）

18. 数控铣床和数控车床都属于轮廓控制机床。　（　　　）

19. 数控装置发出的一个进给脉冲所对应的机床坐标轴的位移量，称为数控机床的最小移动单位，亦称脉冲当量。（　　　）

20. 数控车床的精度检测内容主要包括几何精度、定位精度和切削精度的检测。　　　　　　　　　　　　　　　（　　　）

21. 划分加工阶段，有利于合理利用设备并提高生产率。

（　　　）

22. 所有零件的机械加工都有经过粗加工、半精加工、精加工和光整加工四个加工阶段。　　　　　　　　　　（　　　）

23. 在车床上同时完成车端面与外孔表面的车削加工，这种工作称为两个工序。　　　　　　　　　　　　　　　（　　　）

24. 在一个安装或工位中，加工表面、切削刀具和切削用量都不变的情况下所进行的那部分加工称为工步。　　（　　　）

25. 数控加工中，采用加工路线最短的原则确定走刀路线既可以减少空刀时间，还可以减少程序段。　　　　　（　　　）

26. 外螺纹的公称直径是指螺纹大径，内螺纹的公称直径是指螺纹的小径。　　　　　　　　　　　　　　　　（　　　）

27. 分多层切削加工螺纹时，应尽可能平均分配每层切削的背吃

刀量。 （　　）

28. 数控车床外切槽加工时，采用径-轴向退刀方式（即先径向退刀，再轴向退刀）较为合适。 （　　）

29. 车刀按刀尖形状分为尖形车刀、圆弧形车刀和成形车刀三类。通常情况下，螺纹车刀归纳为成形车刀。 （　　）

30. 数控车刀的刀尖安装得低于工件轴线时，会导致切削过程中切削力增加。 （　　）

31. 当车刀的刃倾角为负值时，切屑流向待加工表面表面，有利于保证产品表面质量。 （　　）

32. 在加工塑性材料时，切削速度的大小对表面粗糙度基本无影响。 （　　）

33. 减小进给量 f 有利于降低表面粗糙度值。但当 f 小到一定值时，由于塑性变形程度增加，表面粗糙度值反而会有所上升。

（　　）

34. 组合夹具元件可以多次反复使用。 （　　）

35. 工件被夹紧后，其位置不能再动了，即所有的自由度都被限制了。 （　　）

36. 软爪在使用前可进行自镗加工，以保证卡爪中心与主轴中心重合。 （　　）

37. 数控车床刀具卡片分别详细记录了每一把数控刀具刀具编号、刀具结构、组合件名称代号、刀片型号和材料等，它是组装刀具和调整刀具的依据。 （　　）

38. 在 FANUC 车床数控系统的同一程序段中，可以同时指定增量坐标和绝对坐标。 （　　）

39. Auto cad 软件是一种较为常用的自动化编程软件。 （　　）

40. 手工编程比较适合批量较大、形状简单、计算方便、轮廓由直线或圆弧组成的零件的编程加工。 （　　）

41. 手工编程比计算机编程麻烦，但正确性比自动编程高。

（　　）

42. 编程坐标系是标准坐标系。 （　　）

43. 机床参考点一定就是机床原点。 （　　）

44. 在确定机床坐标系的方向时规定，永远假定工件相对于静止的刀具而运动。 （　　）

45. SIEMENS 系统中，子程序 L10 和子程序 L010 是相同的程序。 （　　）

46. FANUC 系统中，程序 O10 和程序 O0010 是相同的程序。
（　　）

47. 所有系统在同一机床中的程序号不能重复。 （　　）

48. 程序段的执行是按程序段数值的大小顺序来执行的，程序段号数值小的先执行，大的后执行。 （　　）

49. 当程序段作为"跳转"或"程序检索"的目标位置时，程序段号不可省略。 （　　）

50. "X100.0；"是一个正确的程序段。 （　　）

51. 数控程序的单个程序字由地址符和数字组成，如"G50"等。 （　　）

52. 从 G00 到 G99 的 100 种 G 代码，每种代码都具有具体的含义。 （　　）

53. 当前我国使用的各种数控系统，只允许使用两位数的 G 代码。 （　　）

54. 准备功能字 G 代码主要用来控制机床主轴的开、停，冷却液的开关和工件的夹紧与松开等机床准备动作。 （　　）

55. M99 与 M30 指令的功能是一致的，它们都能使机床停止一切动作。 （　　）

56. FANUC 系统程序"（）"中的内容仅表示程序注释，不能表示其他内容。 （　　）

57. 在 SIENENS 系统中，指令"T1D1；"和指令"T2D1；"使用的刀具补偿值是同一刀补存储器中的补偿值。 （　　）

58. 在 FANUC 系统中，指令"T0101；"和指令"T0201；"使用的刀具补偿值是同一刀补存储器中的补偿值。 （　　）

59. "G98 G01…F1.5"表示刀具的进给速度是 1.5mm/min。
（　　）

60. G01 G02 G03 G04 均为模态代码。 （　　）

61. "G97 G98 G40 G21；"该指令中出现了多个 G 代码，因此该程序段不是一个规范正确的程序段。（　　）

62. 所有的 F、S、T 代码均为模态代码。（　　）

63. 数控系统中对每一组的代码指令，都选取其中的一个作为开机默认代码。（　　）

64. 在 SIEMENS 系统数车床的编程中，分别用字符"U"、"V"、"W"来表示"X"、"Y"、"Z"方向的增量坐标。（　　）

65. 在 SIEMENS 系统的同一程序段中，可以同时指定增量坐标和绝对坐标。（　　）

66. FANUC 车床数控系统使用 G91 指令来表示增量坐标，而用 G90 指令来表示绝对坐标。（　　）

67. 当前大多数数控机床使用的脉冲当量为 0.1mm。（　　）

68. 英制对旋转轴无效，旋转轴的单位总是（°）。（　　）

69. 构成零件轮廓的直线、圆弧等几何元素的连接点称为基点。（　　）

70. 执行 G01 指令的刀具轨迹肯定是一条连接起点和终点的直线轨迹。（　　）

71. 虽然有很多 G01 指令后没有写 F 指令，但在 G01 程序段中必须含有 F 指令。（　　）

72. 指令"G02 X __ Y __ R __ ;"不能用于编写整圆的插补程序。（　　）

73. 圆弧编程中的 I、J、K 值和 R 值均有正负值之分。（　　）

74. 程序中指定的圆弧插补进给速度，是指圆弧切线方向的进给速度。（　　）

75. 自动返回参考点 G28 指令之所以设定中间点，其主要目的是为了防止刀具在返回参考点过程中与工件或夹具发生干涉。（　　）

76. 通过零点偏移设定的工件坐标系，当机床关机后再开机，其坐标系将消失。（　　）

77. SIEMENS 系统返回固定点（如换刀点）的指令是 G75。（　　）

354

78. 所有的 M 指令均为模态指令。　　　　　　　　　　（　　）

79. 刀具长度补偿存储器中的偏置值既可以是正值，也可以是负值。　　　　　　　　　　　　　　　　　　　　　　　　（　　）

80. 当使用刀具补偿时，刀具号必须与刀具偏置号相同。

（　　）

81. FANUC 车床数控系统允许同时在 X 轴和 Z 轴方向实现刀具长度补偿。　　　　　　　　　　　　　　　　　　　　　　（　　）

82. G40 必须与 G41 或 G42 成对使用。　　　　　　　（　　）

83. 刀补的建立过程的实现必须有 G00 或 G01 指令才有效。

（　　）

84. FANUC 系统单一固定循环指令 G90 是的进给量 F 必须在 G90 指令中指定，不能沿用 G90 指令前指定的 F 值。　（　　）

85. FANUC 系统单一固定循环指令 G90 的 R 值有正负之分。

（　　）

86. FANUC 车床数控系统中的 G94 指令中的 X/U、Z/W 的数值均为模态值。　　　　　　　　　　　　　　　　　　　　（　　）

87. G71 指令中和程序段段号 "ns" ~ "nf" 中同时指定了 F 和 S 值时，则粗加工循环切削过程中，程序段段号 "ns" ~ "nf" 中指定的 F 和 S 值有效。　　　　　　　　　　　　　（　　）

88. FANUC 0T 系统的 G71 指令中的 "ns" ~ "nf" 程序段编写了非单调变化的轮廓，则在 G71 执行过程中会产生程序报警。

（　　）

89. G71 指令中的 R 值是指粗加工过程中 X 方向的退刀量，该值为半径量。　　　　　　　　　　　　　　　　　　　　（　　）

90. 如果程序段号 "ns" 和 "nf" 之间没有给出 F、S 值，则 G70 执行过程中沿用 G71 执行过程中的 F、S 值。　（　　）

91. 在 FANUC 系统的 G71 循环指令中，顺序号 "ns" 所指程序段必须沿 X 向进刀，且不能出现 Z 轴的运动指令，否则会出现程序报警。　　　　　　　　　　　　　　　　　　　　　（　　）

92. FANUC 数控车复合固定循环指令中能进行子程序的调用。

（　　）

93. G73 循环加工的轮廓形状，没有单调递增或单调递减形式的限制。（ ）

94. G75 循环指令执行过程中，X 向每次切深量均相等。（ ）

95. 执行 G75 指令，刀具完成一次径向切削后，在 Z 方向的偏移方向是由指令中参数 P 后的正负号确定的。（ ）

96. 执行 G75 指令中编写的 Z 方向的偏移量应小于刀宽，否则在程序执行过程中会产生程序出错报警。（ ）

97. G32 指令是 FANUC 系统中用于加工螺纹的单一固定循环指令。（ ）

98. 指令"G34 X（U）__ Z（W）__ F__ K；"中的 K 是指主轴每转螺距的增量（正值）或减量（负值）。（ ）

99. 如果在单段方式下执行 G92 循环，则每执行一次循环必须按 4 次循环启动按钮。（ ）

100. 在 G92 指令执行过程中，进给速度倍率和主轴速度倍率均无效。（ ）

101. FANUC 系统中 G76 指令只能用于圆柱螺纹的加工，不能用于圆锥螺纹的加工。（ ）

102. G76 指令为非模态指令，所以必须每次指定。（ ）

103. 采用 G76 指令加工螺纹时，加工过程中的进刀方式是沿牙型一侧面平行方向的斜向进刀。（ ）

104. FANUC 系统主程序和子程序的程序名格式完全相同。（ ）

105. FANUC 系统指令"M98 P×××× L××××；"中如省略了 L，则该指令表示调用子程序一次。（ ）

106. 当宏程序 A 调用宏程序 B 而且都有变量#100 时，宏程序 A 中的#100 与宏程序 B 中的#100 是同一个变量。（ ）

107. 宏程序的格式类似于子程序的格式，以 M99 来结束宏程序，因此宏程序只能以子程序调用方法进行调用，即只能用 M98 进行调用。（ ）

108. 执行指令"G65 H01 P #100；"后，#100 的值由系统参数指定。（ ）

109. 指令"G65 H80 P120；"属于无条件跳转指令，执行该指令时，将无条件跳转到 N120 程序段执行。 （   ）

110. B 类宏程序除可采用 A 类宏程序的变量表示方法外，还可以用表达式表示，但表达式必须封闭在圆括号"（   ）"中。 （   ）

111. 在编写 A 类宏程序时，要注意在宏程序中不可采用刀具半径补偿进行编程。 （   ）

112. 指令"G65 P1000 X100.0 Y30.0 Z20.0 F100.0；"中的 X、Y、Z 并不代表坐标功能，F 也不代表进给功能。 （   ）

113. 表达式"30.0 + 20.0 = #100"是一个正确的变量赋值表达式。 （   ）

114. B 类宏程序的运算指令中函数 SIN、COS 等的角度单位是（°），′和″换算成（°）。 （   ）

115. B 类宏程序函数中的括号允许嵌套使用，但最多只允许嵌套 5 级。 （   ）

116. 宏程序指令"WHILE［条件式］DO m"中的"m"表示循环执行 WHILE 与 END 之间程序段的次数。 （   ）

117. 通过指令"G65 P1000 D100.0；"引数赋值后，程序中的参数"#7"的初始值为 100.0。 （   ）

118. 机床报警指示灯变亮后，通常情况下是通过关闭机床面板上的报警指示灯按钮来熄灭该指示灯的。 （   ）

119. 按下机床急停操作开关后，除能进行手轮操作外，其余的所有操作都将停止。 （   ）

120. 当开关"PROG PROTECT"处于"OFF"位置时，即使在"EDIT"状态下也不能对 NC 程序进行编辑操作。 （   ）

121. 在任何情况下，程序段前加"/"符号的程序段都将被跳过执行。 （   ）

122. 在自动加工的空运行状态下，刀具的移动速度与程序中指令的进给速度无关。 （   ）

123. 通常情况下，手摇脉冲发生器顺时针转动方向为刀具进给的正向，逆时针转动方向为刀具进给的负向。 （   ）

124. 手动返回参考点时，返回点不能离参考点太近，否则会出现机床超程等报警。　　　　　　　　　　　　　　（　　）

125. 手摇进给的进给速率可通过进给速度倍率旋钮进行调节，调节范围为 0% ~ 150%。　　　　　　　　　　　　（　　）

126. 当机床出现超行程报警时，按下复位按钮"RESET"即可使超程报警解除。　　　　　　　　　　　　　　　　（　　）

127. 机床返回参考点后，如果按下急停开关，机床返回参考点指示灯将熄灭。　　　　　　　　　　　　　　　　（　　）

128. 只有在 MDI 或 EDIT 方式下，才能进行程序的输入操作。
　　　　　　　　　　　　　　　　　　　　　　　（　　）

129. 在插入新程序的过程中，如果新建的程序号为内存中已有的程序号，则新程序将替代原有程序。　　　　　　（　　）

130. 在 EDIT 模式下，按下"RESET"键即可使光标跳到程序头。　　　　　　　　　　　　　　　　　　　　　（　　）

131. 数控机床空运行主要是用于检查刀具轨迹的正确性。
　　　　　　　　　　　　　　　　　　　　　　　（　　）

132. 增量进给的最小增量步长是按照脉冲当量来作为单位的，通常情况下，最小增量步长取 0.001mm。　　　　（　　）

133. 毛坯切削循环 CYCLE95 中，用于表示 X 方向精加工余量的参数 FALX 有正负值之分，当加工外圆时其值为正，当加工内孔时其值为负。　　　　　　　　　　　　　　（　　）

134. 毛坯切削循环 CYCLE95 中的纵向加工方式是指沿 X 轴方向切深进给，而沿 Z 轴方向切削进给的一种加工方式。（　　）

135. 毛坯切削循环 CYCLE95 中，可分别用不同的参数表示粗加工和精加工的进给速度。　　　　　　　　　　（　　）

136. 使用 SIEMENS 802D 系统的 CYCLE93 指令加工装夹后工件的右端面槽，则不管采用何种方式起刀，均称为右侧起刀。（　　）

137. 切槽循环指令 CYCLE93 中参数 STA1 的取值范围为 0 ~ 360°。　　　　　　　　　　　　　　　　　　　　（　　）

138. 采用恒定切削截面积进给方式进行螺纹粗加工时，背吃刀量按递减规律自动分配，并使每次切除表面的截面积近似相等。

（　　）

139. 恒定背吃刀量进给方式进行螺纹粗加工时，每次背吃刀量相等，其值由参数 TDEP、FAL 和 NRC 确定，计算公式为 $a_p = (TDEP - FAL)/NRC$。 （　　）

140. SIEMENS 系统的子程序"L123. SPF"和子程序"L0123. SPF"是同一个子程序。 （　　）

141. 在 SIEMENS 系统的比较运算过程中，等于用符号"="表示。 （　　）

142. 符号"GOTOF"表示向后跳转，即向程序开始的方向跳转。 （　　）

143. SIEMENS 系统 R 参数运算过程中，开平方根用字符"SQRT"表示。 （　　）

144. 50°42′换算成度是 50.42°。 （　　）

145. 如果一个程序段中有多个跳跃条件，则当第一个条件满足后就进行跳跃。 （　　）

146. 在自动运行状态下，按下循环启动停止键，机床的主轴转速功能、冷却、润滑将被停止执行。 （　　）

147. 数控车床在手动返回参考点的过程中，先执行 Z 轴回参考点同，再执行 X 轴回参考点较为合适。 （　　）

148. 只有在自动运行过程将"程序控制"中的"选择停止"选项打开时，M00 才有效，否则机床仍执行后续的程序段。 （　　）

149. 在程序自动运行过程中，严禁使用主轴倍率调整旋钮来调节主轴转速，以防损坏变速齿轮。 （　　）

150. 程序中不能将"F"值设为"0"使进给停止，但可用机床面板上的"进给速度倍率旋钮"将进给速度调成"0%"从而使进给停止。 （　　）

151. 采用软件进行自动编程属于语言式自动编程。 （　　）

152. 在 Mastercam 数控车床软件中，如果同平面中两直线段不平行但无交点，则无法对这两条直线采用直线修剪功能。 （　　）

153. 如要将 Mastercam 主工作区的底色变成白色，则要在［屏

幕］→［系统规划］中进行设定。 （　　）

154. Mastercam 后置处理生成的 NC 文件，可用计事本或 WORD 软件将其打开。 （　　）

155. 程序传输是单方向的，即只能由电脑向数控系统传输，而不能由数控系统向电脑传输。 （　　）

156. 薄壁工件受夹紧力产生的变形，仅影响工件的形状精度。

（　　）

157. 为防止和减少加工薄壁工件时产生变形，加工时应分粗、精车，且粗车时夹松些，精车时夹紧些。 （　　）

158. 车削薄壁工件时，一般尽量不采用径向夹紧，最好应用轴向夹紧方法。 （　　）

159. 应用扇形软爪装夹薄壁工件时，软卡爪圆弧的直径应比夹紧处外圆直径小些。 （　　）

160. 车削短小薄壁工件时，为了保证内、外圆轴线的同轴度，可用一次装夹车削。 （　　）

161. 直径较大、尺寸精度和形位精度要求较高的圆盘薄壁工件，可装夹在花盘上车削。 （　　）

162. 在四爪单动卡盘上，无法加工出未经划线的偏心。 （　　）

163. 在四爪单动卡盘上加工偏心轴时，若测得偏心距偏大时，可将靠近工件轴线的卡爪再紧一些。 （　　）

164. 在刚开始车削偏心外圆时，切削用量不宜过大。 （　　）

165. 用三爪自定心卡盘加工偏心工件时，测得偏心距小了 0.1mm，应将垫片再加厚 0.1mm。 （　　）

166. 用三爪自定心卡盘加工偏心工件时，应选用铜、铝等硬度较低的材料作为垫块。 （　　）

167. 用两顶尖车削偏心轴，必须在工件的两个端面上根据偏心距要求，分别加工出成对的中心孔。 （　　）

168. FANUC 0i 车铣中心启用极坐标后，XY 平面内第一轴仍用地址"X"表示，且该值为直径值。 （　　）

169. FANUC 0i 车铣中心启用极坐标后，也可采用刀具半径补偿编程，但必须在极坐标指令指定前指定刀具半径补偿指令。 （　　）

170. FANUC 0i 系统车铣中心中指令"G107 C ___;"和指令"G01 Z C ___;"中的"C ___"是同一个概念。　　　（　　）

171. FANUC 0i 系统车铣中心的圆柱插补方式中，圆弧半径不能用地址 I、J 和 K 指定，而必须用 R 指定。　　　（　　）

172. FANUC 0i 系统车铣中心的 B 功能指令由地址 B 及其后的 8 位数字组成，常用于分度功能。　　　（　　）

173. 高速钢刀具韧性比硬质合金好，因此常用于承受冲击力较大的场合。　　　（　　）

174. 钨钛钴类硬质合金是由碳化钨、钴和碳化钛组成，这类硬质合金适宜加工脆性材料。　　　（　　）

175. 在毛坯加工过程中，选取较小的加工余量可提高刀具寿命。　　　（　　）

176. 主轴转速 n 与切削速度 v 的关系是 $v = \pi dn/1000$。　（　　）

177. 进行螺纹加工时，进给量等于螺纹的导程。　　　（　　）

178. 铰孔退刀时，不允许铰刀倒转。　　　（　　）

179. 钻孔时，造成孔扩大或孔歪斜的主要原因是钻头顶角太大或钻头前角太小。　　　（　　）

180. 刀具寿命是刀具刃磨后从开始切削到磨损量达到磨钝标准所经过的切削时间。　　　（　　）

二、选择题（将正确答案的序号填入括号内）

1. 世界上第一台数控机床是（　　　）年研制出来的。

A. 1945　　　　B. 1948　　　　C. 1952　　　　D. 1958

2. 闭环进给伺服系统与半环进给伺服系统主要区别在于（　　　）。

A. 位置控制器　　　　　　　B. 检测单元
C. 伺服单元　　　　　　　　D. 控制对象

3. 下列特点中，不属于数控机床特点的是（　　　）。

A. 加工精度高　　　　　　　B. 生产效率高
C. 劳动强度低　　　　　　　D. 经济效益差

4. 按照机床运动的控制轨迹分类，加工中心属于（　　　）。

361

A. 点位控制　　B. 直线控制　　C. 轮廓控制　　D. 远程控制

5. 计算机数控用以下（　　）代号表示。

A. CAD　　　　B. CAM　　　　C. ATC　　　　D. CNC

6. 系统内部没有位置检测反馈装置，不能进行误差补偿的系统是（　　）。

A. 开环系统　　　　　　　　B. 闭环系统

C. 半闭环系统　　　　　　　D. 以上均可能

7. 下列装置中，不属于数控系统的装置是（　　）。

A. 自动换刀装置　　　　　　B. 输入/输出装置

C. 数控装置　　　　　　　　D. 伺服驱动

8. 下列批量的工件，（　　）的零件最适合用数控车床等数控机床加工。

A. 多品种、小批量　　　　　B. 中小批量

C. 大批、大量工件　　　　　D. 批量不限

9. 下列材料的零件中，（　　）材料的零件不能用电火花机床加工。

A. 钢　　　　　B. 铝　　　　　C. 铜　　　　　D. 塑料

10. 下列用于数控机床检测的反馈装置中（　　）用于速度反馈。

A. 光栅　　　　　　　　　　B. 脉冲编码器

C. 磁尺　　　　　　　　　　D. 感应同步器

11. 用来表示机床全部运动传动关系的示意图称为机床的（　　）。

A. 传动系统图　　　　　　　B. 平面展开图

C. 传动示意图　　　　　　　D. 传动结构图

12. 以下数控系统中，我国自行研制开发的系统是（　　）。

A. 法那科　　　B. 西门子　　　C. 三菱　　　　D. 广州数控

13. 限位开关的作用是（　　）。

A. 线路开关　　B. 过载保护　　C. 欠压保护　　D. 位移控制

14. 下列 SIEMENS 数控系统中，采用步进电机进行伺服驱动的数控系统是（　　）。

A. 802C　　　　B. 802D　　　　C. 802S　　　　D. 810D

15. 下列动作中，（   ）不是四方刀架换刀过程中的动作。

A. 刀架抬起　　　　　　　　B. 刀架转位

C. 机械手换刀　　　　　　　D. 刀架压紧

16. 数控机床后备电池的更换一般在（   ）情况下进行。

A. 开机　　　　B. 关机　　　　C. 无所谓　　　　D. 无需更换

17. 下列目的中，（   ）不是划分加工阶段的目的之一。

A. 保证加工质量　　　　　　B. 合理利用设备

C. 便于组织生产　　　　　　D. 降低劳动强度

18. 下列数控车床的加工顺序安排原则，（   ）是错误的加工顺序安排原则。

A. 基准先行　　B. 先精后粗　　C. 先主后次　　D. 先近后远

19. 确定加工方案时，必须考虑该种加工方法能达到的加工（   ）和表面粗糙度。

A. 尺寸精度　　B. 形位精度　　C. 经济精度　　D. 效率

20. 粗加工阶段的关键问题是（   ）。

A. 提高生产率　　　　　　　B. 精加工余量的确定

C. 零件的加工精度　　　　　D. 零件的表面质量

21. 由一个工人，在一个工作地点，对一个工件所连续完成的那一部分工作称为（   ）。

A. 装夹　　　　B. 工步　　　　C. 工序　　　　D. 走刀

22. 先在钻床是钻孔，再到车床上对同一孔进行车孔，我们称这项工作为（   ）。

A. 两道工序　　　　　　　　B. 两个工步

C. 一道工序两个工步　　　　D. 两次走刀

23. 零件的最终轮廓加工应安排在最后一次走刀连续加工，其目的主要是为了保证零件的（   ）要求。

A. 尺寸精度　　B. 形状精度　　C. 位置精度　　D. 表面粗糙度

24. 车削 M24×2 的内螺纹（材料为 45 钢），根据经验公式，底孔直径加工至（   ）较为合适。

A. $\phi24mm$　　B. $\phi22mm$　　C. $\phi26mm$　　D. $\phi21.4mm$

25. 在加工螺纹时，应适当考虑其车削开始时的导入距离，该值一般取( )较为合适。

A. 1 ~2mm   B. 1P   C. 2P~3P   D. 5 ~10mm

26. 下列刀具材料中，不适合高速切削的刀具材料为( )。

A. 高速钢   B. 硬质合金

C. 涂层硬质合金   D. 陶瓷

27. 下列刀具材料中，硬度最大的刀具材料是( )。

A. 高速钢   B. 立方氮化硼

C. 涂层硬质合金   D. 氧化物陶瓷

28. 机夹可转位刀片"TBHG120408EL-CF"，其刀片代号的第一个字母"T"表示( )。

A. 刀片形状   B. 切削刃形状

C. 刀片尺寸精度   D. 刀尖角度

29. 数控车刀的刀尖装得高于工件轴线时，切削过程中刀具将前角( )。

A. 变大   B. 变小   C. 不变   D. 不一定

30. 下列角度中，在切削平面内测量的角度是( )。

A. 主偏角   B. 刀尖角   C. 刃倾角   D. 楔角

31. 下列刀具角度中，对切削力影响最大的是( )。

A. 前角   B. 后角   C. 楔角   D. 刃倾角

32. 下列因素中，对切削加工后的表面粗糙度影响最小的是( )。

A. 切削速度 v B. 切削深度 a_p

C. 进给量 f D. 切削液

33. 选择切削用量三要素时，切削速度 v、进给量 f、背吃刀量 a_p 选择的次序为：( )。

A. v、f、a_p B. f、a_p、v C. a_p、f、v D. f、v、a_p

34. 数控车床的四爪卡盘属于( )。

A. 通用夹具   B. 专用夹具   C. 组合夹具   D. 成组夹具

35. 以下因素中，对工件加工表面的位置误差影响最大的是( )。

A. 机床静态误差   B. 夹具误差

C. 刀具误差 D. 工件的内应力误差

36. 由预先制造好的标准元件组合而成的夹具称为（　　　）。

A. 通用夹具　　B. 专用夹具　　C. 组合夹具　　D. 可调夹具

37. 限制的工件自由度数少于六个，这种定位方式称为（　　　）。

A. 过定位 B. 欠定位

C. 完全定位 D. 不完全定位

38. 数控车床的双项尖装夹可限制（　　　）个自由度。

A. 3　　　　　B. 4　　　　　C. 5　　　　　D. 6

39. 用于反映数控加工中使用的辅具、刀具规格、切削用量参数、切削液、加工工步等内容的工艺文件是（　　　）。

A. 编程任务书 B. 数控加工工序卡片

C. 数控加工刀具调整单 D. 数控机床调整单

40. 数控机床坐标系各坐标轴确定的顺序依次为（　　　）。

A. X、Y、Z　　B. X、Z、Y　　C. Z、X、Y　　D. Z、Y、X

41. 数控编程时，应首先设定（　　　）。

A. 机床原点 B. 机床参考点

C. 机床坐标系 D. 工件坐标系

42. 对于大多数数控机床，开机第一步总是先使机床返回参考点，其目的是为了建立（　　　）。

A. 工件坐标系 B. 机床坐标系

C. 编程坐标系 D. 工件基准

43. 数控机床编程与操作的坐标中，（　　　）对坐标系的描述是错误的。

A. 机床坐标系 B. 编程坐标系

C. 参考坐标系 D. 极坐标系

44. 数控机床的 C 轴是指绕（　　　）轴旋转的坐标。

A. X　　　　　B. Y　　　　　C. Z　　　　　D. 不固定

45. 下列代码指令中，在程序里可以省略、次序颠倒的代码指令是（　　　）。

A. O　　　　　B. G　　　　　C. N　　　　　D. M

46. 在很多数控系统中，（　　　）在手工输入过程中能自动生成，无需操作者手动输入。

    A. 程序段号　　　B. 程序号　　　C. G 代码　　　D. M 代码

47. 当用 EIA 标准代码时，结束符为（　　）。

    A. "CR"　　　B. "LF"　　　C. "；"　　　D. " * "

48. 下列 FANUC 程序号中，表达错误的程序号是（　　）。

    A. O66　　　B. O666　　　C. O6666　　　D. O66666

49. 以下指令中，（　　）是辅助功能指令。

    A. M03　　　B. G90　　　C. Y30.0　　　D. S600

50. 数字单位以脉冲当量作为最小输入单位时，指令"G01 U100；"表示移动距离为（　　）mm。

    A. 100　　　B. 10　　　C. 0.1　　　D. 0.001

51. 程序段前加符号"/"表示（　　）。

    A. 程序停止　　　B. 程序暂停　　　C. 跳跃　　　D. 单段运行

52. "ASD123"只能作为以下（　　）系统的程序名。

    A. FANUC　　　B. SIEMENS　　　C. 三菱　　　D. 广州数控

53. 以下代码中，作为 FANUC 系统子程序结束的代码是（　　）。

    A. M30　　　B. M02　　　C. M17　　　D. M99

54. 在程序执行过程中，程序结束后返回主程序开头的代码是（　　）。

    A. M30　　　B. M02　　　C. M17　　　D. M99

55. 下列 FANUC 系统指令中，用于表示转速单位为"r/min"的 G 指令是（　　）。

    A. G96　　　B. G97　　　C. G98　　　D. G99

56. 已知工件直径为 D，转速为 1000 r/min，则其切削线速度为（　　）m/min。

    A. πD　　　B. $2\pi D$　　　C. $1000\pi D$　　　D. $\pi D/1000$

57. 下列代码中，不属于模态代码的是（　　）。

    A. M03　　　B. M04　　　C. G05　　　D. M06

58. 在数控车床的以下代码中，属于开机默认代码的是（　　）。

    A. G17　　　B. G18　　　C. G19　　　D. G20

59. 下例代码中，不同组的代码是(　　　)。

A. G01　　　　B. G02　　　　C. G03　　　　D. G04

60. "G00 G01 G02 G03 X100.0 …;"该指令中实际有效的 G 代码是(　　　)。

A. G00　　　　B. G01　　　　C. G02　　　　D. G03

61. SIEMENS 系统中选择米制、增量尺寸进行编程，使用的 G 代码指令为(　　　)。

A. G70 G90　　　B. G71 G90　　　C. G70 G91　　　D. G71 G91

62. 当以脉冲当量作为编程单位时，执行指令"G01 U1000;"刀具移动(　　　)mm。

A. 1　　　　B. 1000　　　　C. 0.001　　　　D. 0.1

63. 平面选择指令 G19 表示选择(　　　)平面。

A. XY　　　　B. ZX　　　　C. YZ　　　　D. XZ

64. 两相临节点的几何元素有(　　　)个。

A. 1　　　　B. 2　　　　C. 3　　　　D. 无数

65. 考虑到工艺系统及计算误差的影响，非圆曲线允许的拟合误差一般取零件公差的(　　　)倍较为合适。

A. 1　　　B. 1/3 ~ 1/2　　　C. 1/10 ~ 1/5　　　D. 小于 1/10

66. 下列指令中无需用户指定速度的指令是(　　　)。

A. G00　　　　B. G01　　　　C. G02　　　　D. G03

67. 下列轨迹中，(　　　)轨迹肯定不是 G00 行程轨迹。

A. 直线　　　B. 圆弧　　　C. 斜直线　　　D. 折线

68. 当执行完程序段"G00 X20.0 Z30.0；G01 U10.0 W20.0 F100；X − 40.0 W − 70.0；"后，刀具所到达的工件坐标系的位置为(　　　)。

A. X − 40.0　Z − 70.0　　　　B. X − 10.0　Z − 20.0

C. X − 10.0　Z − 70.0　　　　D. X − 40.0　Z − 20.0

69. 如图 1 所示圆弧，对圆弧顺逆及 I 值正负判断正确的是(　　　)。

A. G02 + I　　B. G02 − I　　C. G03 + I　　D. G03 − I

70. 如图 1 所示圆弧，以下圆弧指令中正确的是(　　　)。

367

A. G02   X50.0   Z150.0   R100.0；

B. G02   X50.0   Z150.0   R-100.0；

C. G03   X50.0   Z150.0   R100.0；

D. G03   X50.0   Z150.0   R-100.0；

71. 在数控加工中，如果圆弧指令后的半
径遗漏，则机床按(   )执行。

A. 直线指令   B. 圆弧指令   C. 停止

D. 报警

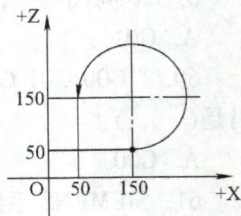

图 1

72. 圆弧编程中的 I、K 值是指(   )的矢量值。

A. 起点到圆心   B. 终点到圆心

C. 圆心到起点   D. 圆心到终点

73. FANUC 系统中，指令"G04   X10.0；"表示刀具(   )。

A. 增量移动 10.0mm   B. 到达绝对坐标点 X10.0 处

C. 暂停 10s   D. 暂停 0.01s

74. FANUC 系统返回 Z 向参考点指令"G28   W0；"中的
"W0"是指(   )。

A. Z 向参考点

B. 工件坐标系 Z0 点

C. Z 向中间点与刀具当前点重合

D. Z 向机床原点

75. SIEMENS 系统中，返回参考点的指令为(   )。

A. G28   B. G29   C. G74   D. G75

76. 下列指令中，不会使机床产生任何运动，但会使机床屏幕显
示的工件坐标系值发生变化的指令是(   )。

A. G00   X_   Y_   Z_ ；   B. G01   X_   Y_   Z_ ；

C. G03   X_   Y_   Z_ ；   D. G92   X_   Y_   Z_ ；

77. 用指令(   )设定的工件坐标系，不具有记忆功能，当机
床关机后，设定的坐标系即消失。

A. G54   B. G55   C. G58   D. G92

78. 下列关于 G54 与 G92 指令，叙述不正确的是(   )。

A. G92 通过程序来设定工作坐标系

B. G54 通过 MDI 设定工作坐标系

C. G92 设定的工件坐标与刀具当前位置无关

D. G54 设定的工件坐标与刀具当前位置无关

79. 在以(　　)设定的坐标系中,必须将对刀点作为刀具相对于工件运动的起点。

A. G52　　　　B. G53　　　　C. G54　　　　D. G92

80. 以下功能指令中,与 M00 指令功能相类似的指令是(　　)。

A. M01　　　　B. M02　　　　C. M03　　　　D. M04

81. 在 FANUC 系统的刀具补偿模式下,一般不允许存在连续
(　　)段以上的非补偿平面内移动指令。

A. 1　　　　B. 2　　　　C. 3　　　　D. 4

82. 如图 2 所示刀具,其中刀具 1 的刀沿号是 (　　) 号,刀具 2 的刀沿号是 (　　) 号。

A. 2、3　　　　B. 1、4

C. 3、2　　　　D. 8、6

83. 如图 2 所示刀具,其中刀具 1 的轨迹是 (　　) 刀补轨迹,刀具 2 的轨迹是 (　　) 刀补轨迹。

A. 左、右　　　　B. 左、左

C. 右、左　　　　D. 右、右

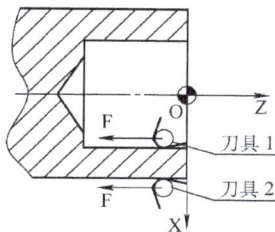

图 2

84. 在 SIEMENS 系统中,半径补偿模式下用于设置圆弧过渡拐角特性的指令是(　　)。

A. G450　　B. G451　　C. G37　　　　D. G39

85. FANUC 指令"G90　X(U)　Z(W)　R　F;"中的 R 值是指所切削圆锥面 X 方向的(　　)。

A. 起点坐标 – 终点坐标　　　　B. 终点坐标 – 起点坐标

C. (起点坐标 – 终点坐标)/2　　D. (终点坐标 – 起点坐标)/2

86. FANUC 车床数控系统中的 G94 指令是指(　　)指令。

A. 每分钟进给量　　　　B. 每转进给量

C. 单一外圆切削循环　　D. 单一端面切削循环

87. 指令"G71　U(Δd)　R(e);G71　P(ns)　Q(nf)　U

（Δu）　W（Δw）　F＿　S＿　T＿;"中的"Δd"表示（　　）。

A. X方向每次进刀量，半径量

B. X方向每次进刀量，半径量

C. X向精加工余量，半径量

D. X向精加工余量，直径量

88. 指令"G71　U（Δd）　R（e）；G71　P（ns）　Q（nf）　U（Δu）　W（Δw）　F＿　S＿　T＿;"中的"Δu"表示（　　）。

A. X方向每次进刀量，半径量

B. X方向每次进刀量，半径量

C. X向精加工余量，半径量

D. X向精加工余量，直径量

89. 在FANUC系列的G72循环中，顺序号"ns"程序段必须（　　）。

A. 沿X向进刀，且不能出现Z坐标

B. 沿Z向进刀，且不能出现X坐标

C. 同时沿X向和Z向进刀

D. 无特殊的要求

90. 对于G71指令中的精加工余量，当使用硬质合金刀具加工45钢材料内孔时，通常取（　　）mm较为合适。

A. 0.5　　　　　B. －0.5　　　　　C. 0.05　　　　　D. －0.05

91. FANUC数控车复合固定循环指令中的"ns"～"nf"程序段出现（　　）指令时，不会出现程序报警。

A. 固定循环　　　　　　　　　B. 回参考点

C. 螺纹切削　　　　　　　　　D. 90°～180°圆弧加工

92. 为了高效切削铸造成型、粗车成型的工件，避免较多的空走刀，选用（　　）指令作为粗加工循环指令较为合适。

A. G71　　　　　B. G72　　　　　C. G73　　　　　D. G74

93. G73指令中的R是指（　　）。

A. X向退刀量　　　　　　　　B. Z向退刀量

C. 总退刀量　　　　　　　　　D. 分层切削次数

94. 下列指令中，可用于加工端面槽的指令是（　　）。

A. G73　　　B. G74　　　C. G75　　　D. G76

95. 对于指令"G75　R（e）；G75　X（U）_　Z（W）_　P（Δi）　Q（Δk）　R（Δd）　F_；"中的"R（e）"，下列描述不正确的是(　　)。

A. 退刀量　　　　　　　B. 半径量

C. 模态值　　　　　　　D. 有正负值之分

96. 对于指令"G75　R（e）；G75　X（U）_　Z（W）_　P（Δi）　Q（Δk）　R（Δd）F_；"中的"P（Δi）"，下列描述不正确的是(　　)。

A. 每次切深量　　　　　B. 直径量

C. 始终为正值　　　　　D. 不带小数点值

97. 当指令"G74　R（e）；G74　X（U）_　Z（W）_　P（Δi）　Q（Δk）　R（Δd）　F_；"作为啄式钻孔指令时，下列参数中的(　　)值须为0。

A. R（e）　　B. W_　　C. P（Δi）　　D. Q（Δk）

98. 对于FANUC系统指令"G32　X（U）_　Z（W）_　F_Q_；"中的"Q_"，下列描述不正确的是(　　)。

A. 螺纹起始角　　　　　B. 该值不带小数点

C. 单位为0.001°　　　　D. 模态值

99. 用FANUC系统指令"G92　X（U）_　Z（W）_　F_；"加工双头螺纹，则该指令中的"F"是指(　　)。

A. 螺纹导程　　　　　　B. 螺纹螺距

C. 每分钟进给量　　　　D. 螺纹起始角

100. 下列FANUC系统指令中可用于变螺距螺纹加工的指令是(　　)。

A. G32　　　B. G34　　　C. G92　　　D. G76

101. 指令"G76　P（m）（r）（a）　Q（Δd_{min}）　R（d）；"中的"R（d）"是指(　　)。

A. 精加工次数　　　　　B. 粗加工次数

C. 螺距　　　　　　　　D. 精加工余量

102. 在执行指令"G76　P030130　Q（Δd_{min}）　R（d）；"过

程中，在螺纹切削退尾处（45°）的 Z 向退刀距离为（   ）倍导程。

A. 0.1　　　　B. 0.3　　　　C. 1　　　　D. 3

103. 指令"G76 X（<u>U</u>）_ Z（<u>W</u>）_ R（<u>i</u>）P（<u>k</u>）Q（<u>Δd</u>）F _;"中的"P（<u>k</u>）"用于表示（   ）。

A. 螺纹半径差　　　　　　　B. 牙型编程高度

C. 螺纹第一刀切削深度　　　D. 精加工余量

104. FANUC 0T 系统中指令"M98P50012"表示（   ）。

A. 调用子程序 O5001 两次

B. 调用子程序 O12 五次

C. 调用子程序 O50012 一次

D. 子程序调用错误格式

105. 如果子程序的返回程序段为"M99P100"则表示（   ）。

A. 调用子程序 O100 一次

B. 返回子程序 N100 程序段

C. 返回主程序 N100 程序段

D. 返回主程序 O100

106. 如果主程序用指令"M98P××L5"，而子程序采用 M99 L2 返回，则子程序重复执行的次数为（   ）次。

A. 1　　　　B. 2　　　　C. 5　　　　D. 3

107. 下列变量中，属于局部变量的是（   ）。

A. #10　　　B. #100　　　C. #500　　　D. #1000

108. 执行指令"G65 H03 P#100 Q20 R5;"后，#100 的值等于（   ）。

A. 100　　　B. 25　　　C. 15　　　D. 4

109. 执行指令"G65 H05 P #100 Q35 R10;"后，#100 的值等于（   ）。

A. 0　　　B. 3　　　C. 3.5　　　D. 4

110. 下列字母中，能作为引数替变量赋值的字母是（   ）。

A. M　　　B. N　　　C. O　　　D. P

111. 指令"G65 H85 P1000 Q#101 R#102;"表示，当 #201（   ）#202 时，跳转到 N1000 程序段。

A. >　　　　B. <　　　　C. ≥　　　　D. ≤

112. 指令"G65　H33　P#101　Q#101　R#102;"表示#100 = #101 × (　　) (#102)。

A. SIN　　　　B. COS　　　　C. TAN　　　　D. CTAN

113. 下列变量在程序中的书写形式, 其中书写有错的是(　　)。

A. X − #100

B. Y[#1 + #2]

C. SIN[−#100]

D. IF #100 LE 0

114. 通过指令"G65　P0030　A50.0　E40.0　J100.0　K0　J20.0;"引数赋值后, 变量#8 = (　　)。

A. 40.0　　　　B. 100.0　　　　C. 0　　　　D. 20.0

115. 指令"#1 = #2 + #3 ∗ SIN[#4];"中最先进行运算的是(　　)运算。

A. 等于号赋值

B. 加和减运算

C. 乘和除运算

D. 正弦函数

116. B 类宏程序指令"IF[#1GE#100]　GOTO 1000;"的"GE"表示(　　)。

A. >　　　　B. <　　　　C. ≥　　　　D. ≤

117. B 类宏程序用于开平方根的字符是(　　)。

A. ROUND　　　B. SQRT　　　C. ABS　　　D. FIX

118. 下列指令中, 属于宏程序模态调用的指令是(　　)。

A. G65　　　　B. G66　　　　C. G68　　　　D. G69

119. 下列宏程序语句中, 表达正确的是(　　)。

A. G65　H05　P#100　Q#102　R0

B. G65　H34　P#101　Q#103　R10.0

C. G65　H84　P#110　Q#120

D. G65　H03　P#109　Q#109　R#110

120. FANUC 系统在(　　)方式下编辑的程序不能被存储。

A. MDI　　　　B. EDIT　　　　C. DNC　　　　D. 以上均是

121. FANUC-0 系统中, 在程序编辑状态输入"O-9999"后按下"DELET"键, 则(　　)。

A. 删除当前显示的程序　　　B. 不能删除程序

C. 删除存储器中所有程序　　D. 出现报警信息

122. 在编辑模式下，光标处于 N10 程序段，键入地址 N200 后按下"DELETE"键，则将删除（　　）程序段。

A．N10　　　B. N200　　　C. N10～N200　D. N200 之后

123. 机床操作面板上用于程序字更改的键是（　　）。

A．"ALTER"　B. "INSRT"　C. "DELET"　D. "EOB"

124. 下列开关中，用于机床空运行的按钮是（　　）。

A. SINGLE BLOCK　　　　B. MC LOCK

C. OPT STOP　　　　　　D. DRY RUN

125. 机床没有返回参考点，如果按下快速进给，通常会出现（　　）情况。

A. 不进给　　　　　　　B. 快速进给

C. 手动连续进给　　　　D. 机床报警

126. FANUC-0 系列加工中心，当按下 BDT 开关按下时，机床执行程序过程中会出现（　　）的情况。

A. 程序暂停　　　　　　B. 程序斜杠跳跃

C. 机床空运行　　　　　D. 机床锁住

127. 下列按钮或软键中，与按钮"SINGLE BLOCK"可进行复选后有效的开关或铵钮是（　　）。

A. AUTO　　　B. EDIT　　　C. JOG　　　D. HANDLE

128. 在增量进给方式下向 X 轴正向移动 0.1mm，增量步长选"×10"，则要按下"+X"方向移动按钮（　　）次。

A. 1　　　　　B. 10　　　　C. 100　　　D. 1000

129. SIEMENS 802D 车床数控系统过中间点的圆弧插补指令是（　　）。

A. G02/G03　B. G05　　　C. CIP　　　D. CT

130. SIEMENS 802D 车床数控系统指令"G02/G03　X _ Z _ AR = _ ;"中的"AR = _"用于表示（　　）。

A. 圆弧半径　　　　　　B. 圆弧半径增量

C. 圆弧直径　　　　　　D. 圆弧张角

131. 切线过渡圆弧指令"G01　X40　Z10；CT　X36　Z34"中的"X36　Z34"用于表示(　　)。

A. 圆弧终点　　B. 圆弧起点　　C. 圆心点　　D. 圆弧切点

132. SIEMENS　802D 车床数控系统毛坯切削循环 CYCLE95 中的参数"NPP"表示(　　)。

A. 轮廓子程序名称　　　　　　B. 最大粗加工背吃刀量

C. 断屑停顿时间　　　　　　　D. 沿轮廓方向的精加工余量

133. 毛坯切削循环 CYCLE95 中，用于表示轮廓方向精加工余量的参数是(　　)。

A. NPP　　　　B. MID　　　　C. FAL　　　　D. DAM

134. 毛坯切削循环 CYCLE95 中，用于表示综合加工方式的参数 VARI 的值为(　　)。

A. 1～4　　　　　　　　　　　B. 5～8

C. 9～12　　　　　　　　　　 D. 以上均不正确

135. 对于毛坯切削循环 CYCLE95 轮廓定义的要求，下列叙述不正确的是(　　)。

A. 轮廓中由直线和圆弧指令组成，可以使用圆角和倒角指令

B. 定义轮廓的第一个程序段必须含有 G01、G02、G03 或 G00 指令中的一个

C. 轮廓必须含有三个具有两个进给轴的加工平面内的运动程序段

D. 轮廓子程序中可以含有刀尖圆弧半径补偿指令

136. 下列指令中，一般不作为 SIEMENS 系统子程序的结束标记是(　　)。

A. M99　　　　B. M17　　　　C. M02　　　　D. RET

137. SIEMENS 802D 系统毛坯切削循环，总切深量为 18mm（单边），每次切深参数 MID＝5，精加工余量为 0.5mm（单边），则粗加工实际切削时每次切深量为(　　)mm。

A. 4. 375

B. 4. 5

C. 5

D. 前三次为 5mm，最后一次为 2.5mm

138. 当切槽刀从靠近尾座侧方向起刀加工外圆槽时，这种切槽的加工方式称为（　　）。

A. 左侧起刀纵向外部加工　　　B. 右侧起刀纵向外部加工

C. 左侧起刀横向外部加工　　　D. 右侧起刀横向外部加工

139. SIEMENS 802D 系统的切槽循环指令 CYCLE93 中，用于设定刀具宽度的参数为（　　）。

A. WIDG　　　B. DIAG　　　C. IDEP　　　D. 没有定义

140. 使用 SIEMENS 802D 系统螺纹加工循环指令 CYCLE97 加工 M30×2 的外螺纹，则指令中用于表示螺距的参数为（　　）。

A. PIT　　　B. MPIT　　　C. SPL　　　D. FPL

141. 下列 SIEMENS 802D 系统系统指令中，用于加工减螺距螺纹的加指令为（　　）。

A. G33　　　B. G34　　　C. G35　　　D. G36

142. 螺纹加工指令 CYCLE97 中，采用恒定切除截面积进给加工内螺纹的 VARI 值为（　　）。

A. 1　　　B. 2　　　C. 3　　　D. 4

143. 下列指令中，一般不作为 SIEMENS 系统子程序的结束标记是（　　）。

A. M99　　　B. M17　　　C. M02　　　D. RET

144. SIEMENS 系统的调用子程序指令 "L0005 P2;" 表示（　　）。

A. 调用子程序 O2 五次　　　B. 调用子程序 L5 两次

C. 调用子程序 L0005 两次　　　D. 调用子程序 P2 五次

145. 下列 R 参数中，（　　）属于加工循环传递参数。

A. R0　　　B. R99　　　C. R100　　　D. R299

146. 在 SIEMENS 系统的比较运算过程中，不等于用下列符号中的（　　）表示。

A. ≠　　　B. ! =　　　C. < >　　　D. NE

147. R 参数编程中的程序书写形式，其中书写有错的是（　　）。

A. X = −R10　　　B. R1 = R1 + R2

C. SIN （-R30-R31）   D. IF （R10 > 0）GOTOB MA1

148. 条件跳转指令"IF R1 GOTOF MA1;"，不能进行条件跳转的 R1 值等于（   ）。

A. 0   B. 10   C. 100   D. 1000

149. 下列作为程序跳跃的目标程序段，其书写正确的是（   ）。

A. N10 MARK1 R1 = R1 + R2   B. N60 MARK2：R5 = R5 - R2
C. N10 MARK1；R1 = R1 + R2   D. N60 MARK2. R5 = R5 - R2

150. 若 R1 = 100，R2 = R1 + R1，R1 = R2，则 R1 最后为（   ）。

A. 100   B. 200   C. 300   D. 400

151. 在 SIEMENS 系统中，执行手动数据输入的模式选择按钮是（   ）。

A. MDI   B. MDA   C. VAR   D. JOG

152. 在 SIEMENS 系统中，增量进给的模式选择按钮是（   ）。

A. MDI   B. MDA   C. VAR   D. JOG

153. 在 SIEMENS 系统中的下列模式选择按钮中，用于程序编辑操作的按钮是（   ）。

A. EDIT   B. MDA   C. VAR   D. JOG

154. 如果要在自动运行过程中用进给倍率开关对 G00 速度进行控制，则要在"程序控制"中将（   ）项打开。

A. SKP   B. ROV   C. DRY   D. M01

155. 在程序的控制功能下的各软键中，用于激活"程序段跳转"的是（   ）。

A. SKP   B. ROV   C. DRY   D. M01

156. 如果将增量步长设为"10"，如果要使主轴移动 20mm，则手摇脉冲发生器要转过（   ）圈。

A. 0.2   B. 2   C. 20   D. 200

157. 下列自动软件中，我国自行研制开发的软件是（   ）。

A. CAXA   B. Mastercam
C. CIMATRON   D. SOLIDWORKS

158. 下列代号中，（　　）是计算机辅助制造的代号。

A. CAD　　　　B. CAM　　　　C. FMS　　　　D. CAPP

159. 通过点击 Mastercam 中的（　　）功能菜单，可进行定义毛坯的设定。

A. ［刀具路径］→［工作设定］

B. ［刀具路径］→［操作管理］

C. ［刀具路径］→［起始设定］

D. ［公共管理］→［定义材料］

160. 要进行自动编程的后置处理，点击（　　）菜单可进入后置处理界面。

A. ［刀具路径］→［工作设定］

B. ［刀具路径］→［操作管理］

C. ［刀具路径］→［起始设定］

D. ［公共管理］→［定义材料］

161. Mastercam 中平面图形的旋转功能是主功能菜单（　　）的子菜单。

A. ［绘图］　　B. ［档案］　　C. ［修整］　　D. ［转换］

162. 用游标卡尺测量偏心距，两外圆间最高点数值为 7mm，最低点数值为 3mm，则其偏心距为（　　）mm。

A. 4　　　　　B. 2　　　　　C. 10　　　　　D. 5

163. 在三爪自定心卡盘上车削偏心工件时，应在一个卡爪上垫一块厚度为（　　）倍偏心距的垫片。

A. 0.5　　　　B. 1　　　　　C. 1.5　　　　D. 2

164. 在三爪自定心卡盘上车削偏心工件时，测得偏心距大了 0.06mm，应（　　）。

A. 将垫片修掉 0.06mm　　　　B. 将垫片加厚 0.06mm

C. 将垫片修掉 0.09mm　　　　D. 将垫片加厚 0.09mm

165. 车一批精度要求不很高，数量较大的小偏心距短偏心工件，宜采用（　　）加工。

A. 四爪单动卡盘　　　　　　　B. 双重卡盘

C. 两顶尖　　　　　　　　　　D. 以上均可

166. 用四爪单动卡盘加工偏心套时，若测得偏心距增大时，可将(　　)偏心孔轴线的卡爪再紧一些。

　　A. 远离　　　　B. 靠近　　　　C. 对称于　　　D. 任意

167. 用三爪自定心卡盘装夹、车削薄壁套，当松开卡爪后，外圆为圆柱形，内孔呈弧状三角形，这种变形称为(　　)变形。

　　A. 变直径　　　B. 等直径　　　C. 仿形　　　　D. 弹性

168. 车削薄壁工件的外圆精车刀的前角与普通外圆车刀相比应(　　)。

　　A. 适当增大　　B. 适当变小　　C. 不变　　　　D. 不能确定

169. 车削薄壁工件的内孔精车刀的副偏角应比外圆精车刀的副偏角(　　)。

　　A. 大一倍　　　B. 小一半　　　C. 不变　　　　D. 不能确定

170. 用弹性涨力心轴(　　)车削薄壁套外圆。

　　A. 不适宜　　　B. 最适宜　　　C. 仅适宜粗　　D. 仅适宜精

171. FANUC 0i 车铣中心用于启动极坐标的指令是(　　)。

A. G15　　　　　B. G16　　　　　C. G112　　　　D. G113

172. FANUC 0i 车铣中心启用极坐标后，G17 平面对第二轴叙述不正确的是(　　)。

　　A. 虚拟轴　　　　　　　　　　B. 用地址"Y"表示

　　C. 用半径值表示　　　　　　　D. 坐标单位为 mm

173. FANUC 0i 车铣中心指令"G107 C50.0"中的"C50"表示(　　)。

　　A. 圆柱体半径为 50mm　　　　B. 圆柱体直径为 50mm

　　C. 回转角度为 50°　　　　　　D. 直角倒角量为 50mm

174. 对于 FANUC 0i 车铣中心圆柱插补指令，下列叙述不正确的是(　　)。

　　A. 圆柱插补内不能指定坐标设定指令

　　B. 圆柱插补内不能指定快速移动指令

　　C. 圆柱插补内不能指定孔加工固定循环

　　D. 圆柱插补内不能指定刀具半径补偿

175. 下列指令中，常作为 FANUC 0i 车铣中心指定动力头正转并使切削液开的指令是(　　)。

A. M53　　　　　B. M54　　　　　C. M55　　　　　D. M56

176. 在高温下刀具材料保持常温硬度的性能称为(　　)。

A. 硬度　　　　　B. 强度　　　　　C. 耐热性　　　　　D. 刚度

177. 对刀具使用寿命影响最大的切削用量是 (　　)

A. 切削速度　　　　　　　　　B. 进给量

C. 背切刀量　　　　　　　　　D. 三者基本相同

178. 为了减小径向切削力，防止振动，内孔车刀的主偏角应取(　　)较为合适。

A. 40°~50°　　B. 60°~75°　　C. 80°~90°　　D. 90°~93°

179. 普通高速钢刀具加工过程中，选用(　　)的切削速度较为合适。

A. 20~30m/min　　　　　　　B. 80~100m/min

C. 100~200m/min　　　　　　D. 200m/min 以上

180. 内孔车刀车孔时可通过控制切屑的流出方向来解决排屑问题，可通过改变(　　)的值来改变切屑的流出方向。

A. 前角　　　　　B. 后角　　　　　C. 刃倾角　　　　　D. 刀尖角

技能要求试题

一、高级数控车工应会试题 I

1. 零件图样（图 1）

2. 准备要求

1）选用机床为 FANUC 0i 系统 CKA6140 型数控车床。

2）材料为 $\phi60\,mm \times 72\,mm$ 和 $\phi60\,mm \times 70\,mm$ 的 45 圆钢各一段。

3）工具、量具、夹具及毛坯见表 1。

表 1　工具、刃具、量具及材料清单

序号	名　称	规　格	数量	备注
1	游标卡尺	0 – 150　0.02	1	
2	千分尺	0~25，25~50，50~75　0.01	各 1	
3	万能量角器	0~320° 2′	1	
4	螺纹环规	M27×2–6g，M24×2–6g	各 1	
5	螺纹塞规	M27×1.5–7H，M24×2–7H	各 1	
6	百分表	0~10　0.01	1	
7	磁性表座		1	
8	R 规	R7~14.5，R15~25	1	
9	内径量表	$\phi18~35$，$\phi35~50$		
10	塞尺	0.02~1	1 副	
11	外圆车刀	93°，45°	1	
12	不重磨外圆车刀	R 型、V 型、T 型、S 型刀片	1	选用
13	外切槽刀、切断刀	$\phi60×5$，$\phi60×20$	各 1	
14	内、外螺纹车刀	60°	各 1	
15	内孔车刀	$\phi20$ 通孔，$\phi20$ 不通孔（副偏角大于 15°）	各 1	
16	麻花钻	中心钻，$\phi10$，$\phi20$	1	
17	辅具	莫氏钻套、钻夹头、活络顶尖		
18	材料	$\phi60×72$，$\phi60×70$	各 1	
19	其他	铜棒、铜皮、毛刷等常用工具等		选用
		计算机、计算器、编程用书等		

381

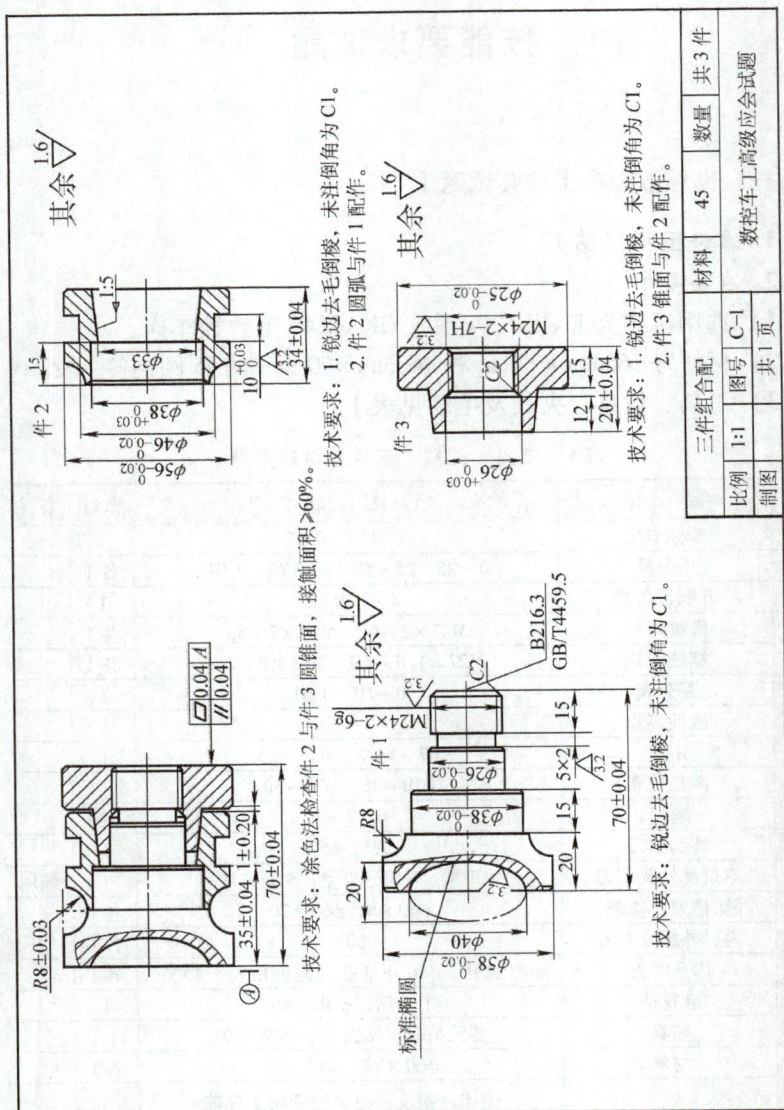

图1 高级数控车工应会试题 I

3．考核内容

（1）考核要求

1）考件经加工后，各尺寸符合图样要求。

2）考件经加工后，形位公差要求符合图样要求。

3）考件经加工后，各表面粗糙度符合图样要求。

（2）时间定额　考件时间定额为 180min。

（3）安全文明生产

1）正确执行安全技术操作规程。

2）按企业有关文明生产规定，做到工作地整洁，工件、工具摆放整齐。

4．配分、评分表（表2）

表 2　评分表

工件编号				总得分		
项目	序号	技术要求	配分	评分标准	检测记录	得分
件1 （29分）	1	$\phi 58_{-0.02}^{0}$ mm	3	超差全扣		
	2	$\phi 38_{-0.02}^{0}$ mm	3	超差全扣		
	3	$\phi 26_{-0.02}^{0}$ mm	3	超差全扣		
	4	M24×2−6g $R_a 3.2\mu m$	3/1	超差全扣		
	5	（70±0.04）mm	3	超差全扣		
	6	$R_a 1.6\mu m$	4	每处1分，不倒扣		
	7	5×2mm $R_a 3.2\mu m$	1/1	超差全扣		
	8	标准椭圆 $R_a 3.2\mu m$	6/1	超差全扣		
件2 （19分）	9	$\phi 56_{-0.02}^{0}$ mm	3	超差全扣		
	10	$\phi 46_{-0.02}^{0}$ mm	3	超差全扣		
	11	$\phi 38_{0}^{+0.03}$ mm	3	超差全扣		
	12	$10_{0}^{+0.03}$ mm $R_a 3.2\mu m$	3/1	超差全扣		
	13	（34±0.04）mm	3	超差全扣		
	14	$R_a 1.6\mu m$	3	每处1分，不倒扣		

（续）

工件编号				总得分		
项目	序号	技术要求	配分	评分标准	检测记录	得分
件3 （15分）	15	$\phi 58_{-0.02}^{\;0}$ mm	3	超差全扣		
	16	$\phi 26_{\;0}^{+0.03}$ mm	3	超差全扣		
	17	M24×2−7H R_a3.2μm	3/1	超差全扣		
	18	（30±0.04）mm	3	超差全扣		
	19	R_a1.6μm	2	每处1分，不倒扣		
配合 （32分）	20	（70±0.04）mm	4	超差全扣		
	21	（35±0.04）mm	4	超差全扣		
	22	（1±0.20）mm	4	超差全扣		
	23	R（8±0.03）mm	4	超差全扣		
	24	平行度0.04	4	超差全扣		
	25	平面度0.04	4	超差全扣		
	26	接触面积≥60%	4	超差全扣		
	27	配合松紧适中	4	超差全扣		
其他	28	一般尺寸	5	每处1分，不倒扣		
缺陷	29	工件缺陷	倒扣分	倒扣3分/处		
程序	30	程序正确、合理		倒扣2分/处		
操作	31	机床操作规范		倒扣5~20分/每次或 直接取消比赛		
文明生产	32	人身、机床、刀具安全				

二、高级数控车工应会试题Ⅱ

1. 零件图样（图2）。

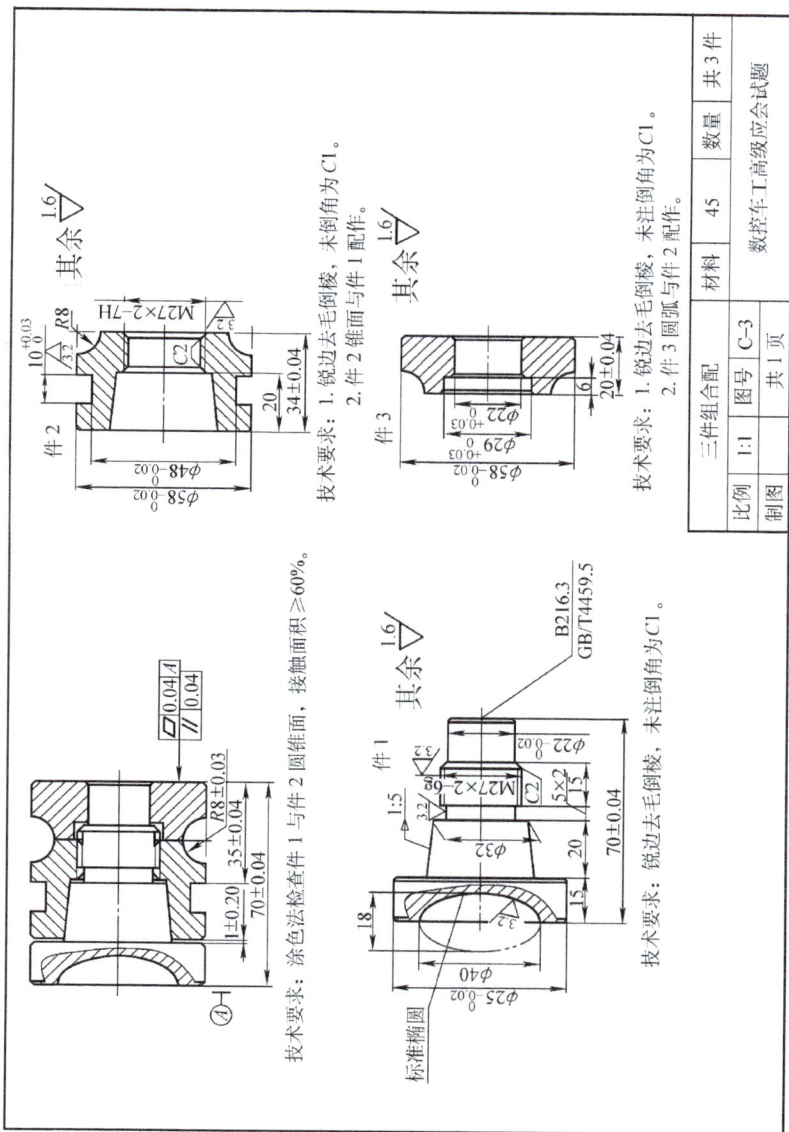

图2 高级数控车工应会试题 II

2. 准备要求

1）选用机床为 FANUC 0i 系统 CKA6140 型数控车床。

2）材料为 $\phi60$ mm ×72 mm 和 $\phi60$mm ×60 mm 的 45 圆钢各一段。

3）工具、量具、夹具参照表 1 准备。

3. 考核内容

（1）考核要求

1）考件经加工后，各尺寸符合图样要求。

2）考件经加工后，形位公差要求符合图样要求。

3）考件经加工后，各表面粗糙度符合图样要求。

（2）时间定额　考件时间定额为 180min。

（3）安全文明生产

1）正确执行安全技术操作规程。

2）按企业有关文明生产规定，做到工作地整洁，工件、工具摆放整齐。

三、高级数控车工应会试题 Ⅲ

1. 零件图样（图 3）

2. 准备要求

1）选用机床为 FANUC 0i 系统 CKA6140 型数控车床。

2）材料为 $\phi50$ mm ×110mm 的 45 圆钢。

3）工具、量具、夹具参照表 1 准备。

3. 考核内容

（1）考核要求

1）考件经加工后，各尺寸符合图样要求。

2）考件经加工后，形位公差要求符合图样要求。

3）考件经加工后，各表面粗糙度符合图样要求。

（2）时间定额　考件时间定额为 180min。

（3）安全文明生产

1）正确执行安全技术操作规程。

2）按企业有关文明生产规定，做到工作地整洁，工件、工具摆放整齐。

数控车工高级应会试题

其余 $\sqrt{\dfrac{3.2}{}}$

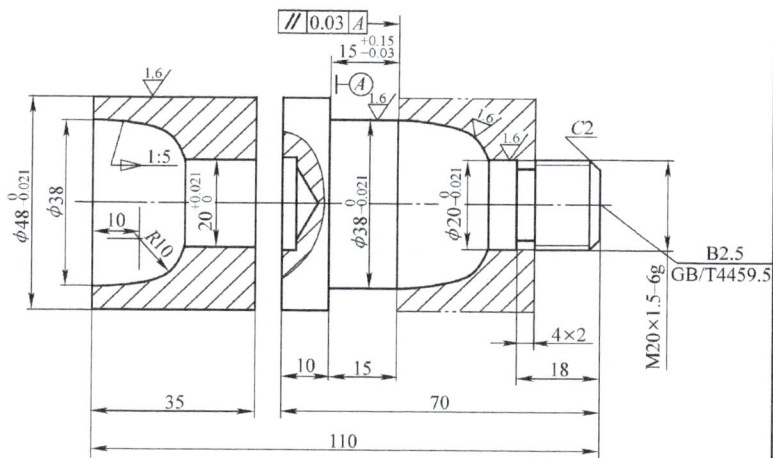

技术要求：

1. 未注倒角C0.5。
2. 涂色检查球孔及锥孔各自接触面积不得小于60%。
3. 锥面与圆弧面过渡光滑。

名　　称	比例	材料	等　　级
轴	1:1	45	高级

图3　高级数控车工应会试题Ⅲ

四、高级数控车工应会试题Ⅳ

1. 零件图样（图4）

数控车工高级应会试题

其余 $\dfrac{3.2}{\nabla}$

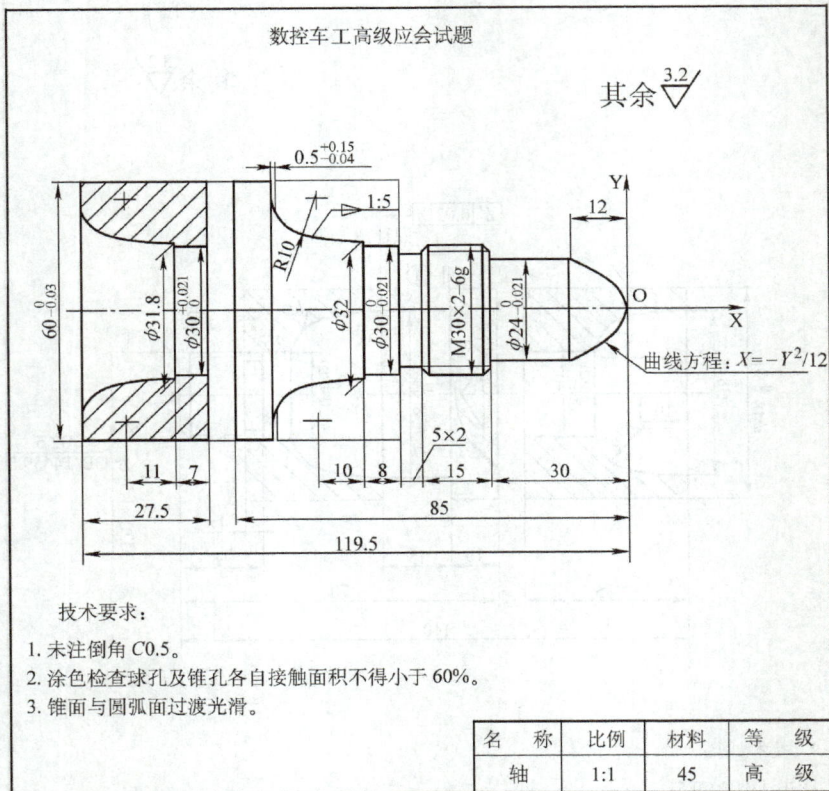

技术要求：

1. 未注倒角 C0.5。
2. 涂色检查球孔及锥孔各自接触面积不得小于 60%。
3. 锥面与圆弧面过渡光滑。

名　　称	比例	材料	等　　级
轴	1:1	45	高级

图4　高级数控车工应会试题Ⅳ

2. 准备要求

1）选用机床为 FANUC 0i 系统 CKA6140 型数控车床。

2）材料为 $\phi65$ mm ×120mm 的 45 圆钢。

3）工具、量具、夹具参照表1准备。

3. 考核内容

参照表2进行配置。

五、高级数控车工应会试题 V

1. 零件图样（图 5）

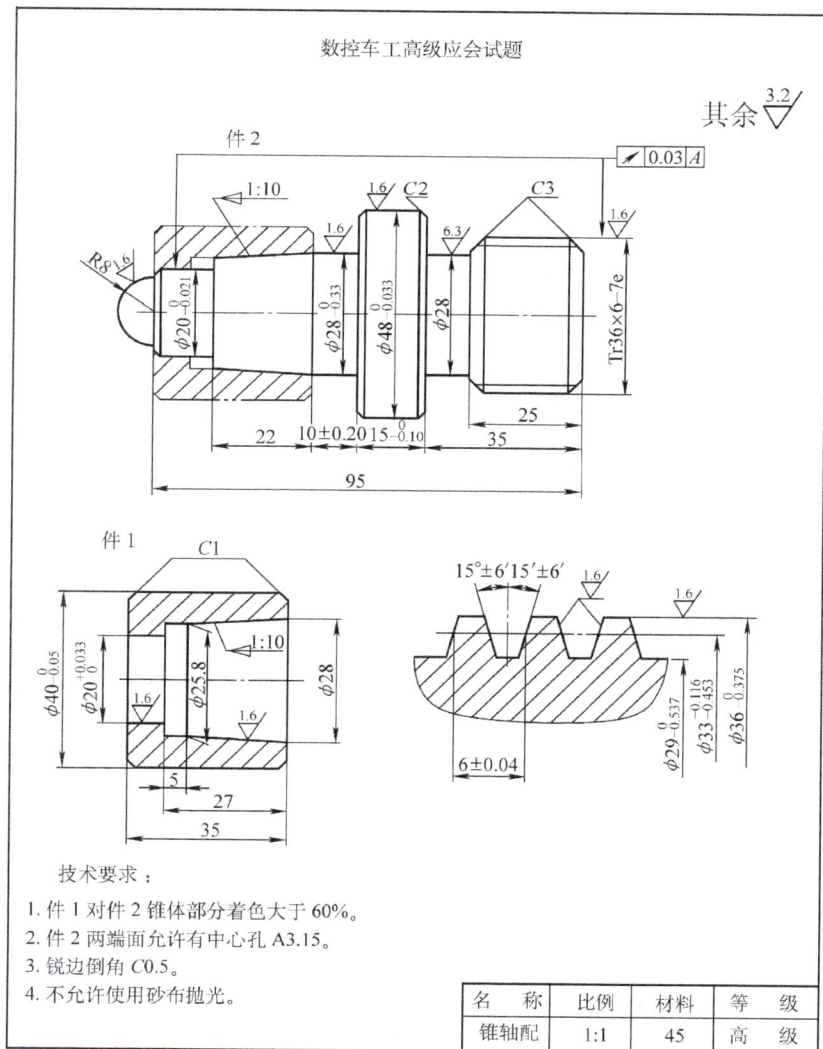

图 5　高级数控车工应会试题 V

2. 准备要求

1）选用机床为 FANUC 0i 系统 CKA6140 型数控车床。

2）材料为 $\phi 50mm \times 105$ mm 和 $\phi 50mm \times 36mm$ 的 45 圆钢各一段。

3）工具、量具、夹具参照表 1 准备。

3. 考核内容

（1）考核要求

1）考件经加工后，各尺寸符合图样要求。

2）考件经加工后，形位公差要求符合图样要求。

3）考件经加工后，各表面粗糙度符合图样要求。

（2）时间定额　考件时间定额为 180min。

（3）安全文明生产

1）正确执行安全技术操作规程。

2）按企业有关文明生产规定，做到工作地整洁，工件、工具摆放整齐。

六、高级数控车工应会试题Ⅵ

1. 零件图样（图 6）

2. 准备要求

1）选用机床为 FANUC 0i 系统 CKA6140 型数控车床。

2）材料为 $\phi 50mm \times 105mm$ 和 $\phi 50mm \times 40mm$ 的 45 圆钢各一段。

3）工具、量具、夹具参照表 1 准备。

3. 考核内容

（1）考核要求

1）考件经加工后，各尺寸符合图样要求。

2）考件经加工后，形位公差要求符合图样要求。

3）考件经加工后，各表面粗糙度符合图样要求。

（2）时间定额　考件时间定额为 180min。

（3）安全文明生产

1）正确执行安全技术操作规程。

2）按企业有关文明生产规定，做到工作地整洁，工件、工具摆放整齐。

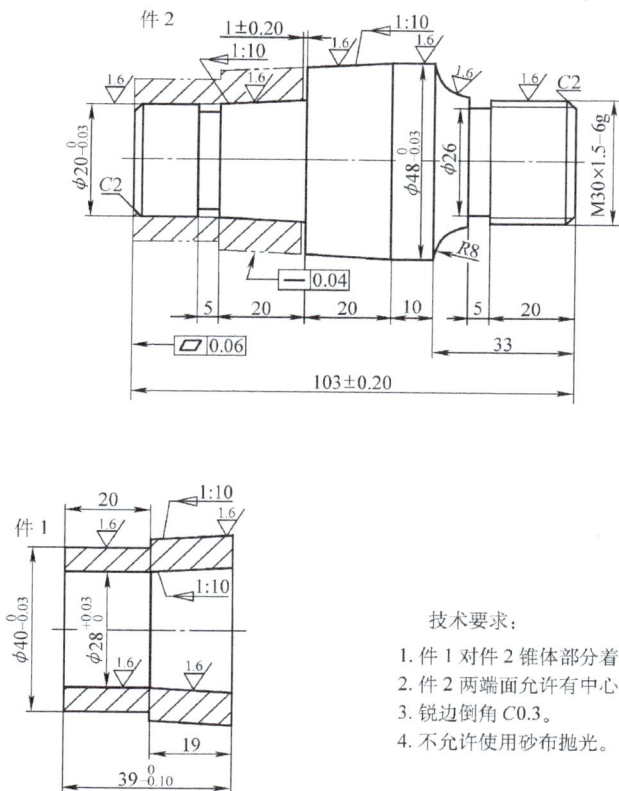

图6 高级数控车工应会试题Ⅵ

七、高级数控车工应会试题Ⅶ

1. 零件图样（图7）

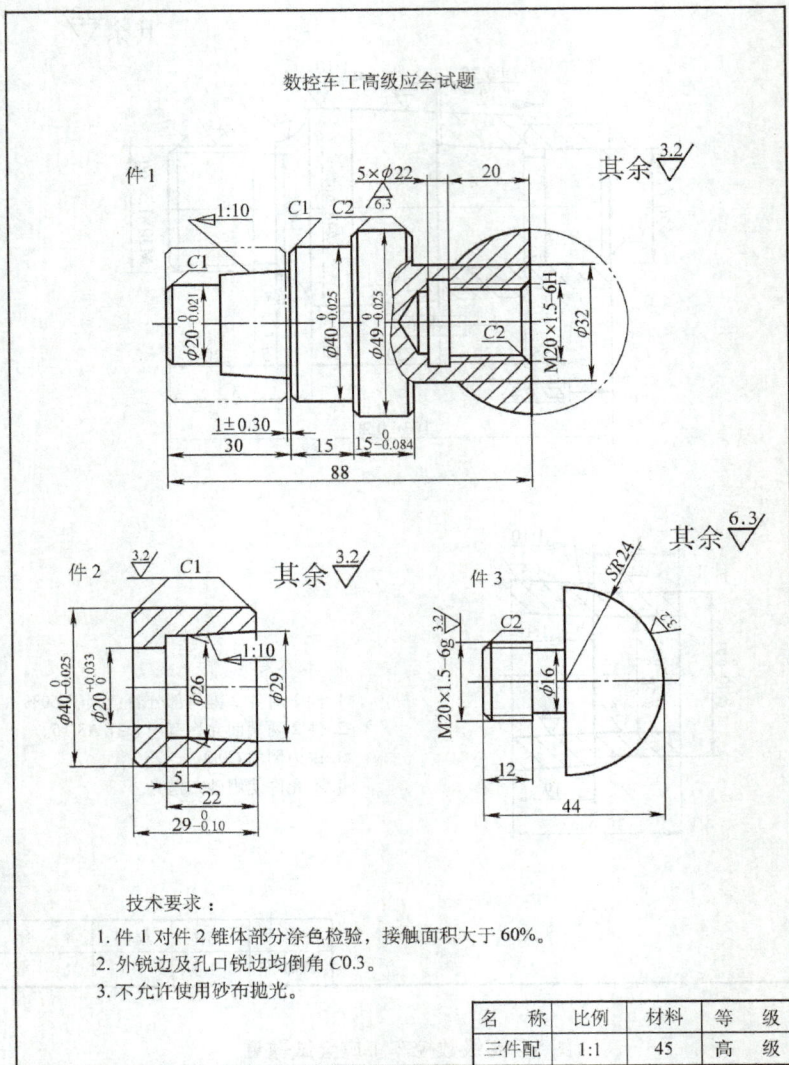

数控车工高级应会试题

技术要求：

1. 件 1 对件 2 锥体部分涂色检验，接触面积大于 60%。
2. 外锐边及孔口锐边均倒角 C0.3。
3. 不允许使用砂布抛光。

名　称	比例	材料	等　级
三件配	1:1	45	高级

图 7　高级数控车工应会试题Ⅶ

2. 准备要求

1) 选用机床为 FANUC 0i 系统 CKA6140 型数控车床。

2) 材料为 $\phi50mm \times 90mm$ 和 $\phi50mm \times 75mm$ 的 45 圆钢各一段。

3) 工具、量具、夹具参照表 1 准备。

3. 考核内容

(1) 考核要求

1) 考件经加工后，各尺寸符合图样要求。

2) 考件经加工后，形位公差要求符合图样要求。

3) 考件经加工后，各表面粗糙度符合图样要求。

(2) 时间定额　考件时间定额为 180min。

(3) 安全文明生产

1) 正确执行安全技术操作规程。

2) 按企业有关文明生产规定，做到工作地整洁，工件、工具摆放整齐。

八、高级数控车工应会试题Ⅷ

1. 零件图样 （图 8）

2. 准备要求

1) 选用机床为 FANUC 0i 系统 CKA6140 型数控车床。

2) 材料为 $\phi50mm \times 65mm$ 和 $\phi50mm \times 50mm$ 的 45 圆钢各一段。

3) 工具、量具、夹具参照表 1 准备。

3. 考核内容

(1) 考核要求

1) 考件经加工后，各尺寸符合图样要求。

2) 考件经加工后，形位公差要求符合图样要求。

3) 考件经加工后，各表面粗糙度符合图样要求。

(2) 时间定额　考件时间定额为 180min。

(3) 安全文明生产

1) 正确执行安全技术操作规程。

2) 按企业有关文明生产规定，做到工作地整洁，工件、工具摆放整齐。

数控车工高级应会试题

其余 $\sqrt{\dfrac{6.3}{}}$

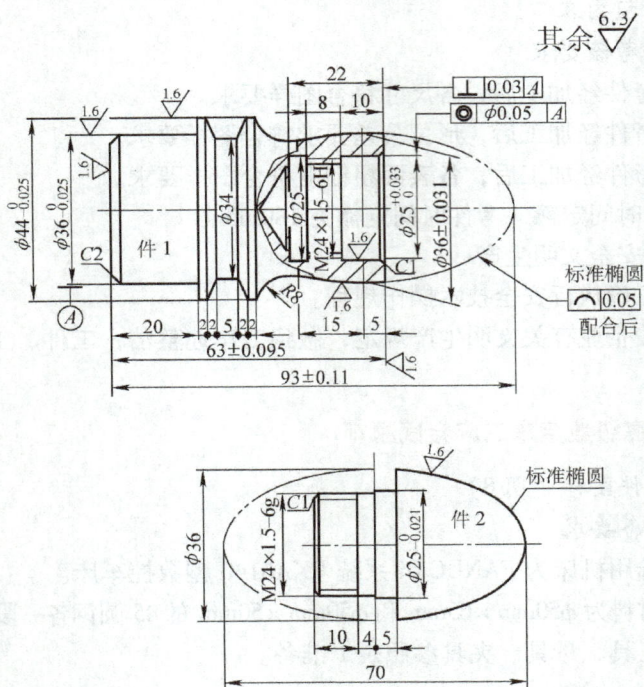

技术要求:
1. 配合后曲面过渡光滑。
2. 线性尺寸的一般公差按 GB/T1804-C。
3. 工件表面不允许用砂布或锉刀修整。
4. 工时定额 5h。

名 称	比例	材料	等 级
轴	1:1	45	高级

图 8 高级数控车工应会试题Ⅷ

九、高级数控车工应会试题Ⅸ

1. 零件图样（图9）

数控车工高级应会试题

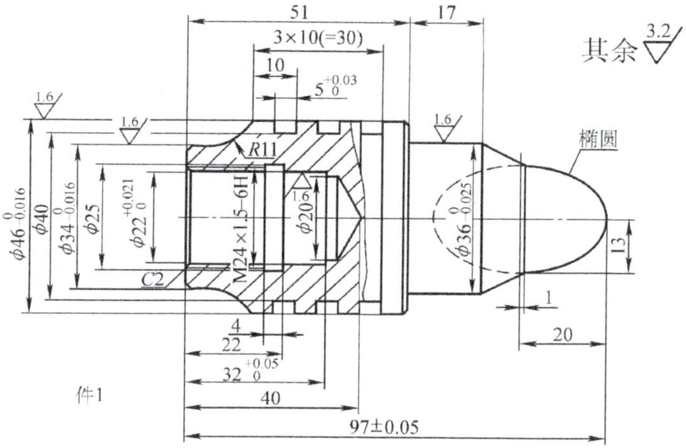

件1

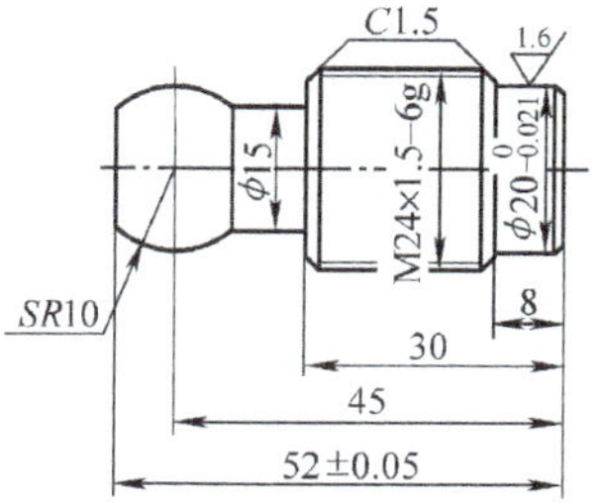

技术要求

1.锐边倒角C0.3。
2.未注倒角C1。
3.圆弧过渡光滑。
4.未注公差尺寸按GB/T1804–C加工和检验。

件2

名 称	比例	材料	等 级
组合件	1:1	45	高 级

图9 高级数控车工应会试题Ⅸ

2. 准备要求

1）选用机床为 FANUC 0i 系统 CKA6140 型数控车床。

2）材料为 $\phi50$ mm×100mm 和 $\phi50$mm×54 mm 的 45 圆钢各一段。

3）工具、量具、夹具参照表1 准备。

3. 考核内容

（1）考核要求

1）考件经加工后，各尺寸符合图样要求。

2）考件经加工后，形位公差要求符合图样要求。

3）考件经加工后，各表面粗糙度符合图样要求。

（2）时间定额　考件时间定额为 180min。

（3）安全文明生产

1）正确执行安全技术操作规程。

2）按企业有关文明生产规定，做到工作地整洁，工件、工具摆放整齐。

十、高级数控车工应会试题 X

1. 零件图样（图 10）

2. 准备要求

1）选用机床为 FANUC 0i 系统 CKA6140 型数控车床。

2）材料为 $\phi50$ mm×84mm 和 $\phi50$mm×55 mm 的 45 圆钢各一段。

3）工具、量具、夹具参照表1 准备。

3. 考核内容

（1）考核要求

1）考件经加工后，各尺寸符合图样要求。

2）考件经加工后，形位公差要求符合图样要求。

3）考件经加工后，各表面粗糙度符合图样要求。

（2）时间定额　考件时间定额为 180min。

（3）安全文明生产

1）正确执行安全技术操作规程。

2）按企业有关文明生产规定，做到工作地整洁，工件、工具摆放整齐。

数控车工高级应会试题

其余 $\sqrt{\dfrac{6.3}{}}$

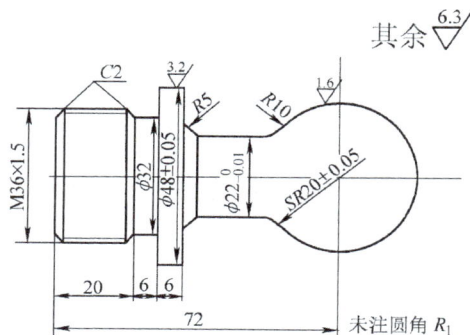

$C2$
3.2
$R5$
$R10$
1.6
M36×1.5
$\phi32$
$\phi48\pm0.05$
$\phi22_{-0.01}^{0}$
$SR20\pm0.05$

20
6 6
72

未注圆角 R_1

其余 $\sqrt{\dfrac{6.3}{}}$

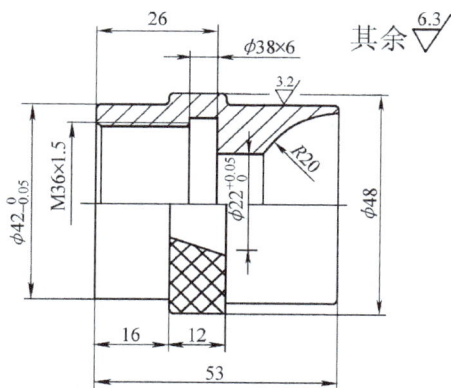

26
$\phi38\times6$
3.2
M36×1.5
$R20$
$\phi42_{-0.05}^{0}$
$\phi22_{-0.05}^{0}$
$\phi48$

16
12
53

技术要求:
1. 不允许用锉刀或砂布修光。
2. 内外螺纹配合良好。
3. 球面配合涂色检查,接触面积大于 60%。

397

名　称	比例	材料	等　级
组合件	1:1	45	高级

图 10　高级数控车工应会试题 X

模拟试卷样例

一、判断题（对画 ✓，错画 ✕；每题 1 分，共 35 分）

1. 在同一图样上，每一表面只能注一次粗糙度符号。（　　）

2. 钨钴类硬质合金中含钴量越高，其牌号后的数字越大，韧性也越好，承受冲击的性能也越好。（　　）

3. 高速钢车刀的韧性比硬质合金好，但高速钢不能用于高速切削。（　　）

4. 钻中心孔时，不宜选用较高的机床转速。（　　）

5. 标准麻花钻靠近钻心处的前角为正值，而后角为负值。（　　）

6. 只有公差带形状是圆柱形时，才可以在公差框格中公差值前加上符号"ϕ"。（　　）

7. 镗孔加工中，若镗刀的刀尖高于对称平面，则实际工作前角减小，后角增大。（　　）

8. 封闭环的公差值一定大于任何一个组成环的公差值。（　　）

9. 限制的工件自由度数少于 6 个即为欠定位。（　　）

10. 划分加工阶段，有利于合理利用设备并提高生产率。（　　）

11. 在车床上同时完成车端面与加工中心孔，这种工作称为两个工序。（　　）

12. 钻相交孔时，应先钻直径较小的孔，再钻直径较大的孔。（　　）

13. 相邻基点间只能有一个几何元素。（　　）

14. 零件表面越粗糙，产生的应力集中现象就越严重，在交变载荷的作用下，其疲劳强度会降低。（　　）

15. CAPP 的中文含义为计算机辅助工艺规程设计。（　　）

16. 在高温下刀具材料保持常温硬度的性能称为刀具的红硬性。
（　　）

17. 零件图未注出公差的尺寸，可以认为是没有公差要求的尺寸。　　　　　　　　　　　　　　　　　　　　（　　）

18. 在毛坯加工过程中，选取较小的加工余量可提高刀具寿命。
（　　）

19. 数控机床的开机回零操作即是指机床返回机床原点，其目的是为了建立机床坐标系。　　　　　　　　　　　　（　　）

20. 执行 G92 指令时，不会使机床产生任何运动，但会使机床屏幕显示的工件坐标系值发生变化。　　　　　　　（　　）

21. SIEMENS 系统中，子程序 L10 和子程序 L010 是相同的程序。　　　　　　　　　　　　　　　　　　　　（　　）

22. 所有的 F、S、T 代码均为模态代码。　　　　（　　）

23. 在 SIENENS 系统中，指令"T1D1；"和指令"T2D1；"使用的刀具补偿值是同一个刀补存储器中的补偿值。　（　　）

24. 在自动加工的空运行状态下，刀具的移动速度与程序中指令的进给速度无关。　　　　　　　　　　　　　　（　　）

25. 当宏程序 A 调用宏程序 B 而且都有变量#100 时，则 A 中的#100 与 B 中的#100 是同一个变量。　　　　　（　　）

26. 手动返回参考点时，返回点不能离参考点太近，否则会出现机床超程等报警。　　　　　　　　　　　　　（　　）

27. 当机床屏幕上出现"AIR PRESSURE IS LOWER"的报警时，则产生报警的原因是空气压力不足 。　　　　（　　）

28. SIEMENS 系统中，参数 R100 ～ R299 属于加工循环传递参数，但该参数在一定条件下也可以作为自由参数使用。（　　）

29. SIEMENS 系统在回参考点的过程中，如果选择了错误的回参考点方向，则不会产生回参考的动作，也不会产生机床报警。
（　　）

30. SIEMENS 系统的指令"GOTOF"表示向后跳转，即向程序开始的方向跳转。　　　　　　　　　　　　（　　）

31. FANUC 0T 系统中指令"G90 X（U）＿ Z（W）＿ R ＿ F ＿；"

中的 R 指圆锥面切削起点处的 X 坐标减终点处 X 坐标之值的 1/2，该值有正负之分。 （ ）

32. FANUC 系统粗车循环指令 "G71 U（△d） R（e）；G71 P（ns） Q（nf） U（△u） W（△w）F＿S＿T＿；"中的 △u 值是直径方向的精加工余量，该值为直径量。 （ ）

33. SIEMENS 802C 系统的毛坯切削循环指令 "CYCLE95" 编写的轮廓中，圆弧指令不能超过 1/4 个圆。 （ ）

34. 采用 SIEMENS 802C 系统螺纹切削循环指令 "CYCLE93" 指令编写工件夹持后的右侧端面槽，则不管从哪个位置起刀，均称为右侧起刀。 （ ）

35. 按下循环停止按钮后，则机床会出现主轴停转、程序停止向下执行的情况。 （ ）

二、选择题（将正确答案的序号填入题内的括号内；每题 1 分，共 35 分）

1. 车削圆锥面时，当刀尖装得高于工件中心时，会产生（ ）误差。

   A. 圆度   B. 双曲线   C. 圆跳动   D. 表面粗糙度

2. 在钢件上攻 M16 的螺纹时，底孔直径应加工至（ ）mm 较为合适。

   A．12.75   B. 13.5   C. 14   D. 14.5

3. 用高速钢铰刀铰钢件时，铰削速度取（ ）m/min 较为合适。

   A. 4~8   B. 20~30   C. 50~60   D. 80~120

4. 在主截面测量的角度有（ ）。

   A. 主偏角   B. 刀尖角   C. 刃倾角   D. 楔角

5. 通孔车刀（镗刀）的主偏角一般取（ ）较为合适。

   A. 15°~30°   B. 60°~75°   C. 85°~90°   D. 90°~95°

6. 孔与轴配合 $\phi50H7/k6$ 配合性质属于（ ）。

   A. 过渡   B. 过盈

   C. 间隙   D. 以上皆有可能

7. 当机件的倾斜部分的轮廓线Ⓜ与其他部分成45°角时,剖面线一般可画成 (　　　)。

　A. 90°　　　　　B. 30°　　　　　C. 45°　　　　　D. 75°

8. 下列因素中,不能提高镗孔表面粗糙度的是 (　　　)。

　A. 进给量减小　　　　　　　B. 切削速度提高
　C. 正确选用切削液　　　　　D. 减小刀尖圆弧半径

9. 长圆柱销定位能限制 (　　　) 个自由度。

　A. 2　　　　　　B. 3　　　　　　C. 4　　　　　　D. 5

10. 零件的最终轮廓加工应安排在最后一次走刀连续加工,其目的主要是为了保证零件的 (　　　) 要求。

　A. 尺寸精度　　　　　　　　B. 表面粗糙度
　C. 形状精度　　　　　　　　D. 位置精度

11. 钻加工精密孔,钻头通常磨出第二顶角,一般第二顶角的角度小于 (　　　)。

　A. 120°　　　　　B. 90°　　　　　C. 75°　　　　　D. 60°

12. 深孔是指孔的深度是孔直径 (　　　) 倍的孔。

　A. 5　　　　　　B. 8　　　　　　C. 10　　　　　D. 12

13. 在曲线拟合过程中,要尽量控制其拟合误差。通常情况下,拟合误差 δ 应小于 (　　　) 倍的零件公差。

　A. 1/10　　　　　B. 1/5　　　　　C. 1/3　　　　　D. 1/2

14. 下列因素中,对切削加工后的表面粗糙度影响最小的因素是: (　　　)。

　A. 切削速度 v　　　　　　B. 背吃刀量 a_p
　C. 进给量 f　　　　　　　D. 切削液

15. 在数控加工过程中产生的基准位移误差,主要是由于 (　　　) 造成的。

　A. 定位元件的制造误差
　B. 工件装夹后没找正
　C. 设计基准与定位基准不重合
　D. 工件对刀不正确

16. 切削用量的选择原则,在粗加工时,以 (　　　) 作为主要的选择依据。

A. 加工精度   B. 提高生产率

C. 经济性和加工成本   D. 工件的强度

17. 实体扫描造型中需要提供的几何条件：（   ）。

A. 扫描截面、扫描路径   B. 扫描截面、扫描方向

C. 起始截面、终止截面   D. 旋转截面、旋转轴

18. 下列数控系统中，采用步进电机进行控制的 SIEMENS 数控系统是（   ），且该型号常用于经济型数控车床。

A. 802S   B. 802D   C. 810D   D. 840D

19. SIEMENS 系统中的指令"G25S300;"表示（   ）为 300r/min。

A. 设定主轴最高转速   B. 设定主轴最低转速

C. 设定主轴当前转速   D. 禁止设定主轴转速

20. 程序段前加符号"/"表示（   ）。

A. 程序停止   B. 程序暂停

C. 程序跳跃   D. 单段运行

21. "G00 G01 G02 G03 X100.0 …;"该指令中实际有效的 G 代码是（   ）。

A. G00   B. G01   C. G02   D. G03

22. 如果在子程序的返回程序段为"M99P100;"则表示（   ）。

A. 调用子程序 O100 一次

B. 返回子程序 N100 程序段

C. 返回主程序 N100 程序段

D. 返回主程序 O100

23. 对于指令"G75 R（e）; G75 X（U）— Z（W）— P（Δi）Q（Δk）R（Δd）F—;"中的"Q（Δk）"，下列描述不正确的是（   ）。

A. Z 向偏移量   B. 小于刀宽

C. 始终为正值   D. 不带小数点值

24. 执行指令"G65 H05 P#100 Q35 R10;"后，#100 的

值等于（　　　）。

　　A. 350　　　　　　B. 3　　　　　　C. 3.5　　　　　D. 25

25. 下列变量在程序中的书写形式，其中书写有错的是（　　　）。

　　A. X－#100　　　　　　　　B. Y［#1＋#2］

　　C. SIN［－#100］　　　　　　D. IF #100 LE 0

26. 下列开关中，用于机床空运行的按钮是（　　　）。

　　A. SINGLE BLOCK　　　　　B. MC LOCK

　　C. OPT STOP　　　　　　　D. DRY RUN

27. SIEMENS 系统的调用子程序指令"L0123P3"，表示（　　　）。

　　A. 调用子程序 L0123　P3 共计三次

　　B. 调用子程序 L0123　P3 共计一次

　　C. 调用子程序 L0123 共计三次

　　D. 调用子程序 L0123 共计一次

28. 在 SIEMENS 系统的比较运算过程中，不等于用下列符号中的（　　　）表示。

　　A. NE　　　　　　B. ≠　　　　　　C. ！＝　　　　　D. ＜＞

29. 下列作为程序跳跃的目标程序段，其书写正确的是（　　　）。

　　A. N10 MARK1 R1＝R1＋R2

　　B. N10 MARK2：R5＝R5－R2

　　C. N10 MARK1；R1＝R1＋R2

　　D. N10 MARK2. R5＝R5－R2

30. 在 SIEMENS 系统中，增量进给的模式选择按钮是（　　　）。

　　A. VAR　　　　B. MDA　　　　C. INS　　　　D. JOG

31. 当机床屏幕上出现"SERVOI DRIVE OVERHEAT"的报警时，则产生报警的原因是（　　　）。

　　A. 冷却液位低　　　　　　　B. 伺服没有准备就绪

　　C. 伺服系统过热　　　　　　D. 刀具夹紧状态不正常

32. 数控机床空运行主要是用于检查（　　　）。

　　A. 程序编制的正确性　　　　B. 刀具轨迹的正确性

C. 机床运行的稳定性 　　　D. 加工精度的正确性

33. FANUC 系统型车复合循环 "G73 U（<u>Δi</u>）W（<u>Δk</u>）R（<u>d</u>）；G73 P（<u>ns</u>）Q（<u>nf</u>）U（<u>Δu</u>）W（<u>Δw</u>）F ＿ S ＿ T ＿ ；" 中的 d 是指（　　）。

A. X 方向的退刀量　　　　B. Z 方向的退刀量

C. X 和 Z 两个方向的退刀量　　D. 粗车重复加工次数

34. FANUC 系统螺纹复合循环指令 "G76 ＿ P（<u>m</u>）（<u>r</u>）（<u>a</u>）Q（<u>Δdmin</u>）R（<u>d</u>）；G76 X（<u>U</u>）＿ Z（<u>W</u>）R（<u>i</u>）P（<u>k</u>）Q（<u>Δd</u>）F ＿ ；" 中的 d 是指（　　）。

A. X 方向的精加工余量　　　B. X 方向的退刀量

C. 第一刀切削深度　　　　D. 螺纹总切削深度

三、程序改错题（共 5 分）

如下所示关于椭圆（长轴为 24，短轴为 18）加工的数控车宏程序编程，试找出程序中的不规范之处或程序中的错误之处，并在原程序后加以更正。

```
O12345；
G90  G98  G99  G21  G40；
G00  X100.0  Z100.0；
T0101；
M03  S600；
G01  X0.0  Z0.0  F200；
M98  G65  P120；
……
M30；

O120；
G91  G01  Z－5.0；
G65  H01  P#103  Q0；
N100  #104 ＝36.0 ∗ COS#103；
```

#105 = 24.0 * SIN#103；

N100　G01　X#104　Z#105；

#103 = ［#103］+1.0；

IF［#103 < =0.0］　GOTO　N100；

G40　G01　X40.0　Y0；

M30；

四、作图题（共5分）

已知 FANUC 系统的数控车削加工程序如下，试画出刀具在 XOZ 坐标平面内从轮廓车削的起点 A 到其终点 L 的刀具轨迹。

O00001；

……

G00　X62.0　Z2.0；

G01　X6.0　Z0.0　F100.0；　　　　A 点

　　　X10.0　Z-2.0；　　　　　　　B 点

　　　Z-10.0；　　　　　　　　　　C 点

　　　X20.0；　　　　　　　　　　D 点

G03　X30.0　W-15.0　R25.0；　　　E 点

G01　U10.0；　　　　　　　　　　F 点

　　　X40.0　Z-30.0；　　　　　　G 点

G02　X50.0　Z-35.0　R5.0；　　　H 点

G01　X56.0；　　　　　　　　　　I 点

　　　U4.0　W-2.0；　　　　　　　J 点

　　　Z-40.0；　　　　　　　　　　K 点

　　　X62.0；　　　　　　　　　　L 点

G00　X100.0　Z100.0；

M30；

405

五、计算题（每题5分，共15分）

1. 试计算图 11 中 A、B、C、D 和 E 点的坐标。

2. 如图 12 所示，某轴需镀铬，镀铬前轴的尺寸车削至 $A_1=$

$\phi 59.74_{-0.016}^{\ 0}$ mm，孔径 $A_4 = \phi 60_{\ 0}^{+0.03}$ mm，为了保证配合间隙 $A_3 =$ 0.236 ~ 0.286mm，问镀铬层 A_2 应控制在什么范围？采用尺寸进行求解，并画出尺寸链简图。

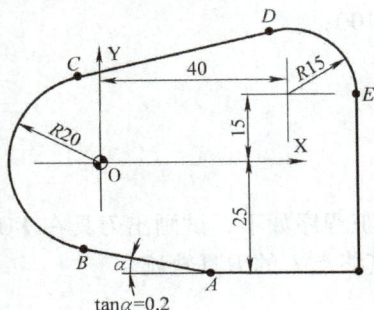

图 11

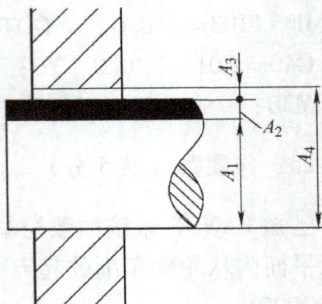

图 12

3. 如图 13 所示工件，$D = 50_{-0.027}^{\ 0}$ mm，$H = 35_{-0.05}^{\ 0}$ mm，$\alpha = 90°$，分别求出按 a、b 两种定位方法的定位误差。

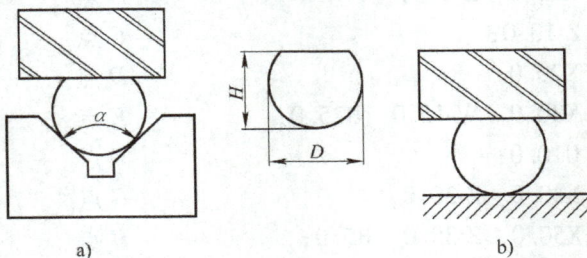

图 13

六、工艺分析与编程（共 5 分）

在数控车床上加工如图 14 所示工件（外形毛坯为 $\phi 50 \times 90$），试分析该工件的加工工艺，编写加工工序卡。编写该工件抛物线曲面加工的宏程序（其余程序略）。

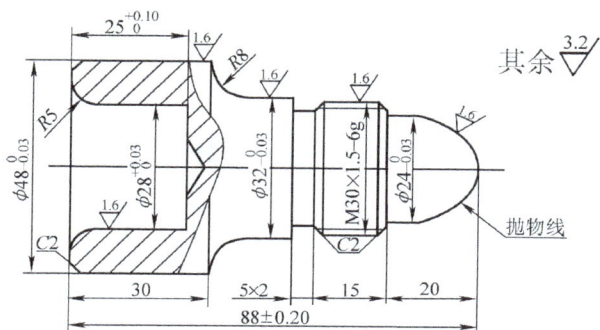

其余 $\sqrt{\dfrac{3.2}{}}$

技术要求：

1. 锐边倒角 C0.3。
2. 不允许使用砂布抛光。

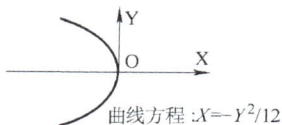

曲线方程 : $X=-Y^2/12$

图　14

答 案 部 分

一、判断题

1. √ 2. × 3. √ 4. × 5. √ 6. √ 7. √ 8. ×
9. √ 10. × 11. √ 12. √ 13. × 14. √ 15. √ 16. √
17. × 18. √ 19. √ 20. √ 21. √ 22. × 23. × 24. √
25. √ 26. × 27. √ 28. √ 29. √ 30. √ 31. × 32. ×
33. √ 34. √ 35. × 36. √ 37. √ 38. √ 39. × 40. √
41. × 42. √ 43. × 44. × 45. × 46. √ 47. √ 48. ×
49. √ 50. √ 51. √ 52. × 53. √ 54. × 55. √ 56. √
57. × 58. √ 59. √ 60. × 61. √ 62. √ 63. √ 64. ×
65. √ 66. × 67. × 68. √ 69. √ 70. √ 71. √ 72. √
73. √ 74. √ 75. √ 76. × 77. √ 78. × 79. √ 80. ×
81. √ 82. √ 83. √ 84. × 85. √ 86. √ 87. × 88. ×
89. √ 90. √ 91. √ 92. × 93. √ 94. × 95. × 96. ×
97. × 98. √ 99. √ 100. √ 101. √ 102. √ 103. √ 104. √
105. √ 106. √ 107. × 108. × 109. √ 110. × 111. × 112. √
113. × 114. √ 115. √ 116. √ 117. √ 118. × 119. × 120. ×
121. × 122. √ 123. √ 124. √ 125. × 126. × 127. √ 128. √
129. × 130. √ 131. √ 132. √ 133. √ 134. √ 135. √ 136. √
137. × 138. √ 139. √ 140. × 141. × 142. × 143. √ 144. ×
145. √ 146. × 147. × 148. × 149. √ 150. √ 151. √ 152. ×
153. √ 154. √ 155. √ 156. √ 157. √ 158. √ 159. × 160. √
161. √ 162. × 163. √ 164. √ 165. × 166. × 167. √ 168. √
169. × 170. × 171. √ 172. √ 173. √ 174. × 175. × 176. √
177. √ 178. √ 179. × 180. √

二、选择题

1. C	2. B	3. D	4. C	5. D	6. A	7. A	8. A
9. D	10. B	11. A	12. D	13. D	14. C	15. C	16. A
17. D	18. B	19. C	20. A	21. C	22. A	23. D	24. B
25. C	26. A	27. B	28. A	29. A	30. C	31. A	32. B
33. C	34. A	35. B	36. C	37. D	38. C	39. B	40. C
41. D	42. B	43. C	44. C	45. C	46. A	47. A	48. D
49. A	50. C	51. C	52. B	53. D	54. A	55. B	56. A
57. D	58. B	59. D	60. D	61. D	62. A	63. C	64. A
65. C	66. A	67. B	68. D	69. B	70. B	71. A	72. A
73. C	74. C	75. C	76. D	77. D	78. C	79. D	80. A
81. B	82. C	83. C	84. A	85. A	86. D	87. A	88. D
89. B	90. B	91. D	92. C	93. D	94. B	95. D	96. B
97. C	98. D	99. A	100. B	101. D	102. A	103. B	104. B
105. C	106. B	107. A	108. C	109. B	110. A	111. C	112. C
113. D	114. D	115. D	116. C	117. B	118. A	119. D	120. A
121. C	122. C	123. A	124. D	125. C	126. B	127. A	128. A
129. C	130. D	131. A	132. A	133. C	134. C	135. D	136. A
137. A	138. B	139. D	140. A	141. C	142. D	143. A	144. C
145. C	146. C	147. D	148. A	149. B	150. B	151. B	152. C
153. D	154. B	155. A	156. C	157. A	158. B	159. A	160. B
161. D	162. B	163. C	164. C	165. B	166. A	167. B	168. A
169. A	170. B	171. C	172. B	173. A	174. D	175. A	176. C
177. A	178. B	179. A	180. C				

参 考 文 献

[1] 全国数控培训网络天津分中心. 数控编程 [M]. 北京：机械工业出版社，2002.

[2] 明兴祖. 数控加工技术 [M]. 北京：化学工业出版社，2003.

[3] 杨伟群. 数控工艺培训教程 [M]. 北京：清华大学出版社，2002.

[4] 方沂. 数控机床编程与操作 [M]. 北京：国防工业出版社，1999.

[5] 张铁城. 加工中心操作工 [M]. 北京：中国劳动社会保障出版社，2001.

[6] 龚仲华. 数控机床编程与操作 [M]. 北京：机械工业出版社，2004.

[7] 张超英，罗学科. 数控加工综合实训 [M]. 北京：化学工业出版社，2003.

[8] 沈建峰. 数控机床编程与操作：数控铣床、加工中心分册 [M]. 北京：中国劳动社会保障出版社，2005.

[9] 唐应谦. 数控加工工艺学 [M]. 北京：中国劳动社会保障出版社，2000.

[10] 沈建峰. 数控车床编程与操作实训 [M]. 北京：国防工业出版社，2005.

[11] 韩鸿鸾. 数控机床的结构与维修 [M]. 北京：机械工业出版社，2005.

[12] 韩鸿鸾. 数控加工工艺 [M]. 北京：中国劳动社会保障出版社，2005.

[13] 机械工业出版社职业技能鉴定中心. 车工技能鉴定考核 [M]. 北京：机械工业出版社，2004.

[14] 晏初宏. 数控机床与机械结构 [M]. 北京：机械工业出版社，2005.